"모두가 틀릴 때, 나는 맞는다."

28일작전 수리논술

[개념문제편]

CONTENTS

1. 수열

1.1 수열과 부분합의 정의

$$a_n = \{a_1, a_2, \cdots\cdots\}$$

수열 a_n의 k번째 항을 a_k라고 한다.

example 001 ★★★★★★★

수열 $a_n = \dfrac{n(n+1)}{2}$의 5번째 항과 10번째 항을 구하시오.

example 002 ★★★★★★★

수열 $a_n = (n+1)2^n$의 5번째 항과 10번째 항을 구하시오.

수열 a_n의 부분합을 S_n이라 표시하고 다음과 같이 정의한다.

$$S_n = a_1 + a_2 + \cdots\cdots + a_n$$

마찬가지로 부분합 S_n의 k번째 항을 S_k라고 한다.

example 003 ★★★★★★★

$a_n = \dfrac{n(n+1)}{2}$일 때 S_5를 구하시오.

example 004 ★★★★★★★

$a_n = (n+1)2^n$일 때 S_6을 구하시오.

다음으로 S_n과 a_n의 관계식을 알 수 있다.

$$S_n = a_1 + a_2 + \cdots\cdots + a_{n-1} + a_n \qquad \langle 식1 \rangle$$

$$S_{n-1} = a_1 + a_2 + \cdots\cdots + a_{n-1} \qquad \langle 식2 \rangle$$

⟨식1⟩에서 ⟨식2⟩를 빼주면 다음과 같은 결론을 얻을 수 있다.

$$a_n = \begin{cases} S_n - S_{n-1} & n > 1 \\ S_1 & n = 1 \end{cases}$$

example 005 ★★★★★★★

$S_n = n^2 + n$일 때 a_n을 구하시오. 또한 $S_n = n^2 + n + 7$일 때 a_n을 구하시오.

example 006 ★★★★★★★

$S_n = (3n+1)2^n$일 때 a_n을 구하시오.

1.2 등비수열

등비수열은 일정한 수(공비)가 전의 항에 곱해진 값이 다음 항과 같은 수열이다.

$$a_n = ra_{n-1} \text{ 혹은 } a_n = a_1 r^{n-1}$$

편의상 다음과 같이 나타내기도 한다.

$$a_n = ar^n (\text{단, } a = a_0)$$

example 007 ★★★★★★★

첫째항이 7이고 공비가 2인 수열을 구하고, 5번째 항을 구하시오.

example 008 ★★★★★★★

등비수열의 5번째 항은 24이고, 8번째 항은 81이라고 한다. 이 등비수열을 구하고, 10번째 항을 소수로 나타내시오.

등비수열의 급수는 다음과 같다.

$$\begin{aligned} S_n &= a_1 + a_2 + \cdots\cdots + a_n \\ &= a_1 + a_1 r + a_1 r^2 + \cdots\cdots + a_1 r^{n-1} \end{aligned}$$

이를 정리하는 방법은 다음과 같다.

$$\begin{aligned} S_n &= a_1 + a_1 r + a_1 r^2 + \cdots\cdots + a_1 r^{n-1} \\ rS_n &= \qquad a_1 r + a_1 r^2 + \cdots\cdots + a_1 r^{n-1} + a_1 r^n \end{aligned}$$

아래의 식에서 위의 식올 빼면

$$(r-1)S_n = a_1(r^n - 1)$$

$$S_n = \begin{cases} \dfrac{a_1(r^n-1)}{r-1} & r \neq 1 \\ a_1 n & r = 1 \end{cases}$$ [1)]

참고로 위의 경우에는 $r > 1$일 때 사용하면 편하고 $r < 1$일 때는 $\dfrac{a_1(1-r^n)}{1-r}$[2)]을 쓰는 것이 좋다.

1) r=1이면 $S_n = a_1 + a_1 r + a_1 r^2 + \cdots\cdots + a_1 r^{n-1} = na_1$이다.

2) 분모, 분자에 −1을 곱한것일 뿐이다. 예시문제를 풀어보면 알 것이다.

example 009 ★★★★★★★

1. 첫째항이 3이고 공비가 2인 등비수열의 S_{10}을 구하시오.

2. 첫째항이 3이고 공비가 −2인 등비수열의 S_{10}을 구하시오.

3. 첫째항이 3이고 공비가 1/4(0.25)인 등비수열의 S_{10}을 구하시오.

4. 첫째항이 3이고 공비가 −1/4(−0.25)인 등비수열의 S_{10}을 구하시오.

1.3 등차수열

등차수열은 일정한 수(공차)가 전의 항에 더해졌을 때 다음 항과 같은 수열을 의미한다.

$$a_n = a_{n-1} + d \text{ 혹은 } a_n = a_1 + (n-1)d$$

편의상 다음과 같이 쓰기도 한다.

$$a_n = a + nd \ (\text{단}, a = a_0)$$

example 010 ★★★★★★★

첫째항이 7이고 공차가 2인 수열을 구하고, 8번째 항을 구하시오.

example 011 ★★★★★★★

등차수열의 5번째 항은 1이고 100번째 항은 6이다. 이 등차수열을 구하고, 115번째 항을 구하시오.

등차수열의 급수는 다음과 같다.

$$S_n = a_1 + \ \ a_2 \ \ + \cdots\cdots + a_n$$
$$S_n = a_n + a_{n-1} + \ \cdots\cdots + a_1$$

두 식을 더해주면 $2S_n = (a_1 + a_n) + (a_2 + a_{n-1}) + \ \cdots\cdots + (a_n + a_1)$이다.

한편 $a_k + a_{n+1-k} = a_1 + (k-1)d + a_1 + (n-k)d = 2a_1 + (n-1)d$이므로 이를 잘 대입해주면

$$2S_n = \overbrace{(2a_1 + (n-1)d) + (2a_1 + (n-1)d) + \ \cdots\cdots + (2a_1 + (n-1)d)}^{n\text{개}} = n(2a_1 + (n-1)d)$$

따라서 $S_n = \dfrac{n(2a_1 + (n-1)d)}{2} = \dfrac{n(a_1 + a_n)}{2}$ [3)]

위와 같은 증명방식의 원리를 잘 이해했다면 등차수열 a_n의 p번째 항부터 q번째 항까지의 합도 쉽게 구할 수 있을 것이다.

$$a_p + a_{p+1} + \cdots\cdots + a_q = \frac{(q-p+1)(a_p + a_q)}{2}$$

example 012 ★★★★★★★★

1. 첫째항이 3이고 공차가 2인 등차수열의 S_{10}을 구하시오.

2. 첫째항이 3이고 공차가 −1/4(−0.25)인 등차수열의 S_{10}을 구하시오.

3. 100번째 항이 10이고, 200번째 항이 50인 등차수열에 대해 100번째 항부터 200번째 항까지의 합을 구하시오.

example 013 ★★★★★★★★

1. 첫째항이 105이고 공차가 −4인 등차수열의 S_n이 최대가 되는 n의 값을 구하시오.

2. 10번째 항이 26이고 89번째 항이 37인 등차수열의 8번째부터 91번째 항들의 합을 구하시오.
(즉 $a_8 + a_9 + \cdots\cdots a_{91}$의 값을 구하시오.)

3) n(a1+an)/2가 나오는 이유는 증명을 잘 읽어보면 이해할 수 있을 것이다.

1.4 $\sum$의 계산

등차수열의 급수계산을 이용해 다음의 공식들을 도출할 수 있다. 이에 대한 공식이 나오는 이유는 알 필요는 없지만 공식은 꼭 외워야 한다.

$$\sum_{k=1}^{n} k = \frac{n(n+1)}{2}$$ 4)

$$\sum_{k=1}^{n} k^2 = \frac{n(n+1)(2n+1)}{6}$$

$$\sum_{k=1}^{n} k^3 = \left\{\frac{n(n+1)}{2}\right\}^2$$

example 014 ★★★★★★★

$\sum_{k=1}^{10} k$, $\sum_{k=1}^{15} k^2$, $\sum_{k=1}^{17} k^3$의 값을 구하시오.

example 015 ★★★★★★★

$\sum_{k=1}^{10} k^3 + 3k^2 + 2k + 10$의 값을 구하시오.

example 016 ★★★★★★★

$\sum_{k=2020}^{2040} \frac{(k-2020)^3}{20} + \frac{(k-2020)^2}{10} + \frac{k}{15}$의 값을 구하시오.

4) $(1+k)^n - k^n$의 전개식을 이용해 시그마 연산을 진행해주면 증명할 수 있다.

2. 방정식과 부등식

2.1 이차방정식

$ax^2+bx+c=0(a\neq 0)$의 근을 구하는 방법은 다음과 같다.

$$ax^2+bx+c=0$$

$$4a^2x^2+4abx+4ac=0 \text{ ……… 양변에 } \times 4a$$

$$4a^2x^2+4abx+b^2=b^2-4ac$$

$$(2ax+b)^2=b^2-4ac$$

$$2ax+b=\pm\sqrt{b^2-4ac}$$

$$x=\frac{-b\pm\sqrt{b^2-4ac}}{2a}$$

루트 안의 값이 0보다 작은 경우에는 허수(i)를 이용해 나타낸다.

example 017 ★★★★★★★

$x^2+3x-10=0, x^2+3x-9=0, 5x^2-7x+3=0$의 근을 구하시오.

example 018 ★★★★★★★

$ax^2+bx+c=0(a\neq 0)$의 근을 구하시오.(단 위를 보지 말 것)

2.2 이차부등식

이차부등식을 푸는 방법은 간단하다. 이차함수를 그리면 된다.

예를 들어서 설명을 하겠다. $x^2+3x-10>0$를 만족하는 x의 범위를 찾아보자.

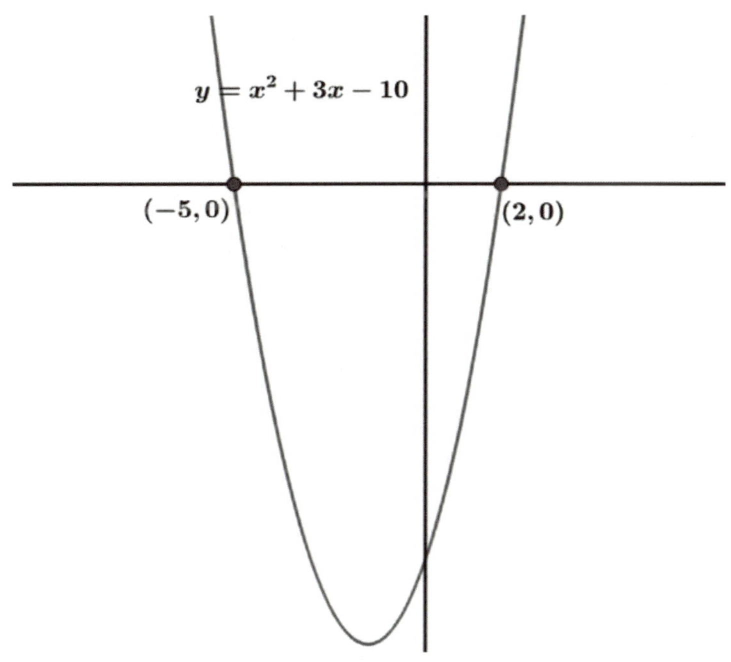

$f(x)=x^2+3x-10$이라 했을 때 $f(x)>0$인 영역을 찾아주면 $x<-5$, $x>2$이다.

example 019 ★★★★★★★

1. $x^2-8x-12<0$을 만족하는 영역을 찾으시오.(단 함수를 그려서)

2. $2x^2+x-6>0$을 만족하는 영역을 찾으시오.(단 함수를 그려서)

2.3 삼차방정식

$ax^3+bx^2+cx+d=0(a\neq 0)$의 근을 구하는 방식은 인수분해뿐이다.[5]

인수분해를 하는 방법은 다양하다. 그 중 대표적인 방법은 조립제법이다.

조립제법을 이용해 푸는 순서

1. x에 값을 대입하여 0이 되는 값을 찾는다. 이때 후보는 $\pm\dfrac{d\text{의 약수}}{a\text{의 약수}}$이다.
2. 아래와 같은 방식으로 진행한다.
3. 반복한다.

5) 사실은 삼차방정식의 공식이 있다. 과거 이과 논술에서는 등장하곤 했다.

예시 1) $x^3-6x^2+11x-6=0$

x에 대입할만한 후보는 ±1, ±2, ±3, ±6이다. 그 중 2를 대입해보면 0이므로 주어진 방정식은 2를 근으로 갖는다. 이제 다음과 같은 방식으로 진행한다.

1 −6 11 −6
더하기
더하기
더하기
2
×2 2 ×2 −8 6
1 −4 3 0

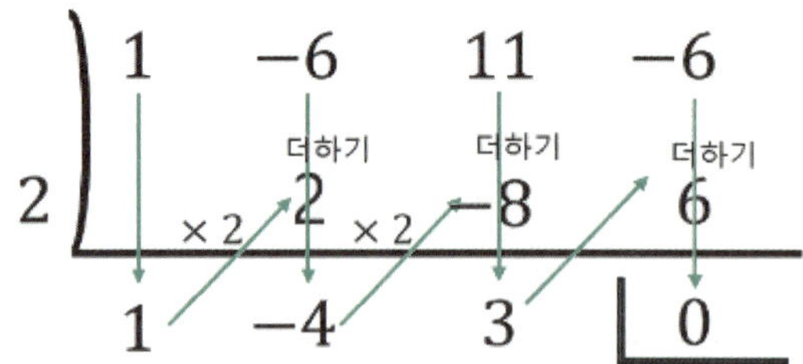

이제 $(x-2)(x^2-4x+3)=0$으로 바뀌었다. 이제 $x^2-4x+3=0$을 인수분해하기 위해서 1을 대입해보면 0이다. 이제 끝까지 진행한다.

1 −6 11 −6
더하기
더하기
더하기
2
×2 2 ×2 −8 6
1 −4 3 0
더하기
더하기
1
×1 1 ×1 −3
1 −3 0

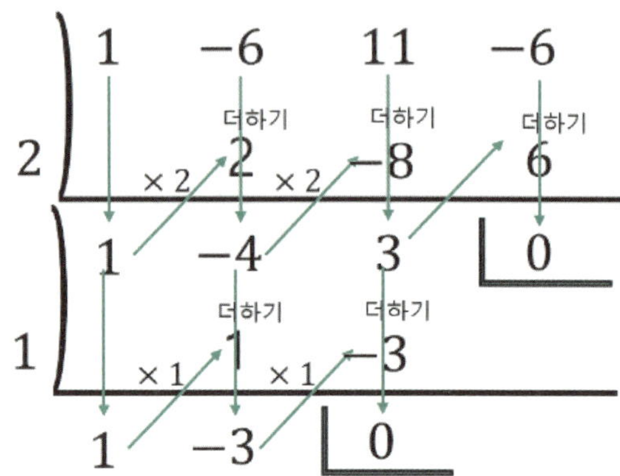

따라서 $x^3-6x^2+11x-6=(x-1)(x-2)(x-3)$임을 알 수 있고 주어진 근은 $x=1,\ 2,\ 3$이다.

예시 2) $2x^3+3x^2-x-1=0$

우선 근이 될 수 있는 후보로는 ±1, $\pm\frac{1}{2}$가 있다. 이때 $-\frac{1}{2}$을 대입했을 때 0이 나오는 것을 알 수 있다.

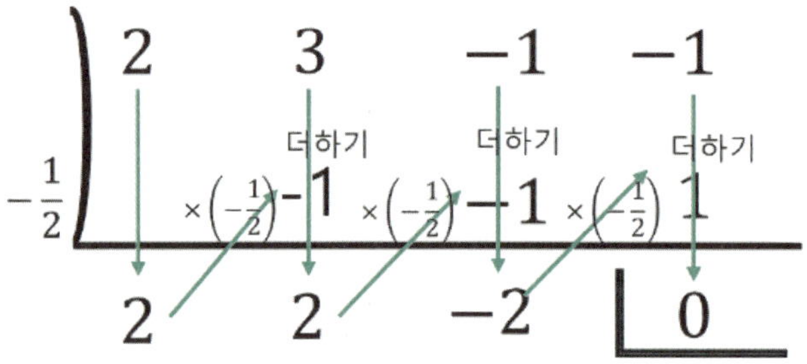

2 3 −1 −1
더하기
더하기
더하기
−1/2
×(−1/2) -1 ×(−1/2) −1 ×(−1/2) 1
2 2 −2 0

따라서 $2x^3+3x^2-x-1=(x+\frac{1}{2})(2x^2+2x-2)=(2x+1)(x^2+x-1)$이므로 주어진 삼차방정식의 근은 $x=-\frac{1}{2},\ \frac{-1\pm\sqrt{5}}{2}$이다.

example 020 ★★★★★★★

$x^3+3x^2+3x+2=0$, $2x^3+x^2-3x+1=0$의 실근을 구하시오.

2.4 삼차부등식

삼차부등식의 해를 구하는 과정은 이차부등식과 마찬가지로 삼차함수를 그려보면 된다. 삼차함수의 그래프를 그리는 방법은 뒤에서 자세히 설명 될 것인 어떻게 하는지만 알아보자. 마찬가지로 예시를 통해 알아보자.

예시) $x^3-6x^2+11x-6>0$

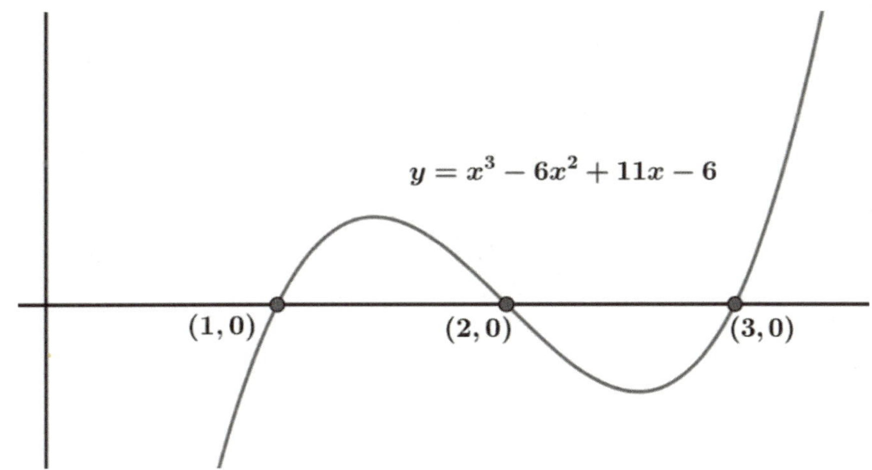

$f(x)=x^3-6x^2+11x-6$이라 하고 $f(x)>0$인 영역은 $1<x<2$, $x>3$이다.

example 021 ★★★★★★★

$x^3+3x^2+3x+2>0$, $2x^3+x^2-3x+1<0$을 만족하는 x의 범위를 구하시오.

3. 여러 가지 함수

3.1 이차함수와 삼차 이상의 함수

이차함수의 개념에 대해서는 크게 언급하지 않겠다. 3.1절에서는 삼차, 사차 다항함수와 같이 고차 항이 포함된 다항함수를 배워볼 것이다. 함수의 작도에 대해서는 뒤에서 더 자세히 배우도록 하자.

$f(x)=a_nx^n+a_{n-1}x^{n-1}+\cdots\cdots a_1x+a_0$를 일반적으로 다항함수라고 한다.

특정한 점들을 지나는 다항함수를 구하는 방법을 알아보자.

특정한 점들을 지나는 이차함수를 구하기 위해선 3개의 점이 필요하다. 우리가 모르는 미지수는 a_2, a_1, a_0 3개이기 때문에 이를 풀기 위해선 3가지 연립방정식이 필요하다. 마찬가지로 4개의 점을 지나는 삼차함수를 구할 수 있고, 5개의 점을 지나는 4차함수를 구할 수 있다.

예제를 풀어보면서 이해를 하면 충분하다.

example 022 ★★★★★★★

1. (1,−2), (5, 58). (−2, −1)을 지나는 이차함수를 구하시오.

2. (−1, −3), (1, 5), (2, 15). (3, 37)을 자나는 삼차함수를 구하시오.

3.2 max, min 함수

max, min 함수는 다음과 같이 정의된다.

크기 관계가 다음과 같이 정해졌을 때 $a_1 \le a_2 \le \cdots\cdots \le a_n$

$$\max\{a_1, a_2, \cdots\cdots, a_n\}=a_n$$

$$\min\{a_1, a_2, \cdots\cdots, a_n\}=a_1$$

말로 풀어서 설명해주면 max함수는 주어진 값들 중 가장 크거나 같은 값을 의미하고 min함수는 주어진 값들 중 가장 작거나 같은 값을 의미한다.

example 023 ★★★★★★★

$\max\{9, 6.5\}, \min\{0.5, 0.5\}$의 값을 구하시오.

example 024 ★★★★★★★

$\max\{3x, 6-x\} = \min\{2x+3, 24-x\}$를 만족하는 x의 값 또는 범위를 구하시오.

example 025 ★★★★★★★

$f(x) = \max\{x-1, 2, 2-2x\}$, $g(x) = \min\{x-1, 2, 2-2x\}$를 그리시오.

3.3 절대값(abs) 함수

절대값 함수는 | • |기호를 이용해 표현한다. 절대값의 의미는 원점에서부터 떨어진 크기를 나타낼 때 쓰이는 척도이다. 이를 수식적으로 나타내면 다음과 같다.

$$f(x) = |x| = \begin{cases} x & (x \geq 0) \\ -x & (x < 0) \end{cases}$$

example 026 ★★★★★★★

$f(x) = |x-2| + |2x+3| - |3x+6|$의 그래프를 그리시오.

example 027 ★★★★★★★

$f(x) = |x^2 - 2x - 8|$의 그래프를 그리고 $y = 2x - 8$과의 교점을 구하시오.

example 028 ★★★★★★★

$|2x-1| = \sqrt{x^2+4x-3}$의 해를 구하시오.

3.4 가우스 함수

가우스 x는 x를 넘지 않는 최대의 정수를 의미한다. 주어진 x의 값을 가우스 함수에 대입하게 되면 x의 정수부분이 출력된다. 가우스 함수의 기호로는 [•]와 같이 보통 대괄호를 사용하여 나타낸다.
예를 들면 다음과 같다.

$$8.5 = 8 + 0.5 \Rightarrow [8.5] = 8$$

$$-1.3 = -2 + 0.3 \Rightarrow [-1.3] = -2$$

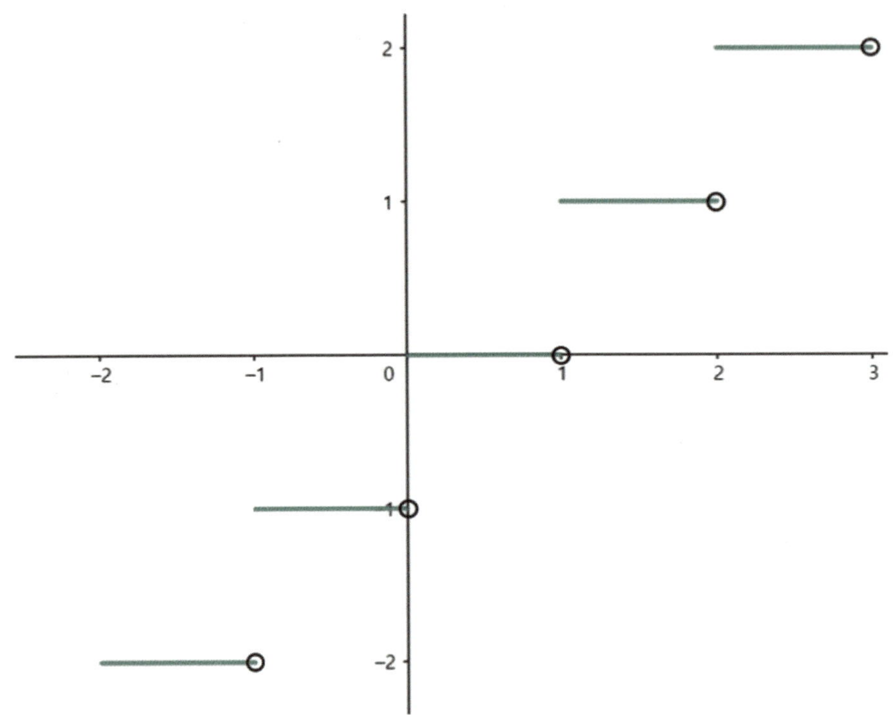

즉 $x = n + \alpha$(단, $0 \le \alpha < 1$)을 만족할 때 $[x] = n$이다.

위의 그림은 $f(x) = [x]$를 그린 것이다.
다음으로 가우스 함수를 통해 얻을 수 있는 부등식은 다음과 같다.

$$x - 1 < [x] \le x \ // \ [x] \le x < [x] + 1$$ [6]

example 029 ★★★★★★★

$[x] = |x|$의 해를 구하시오.(Hint: 그림을 그려볼 것)

6) $x = n + \alpha$를 대입해보면 쉽게 증명할 수 있을 것이다.

example 030 ★★★★★★★

$[100x]=[x]+1$의 모든 해를 구하시오.

example 031 ★★★★★★★

$f(x)=[x^2]$, $g(x)=[x]^2$의 그래프를 그리시오.(단 $-2<x<2$) 그리고 $f(x)=g(x)$의 모든 해를 구하시오.

3.5 합성함수

합성함수는 함수를 합성하는 과정을 의미한다. $f(g(x))$는 g의 y값을 f의 x에 대입하여 나온 값을 의미한다.

example 032 ★★★★★★★

$f(x)=[x^2]$, $g(x)=[x]^2$의 그래프를 그리시오.(단 $-2<x<2$) 그리고 $f(x)=g(x)$의 모든 해를 구하시오.

example 033 ★★★★★★★

$f(x)=|x|$, $g(x)=x^2+2x$이다. $y=f(g(x)), y=g(f(x))$를 그리고 교점을 구하시오.

example 034 ★★★★★★★

$f(x)=|2x+2|-|2x-2|$, $g(x)=|3x-6|+|x+2|-10$이다.
$y=f(g(x)), y=g(f(x))$를 그리고 교점을 구하시오.

4. 미분

4.1 평균변화율과 순간변화율

변화율을 나타내는 기호로는 델타(Δ)를 사용한다. 그리고 x가 한 단위 변화할 때 y가 변화하는 양을 $\frac{\Delta Y}{\Delta X}$로 나타낸다. 이제 이를 함수에 적용해보자.

우선 평균변화율이란 x가 a부터 b까지 변화 했을 때 y의 변화량에 대한 x의 변화량을 의미한다.
이를 수식적으로 나타내면 다음과 같다.

함수 $f(x)$의 $(a,\ b)$에서 평균변화율$=\frac{f(b)-f(a)}{b-a}$

example 035 ★★★★★★★

1. $f(x)=3x+7$일 때 $(1,\ 3)$에서 평균변화량을 구하시오.

2. $g(x)=x^2+1$일 때 $(1,\ 3)$에서 평균변화량을 구하시오.

다음으로 순간변화율이란 특정한 점에서의 순간적인 변화량을 의미한다. 이를 수식적으로 나타내면 다음과 같음을 알 수 있다.

$$\lim_{\Delta X \to 0} \frac{\Delta Y}{\Delta X}$$

그리고 x=a에서 f(x)의 순간변화량은 다음과 같이 나타낼 수 있다.

$$\lim_{x \to a} \frac{f(x)-f(a)}{x-a}$$

여기서 lim의 의미는 x가 a에 점점 가까워진다는 뜻이다.
이제 $x=a+h$를 대입해주면 다음과 같이 변형될 수 있다.

$$\lim_{h \to 0} \frac{f(a+h)-f(a)}{h}$$

위의 두 수식의 값이 존재한다면 당연히 같은 값을 가질 것이고, 이의 값이 실제로 존재하면 함수 $f(x)$는 x=a에서 미분가능하다고 하고 그 값은 $f'(a)$라고 표시한다.

$$f'(a)=\lim_{x \to a} \frac{f(x)-f(a)}{x-a}=\lim_{h \to 0} \frac{f(a+h)-f(a)}{h}$$

마지막으로 평균 변화에서 분모(x의 변화량)을 0으로 보냈을 때 저 값이 기하학적으로 갖는 의미는 x=a에서 기울기를 의미함을 알 수 있다.

example 036 ★★★★★★★

$f(x)=x^2$일 때 $x=1$에서 순간변화율을 구하시오.

4.2 도함수

x=a에서 구한 순간변화율은 $f'(a)$로 표현됨을 알 수 있었다. $f'(a)$는 a의 함수이다. 이를 x에 대한 함수로 바꿔주면 $f'(x)$이다. 이제부터 $f'(x)$를 $f(x)$의 도함수라고 부른다. 그리고 $f(x)$를 '미분'하면 $f'(x)$이다. 이를 수식적으로 표현하면 다음과 같다.

$$f'(x)=\lim_{h\to 0}\frac{f(x+h)-f(x)}{h}$$

이제 $f(x)=x^n$의 미분을 해보자.

$$\begin{aligned}f'(x)&=\lim_{h\to 0}\frac{f(x+h)-f(x)}{h}\\&=\lim_{h\to 0}\frac{(x+h)^n-x^n}{h}\\&=\lim_{h\to 0}\frac{x^n+{}_nC_{n-1}x^{n-1}h+{}_nC_{n-2}x^{n-2}h^2+\cdots\cdots+{}_nC_1xh^{n-1}+h^n-x^n}{h}\\&=\lim_{h\to 0}{}_nC_{n-1}x^{n-1}+{}_nC_{n-2}x^{n-2}h+\cdots\cdots+{}_nC_1xh^{n-2}+h^{n-1}\\&=nx^{n-1}\end{aligned}$$

따라서 $f'(x)=nx^{n-1}$임을 알 수 있다. 또한 이를 통해 모든 다항함수는 미분 가능함을 알 수 있다.
다음으로 합성함수 $h(x)=f(g(x))$의 미분을 해보자. 우선 $f(x), g(x)$가 모두 미분가능하다고 가정하자.

$$\begin{aligned}h'(x)&=\lim_{h\to 0}\frac{h(x+h)-h(x)}{h}\\&=\lim_{h\to 0}\frac{f(g(x+h))-f(g(x))}{h}\\&=\lim_{g(x+h)\to g(x)}\frac{f(g(x+h))-f(g(x))}{g(x+h)-g(x)}\times\lim_{h\to 0}\frac{g(x+h)-g(x)}{h}\text{ 7)}\\&=f'(g(x))\times g'(x)\end{aligned}$$

따라서 $h'(x)=f'(g(x))\times g'(x)$임을 알 수 있다.

마지막으로 $h(x)=f(x)g(x)$, $k(x)=\dfrac{g(x)}{f(x)}$일 때 각각의 도함수는 다음과 같다.

$h'(x)=f'(x)g(x)+f(x)g'(x)$, $k'(x)=\dfrac{g'(x)f(x)-g(x)f'(x)}{\{f(x)\}^2}$

7) $g(x)$가 미분 가능하므로 연속이다. 따라서 $\lim\limits_{h\to 0}$를 $\lim\limits_{g(x+h)\to g(x)}$로 표기해도 된다.

example 037 ★★★★★★★

1. $f(x)=x^4+5x^2+12x+6$이다. 이때 $f'(x)$를 구하시오.

2. $g(x)=x^5+5x^4+10x^3+10x^2+5x+1$이다. 이때 $g'(x)$를 구하시오.

3. $h(x)=(x+1)^5$이다. 이때 $h'(x)$를 구하고 2와 비교하시오.

다음으로 도함수의 부호를 보자. $f'(x)$는 x에서 순간변화율을 의미하기 때문에 $f'(a)>0$이면 $x=a$에서 증가하고 있을 것이고, $f'(a)<0$이면 $x=a$에서 감소하고 있을 것이다. 다음으로 $f'(a)=0$이면 $x=a$에서 순간변화량이 없는 상태이고 기하학적인 의미로는 기울기가 0인 지점을 의미할 것이다.
이러한 성질을 이용해 함수의 증감을 알아볼 수 있다.
또한 극댓값, 극솟값이라는 용어가 등장하는데, 다음과 같은 성질을 만족하면 $x=a$에서 극대, 극소라고 한다.

$x=a$에서 '극대'이기 위한 조건
- $f'(a)=0$이고 $\lim_{x\to a-} f'(x)>0$ & $\lim_{x\to a+} f'(x)<0$

$x=a$에서 '극소'이기 위한 조건
- $f'(a)=0$이고 $\lim_{x\to a-} f'(x)<0$ & $\lim_{x\to a+} f'(x)>0$

$x=a$에서 '증가'하기 위한 조건
- $f'(a)>0$

$x=a$에서 '감소'하기 위한 조건
- $f'(a)<0$

한편 $x=a$에서 $f'(a)=0$인데 $x=a$에서 $f'(x)$의 좌,우 극한값의 부호가 같거나 0이면 극댓값, 극솟값이 모두 아니다.[8]

4.3 이계미분함수와 변곡점

보통 일계미분함수를 $f'(x)$라고 하고 이계미분함수를 $f''(x)$라고 한다. 마찬가지로 $f''(x)$는 $f'(x)$의 도함수이다. 즉 $f''(x)$는 $f(x)$를 두 번 미분한 함수이다.
다음으로 $f''(x)$는 함수의 볼록성을 나타내는 척도이다.
$f''(x)>0$이면 아래로 볼록하고, $f''(x)<0$이면 위로 볼록하다.[9] 다음으로 $f''(x)$의 값이 0을 가지면 어떻게 되는지 알아보자.

8) 그저 기울기가 0인 지점일 뿐이다.

9) 위로 볼록, 아래로 볼록이 헷갈린다면 x^2, $-x^2$을 두 번 미분해 부호를 판별하면 된다.

우선 $f''(a)=0$이고, $f''(x)$의 부호가 $x=a$에서 달라지면 $(a, f''(a))$를 변곡점이라고 부른다. 따라서 $x=a$에서 변곡점이기 위한 조건은 다음과 같다.

> $x=a$에서 변곡점이기 위한 조건
> - $f''(a)=0$이고 $\lim_{x \to a-} f''(x) \times \lim_{x \to a+} f''(x) < 0$[10)]
>
> $x=a$에서 '아래로 볼록'이기 위한 조건
> - $f''(a) > 0$
>
> $x=a$에서 '위로 볼록'이기 위한 조건
> - $f''(a) < 0$

example 038 ★★★★★★★

$f(x)=x^3+3x^2-9x+2$, $g(x)=x^3(x-2)^2$이다.

1. $f(x)$가 (i)증가하는 구간, (ii)감소하는 구간, (iii)극댓값 또는 극솟값, (iv)위로 볼록한 구간, (v)아래로 볼록한 구간, (vi)변곡점을 구하시오.

2. $g(x)$가 (i)증가하는 구간, (ii)감소하는 구간, (iii)극댓값 또는 극솟값, (iv)위로 볼록한 구간, (v)아래로 볼록한 구간, (vi)변곡점을 구하시오.

example 039 ★★★★★★★

$f(x)=x^3-3(c^2-9)x$이다.

1. $f(x)$가 모든 구간에서 증가하기 위한 c의 범위를 구하시오.

2. c=0일 때 $f(x)$가 (i)증가하는 구간, (ii)감소하는 구간, (iii)극댓값 또는 극솟값, (iv)위로 볼록한 구간, (v)아래로 볼록한 구간, (vi)변곡점을 구하시오.

3. c=3일 때 문제 2를 반복하시오.

4. c=5일 때 문제 2를 반복하시오.

10) 어렵게 써놓은 듯 보이지만 이는 $x=a$에서 $f''(x)$의 좌극한과 우극한의 값이 0이 아니며, 좌극한과 우극한의 부호가 다르다는 뜻이다.

다음으로 함수를 작도하는 방법을 배워보자. 이는 예시를 통해서 배워보자.

$f(x)=x^2(x-2)^2$의 그래프를 그려보자. 우선 기본적인 값들은 다음과 같이 주어져있다.

$$f'(x)=4x(x-1)(x-2),\ f''(x)=4(3x^2-6x+2)$$

그리고 $f',\ f''$의 값이 0이 되는 x의 모든 값들을 찾아보면 $x=0,1-\frac{1}{\sqrt{3}},1,1+\frac{1}{\sqrt{3}},2$이다.

이를 기반으로 증감표를 그려보자.

		0		$1-\frac{1}{\sqrt{3}}$		1		$1-\frac{1}{\sqrt{3}}$		2	
$f(x)$	↳	0	⤴	$\frac{4}{9}$	↱	1	↴	$\frac{4}{9}$	↳	0	⤴
$f'(x)$	$-$	0		$+$		0		$-$		0	$+$
$f''(x)$		$+$		0		$-$		0		$+$	

11)

위와 같이 $f(x)$의 줄에는 특정 값에는 f의 값을 구하고 나머지에는 개형을 그리면 된다. 다음으로 $f'(x)$의 줄에는 기울기의 부호를 적어주면 된다. 마지막에는 $f''(x)$의 부호를 적어주면 된다. 이를 기반으로 그림을 그려주면 다음과 같다.

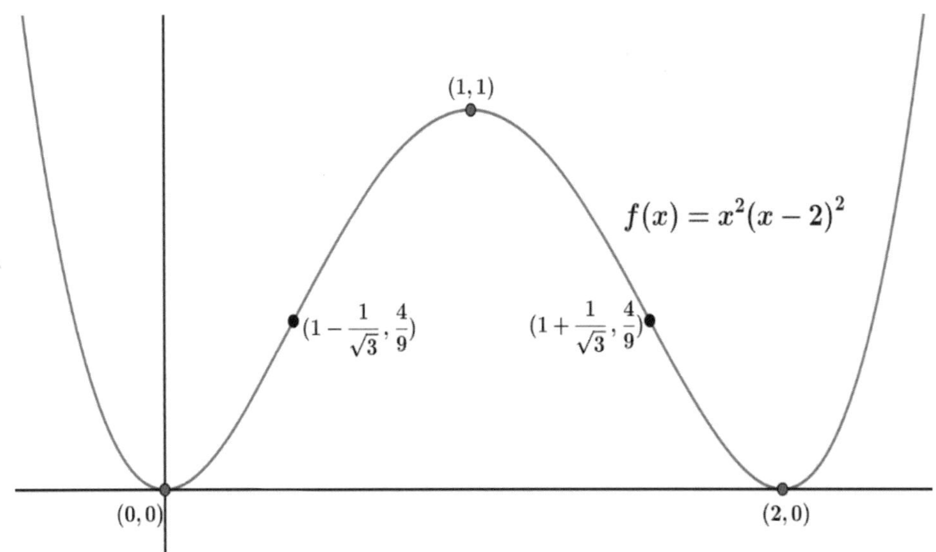

11) ↳: 감소하면서 아래로 볼록, ↱: 증가하면서 위로 볼록

example 040 ★★★★★★★

$f(x)=x^3+3x^2-9x+2$, $g(x)=x^3(x-2)^2$이다. 증감표를 이용해 주어진 함수를 작도하시오.

다음으로 함수의 그래프를 그렸으면 함수의 최댓값 혹은 최솟값을 구할 수 있다. 최댓값으로 가능한 후보는 극댓값, 경계값이 있고 최솟값으로 가능한 후보는 극솟값, 경계값이 있다. 이를 기반으로 주어진 함수의 최대화 전략을 세울 수 있다.

example 041 ★★★★★★★

$f(x)=x^3+3x^2-9x+2$에 대해 $[-5, 2]$에서 최댓값과 최솟값을 구하시오.

example 042 ★★★★★★★

$g(x)=x^3(x-2)^2$에 대해 $[\frac{1}{2}, \frac{7}{3}]$에서 최댓값과 최솟값을 구하시오.

example 043 ★★★★★★★

사람들이 느끼는 만족감은 x^2y이다. $2x+y=9$일 때 만족감이 최대화되는 (x,y)의 순서쌍을 구하시오. (단, x, y 모두 0이상이다.)

4.4 접선 활용

이제 $y=f(x)$에서 $x=a$에서 접선을 구해보자. 우선 $x=a$에서 접선의 기울기는 $f'(a)$이고 $(a, f(a))$를 지나는 직선의 방정식은 $y=f'(a)(x-a)+f(a)$이다.

example 044 ★★★★★★★

$f(x)=x^3+3x^2-9x+2$에 대해 $x=2$에서 접선의 방정식을 구하시오.

5. 적분

5.1 부정적분

부정적분은 미분의 역연산으로 생각하면 된다. 부정저분의 기호는 다음과 같이 나타난다.

$$F(x) = \int f(x)dx + C$$

부정적분이 미분의 역연산임을 고려해서 $f(x) = x^n$을 부정적분 해주면 다음과 같다.

$$\begin{aligned} F(x) &= \int x^n dx + C \\ &= \frac{1}{n+1}x^{n+1} + C \end{aligned}$$

example 045 ★★★★★★★

$f(x) = x^3 + 3x^2 - 9x + 2$이다. 이에 대해 부정적분을 하시오.

5.2 정적분

정적분은 부정적분과 다르게 주어진 구간에서 적분을 해주는 것이다. 따라서 적분 상수가 사라지게 된다. $[a, b]$에서 $f(x)$를 정적분 해주면 다음과 같다.

$$\int_a^b f(x)dx = F(b) - F(a)$$

특히 $f(x) = x^n$일 때 $[a, b]$에서 정적분을 해주면 다음과 같다.

$$\int_a^b x^n dx = \frac{b^{n+1} - a^{n+1}}{n+1}$$

기하학적으로 정적분은 x축과 f(x)가 둘러싸인 넓이를 의미한다.

example 046 ★★★★★★★

$\int_1^3 x^3 + 3x^2 - 9x + 2\,dx$의 값을 구하시오.

example 047 ★★★★★★★

$g(x)=x^3(x-2)^2$와 x축으로 둘러싸인 넓이를 구하시오.

example 048 ★★★★★★★

$h(x)=x(x-1)(x-3)$와 x축으로 둘러싸인 넓이를 구하시오.

example 049 ★★★★★★★

$g(x)=x^3(x-2)^2$일 때 $g'(x)$와 x축으로 둘러싸인 넓이를 구하시오.

5.3 연속확률분포와 누적분포함수

$X=x$일 확률을 의미하는 함수로 보통 $P(X=x)$라고 표시한다. 이때 $P(X=x)$가 연속함수이면 $P(X=x)$가 연속확률분포를 가지는 함수라고 부른다.

$F(x)=F(X\leq x)$는 누적분포함수로 $X\leq x$일 확률을 의미한다. 그러면 이를 정적분을 이용해 나타내줄 수 있다.

$$F(x)=\int_{-\infty}^{x}P(X=x)dx$$

이 관계식을 통해 $F'(x)=P(X=x)$임을 알 수 있다.

이를 이용해 $a\leq X\leq b$일 확률을 구해주면 다음과 같다.

$$a\leq X\leq b\text{일 확률}=F(a\leq X\leq b)=\int_{a}^{b}P(X=x)dx=F(b)-F(a)$$

example 050 ★★★★★★★

X는 $0\leq X\leq 2$의 값을 갖는다. $P(X=x)=ax^2$일 때 a의 값을 구하고 $0.5\leq X\leq 1.5$일 확률을 구하시오.

6. 확률과 통계

6.1 경우의 수

한 사건이 일어난 경우의 수를 표현하는 기호로 다양한 것이 있다. 대표적으로 !, P, C, Π, H가 있다. 본 절에서는 !, P, C, H, Π의 정의와 계산 방법 및 응용 방식을 배워보고자 한다. 각 기호들의 정의는 다음과 같다.

i) "!"은 계승 또는 팩토리얼이라고 부른다. $a_1, a_2, \cdots\cdots, a_n$을 일렬로 배열하는 경우의 수를 $n!$이라고 정의한다. 그리고 일렬로 배열하는 경우의 수는 $n! = n\times(n-1)\times\cdots\cdots\times2\times1$으로 계산 된다. 또한 $0! = 1$이라고 정의한다.

ii) "P"는 순열을 의미한다. $_nP_r$의 의미는 $a_1, a_2, \cdots\cdots, a_n$중 서로 다른 r개를 뽑아 일렬로 배열하는 경우의 수이다. 이를 계산하는 방법은 다음과 같다.

$$_nP_r = n\times(n-1)\times\cdots\cdots\times(n-r+1) = \frac{n!}{(n-r)!}$$

iii) "C"는 조합을 의미한다. $_nC_r$의 의미는 $a_1, a_2, \cdots\cdots, a_n$중 서로 다른 r개를 뽑는 경우의 수이다. 이를 계산하는 방법은 다음과 같다.

$$_nC_r = \frac{_nP_r}{r!} = \frac{n!}{r!\,(n-r)!} = {}_nC_{n-r}$$

iv) "Π"는 중복순열을 의미한다. $_n\Pi_r$의 의미는 $a_1, a_2, \cdots\cdots, a_n$중 중복을 포함하여 r개를 뽑아 일렬로 배열하는 경우의 수이다. 이를 계산하는 방법은 다음과 같다.

$$_n\Pi_r = n^r$$

v) "H"는 중복순열을 의미한다. $_nH_r$의 의미는 $a_1, a_2, \cdots\cdots, a_n$중 중복을 포함하여 r개를 뽑는 경우의 수이다. 이를 계산하는 방법은 다음과 같다.

$$_nH_r = {}_{n+r-1}C_r = \frac{(n+r-1)!}{r!\,(n-1)!}$$

위의 내용들을 표로 정리하면 다음과 같다.

	중복X	중복O
배열	$_nP_r$	$_n\Pi_r$
선택	$_nC_r$	$_nH_r$

example 051 ★★★★★★★

$_8P_4, {}_8C_4, {}_8\Pi_4, {}_8H_4$를 계산 하시오.

다음으로 경우의 수 문제를 풀 때 가장 많이 등장하는 예시들을 보자.

a_1이 p_1개, a_2이 p_2개, ……, a_n이 p_n개 있다고 했을 때 이들을 일렬로 배열하는 경우의 수는 $\frac{(p_1+p_2+\cdots\cdots+p_n)!}{p_1!p_2!\cdots\cdots p_n!}$이다.

example 052 ★★★★★★★

1. cheerup!!을 일렬로 배열하는 경우의 수를 구하시오.

2. 같은 문자(e, !)끼리는 이웃하지 않도록 하는 경우의 수를 구하시오.

3. u가 p 앞에 위치하는 경우의 수를 구하시오.

또한 같은 것이 포함된 순열을 기반으로 길 찾기 문제를 풀 수 있다.

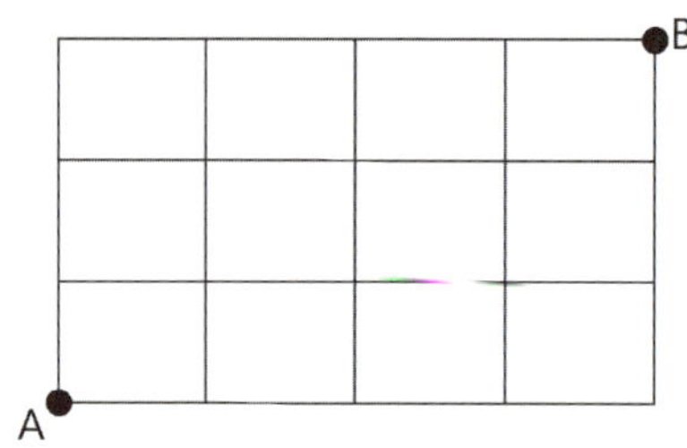

위의 그림에서 A에서 B로 최단 경로로 움직이는 경우의 수를 구해보자.

A에서 B로 움직이기 위해선 →방향으로 4번, ↑방향으로 3번 움직여야 한다. 이 문제는 → 4개와 ↑3개를 일렬로 배열하는 경우의 수 문제로 바뀌게 된다. 그리고 이에 대한 경우의 수는 $\frac{7!}{3!4!}=35$이다.

example 053 ★★★★★★★

아래의 그림에서 A에서 B까지 최단 경로로 움직이는 경우의 수를 구하시오.

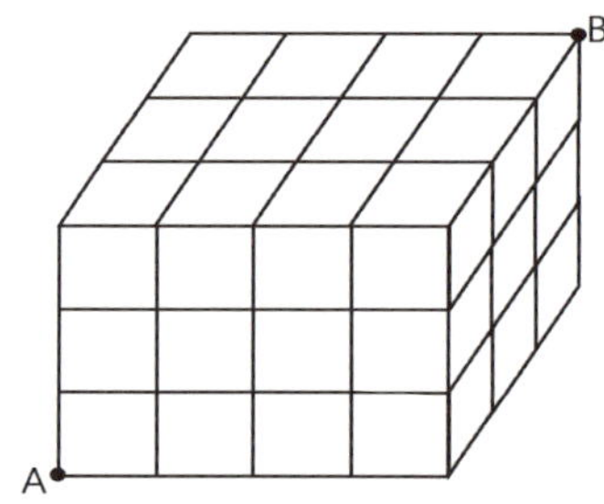

example 054 ★★★★★★★

직교좌표계에서 초기에 철수가 원점에 서있다.

1. 철수는 총 7번 움직여서 (1, 2)에 도달하려고 한다. 이 때 철수가 (1, 2)에 위치할 수 있는 경우의 수를 구하시오.

2. 이번에는 (1, 2)에 도달하면 멈춘다고 하자. 7번째 움직였을 때 처음으로 (1, 2)에 도달하는 경우의 수를 구하시오.

다음으로 함수의 개수를 세는 유형을 보자.

$X=\{x_1, x_2, \cdots\cdots, x_r\}$, $Y=\{y_1, y_2, \cdots\cdots, y_n\}$이라고 하자. (단, $n \geq r$이다.)

- $f: X \to Y$의 개수: ${}_n\Pi_r = n^r$
- $f: X \to Y$ 중에서 f가 일대일 함수인 개수: ${}_nP_r$
- $f: X \to Y$ 중에서 $f(x_1) < f(x_2) < \cdots\cdots < f(x_r)$의 개수: ${}_nC_r$
- $f: X \to Y$ 중에서 $f(x_1) \leq f(x_2) \leq \cdots\cdots \leq f(x_r)$의 개수: ${}_nH_r$

example 055 ★★★★★★★

$f: X \to Y$에서 $X=\{1, 2, 3, 4, 5, 6, 7, 8, 9, 10\}$, $Y=\{1, 2, 3, 4, 5, 6, 7\}$이다.
$f(1) > f(3) > f(5), f(2) \leq f(4) \leq f(6)$을 만족하는 함수의 개수를 구하시오.

example 056 ★★★★★★★

$f: X \to Y$에서 $X=\{1, 2, 3, 4, 5, 6, 7, 8, 9, 10\}$, $Y=\{1, 2, 3, 4, 5, 6, 7\}$이다.
$f(k) > f(2k), f(k) > f(2k+1)$(단, $k=1, 2, 3$)을 만족할 때 함수의 개수를 구하시오.

example 057 ★★★★★★★

$f: X \to Y$에서 $X=\{1, 2, 3, 4, 5, 6\}$, $Y=\{1, 2, 3\}$이다. f의 치역과 공역이 일치하는 함수의 개수를 구하시오.

다음으로 원순열이란 $a_1, a_2, \cdots\cdots, a_n$을 원으로 배열하는 경우의 수를 의미한다. 특이하게 원은 회전가능하기 때문에 총 n번의 같은 경우가 생기게 된다. 따라서 이를 원으로 배열하는 경우의 수는 $\frac{n!}{n} = (n-1)!$이다.

example 058 ★★★★★★★★

1. 철수는 서로 다른 색깔을 지닌 13개의 물감을 갖고 있으며, 그 중 하나는 빨간색이다. 이 13개의 물감을 모두 사용하여 아래의 그림을 칠하는 경우의 수를 12!으로 나누시오. (이때 회전하여 일치하는 것은 같은 것으로 본다.)

2. 하루가 지나 철수는 물감 1개를 잃어버려 총 12개가 남았다. 아래의 그림을 칠하는 경우의 수를 12!으로 나누시오. (단, 잃어버린 물감은 빨간색으로 정해져 있으며, 회전하여 일치하는 것은 같은 것으로 본다.)

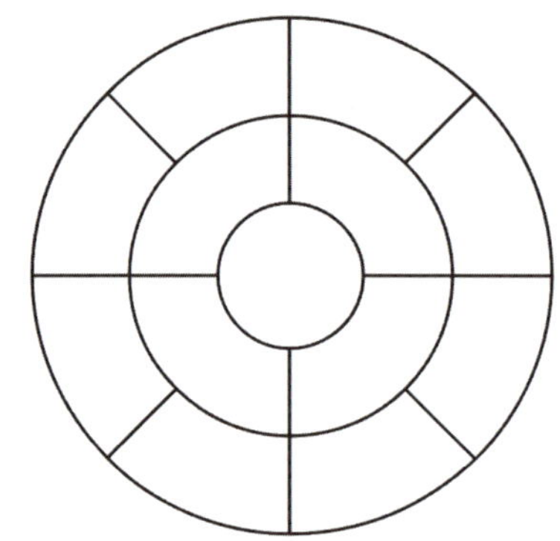

$$x_1 + x_2 + \cdots\cdots + x_n = r \text{ (단, } x_1, x_2, \cdots\cdots, x_n\text{은 0이상의 정수)}$$

위의 식을 만족하는 순서쌍 $(x_1, x_2, \cdots\cdots, x_n)$의 개수는 ${}_nH_r$이다. 이에 대한 증명은 그렇게 어렵지 않으니 생략하겠다.
만약 위의 문제가 다음과 같이 바뀌었다면 어떻게 해결해야 하는지 알아보자.

$$x_1 + x_2 + \cdots\cdots + x_n \le r \text{ (단, } x_1, x_2, \cdots\cdots, x_n\text{은 0이상의 정수)}$$

우변에 x_{n+1}을 추가하여 부등호를 등호로 만들어주면 된다. 여기서 x_{n+1} 또한 0이상의 정수이다. 그러면 위의 부등식은 $x_1 + x_2 + \cdots\cdots + x_n + x_{n+1} = r$(단, $x_1, x_2, \cdots\cdots, x_n, x_{n+1}$은 0이상의 정수이다.)로 바뀌게 되고 이는 서로 동치이다. 따라서 위의 부등식을 만족하는 순서쌍
$(x_1, x_2, \cdots\cdots, x_n, x_{n+1})$의 개수는 ${}_{n+1}H_r$이다.
다음으로 $x_1 + x_2 + \cdots\cdots + x_n = r$에서 $x_1 \ge k$라는 제약이 있다면 어떻게 해줘야 할까? $x_1{}' = x_1 - k$으로 치환해주면 된다. 그러면 $x_1{}' + x_2 + \cdots\cdots + x_n = r - k$(단, $x_1{}', x_2, \cdots\cdots, x_n$은 0이상의 정수)으로 바뀌게 되고 이에 대한 경우의 수는 ${}_nH_{r-k}$이다.
마지막으로 $x_1 + x_2 + \cdots\cdots + x_n = r$에서 $x_1 \le k$라는 제약이 있다면 어떻게 해줘야 할까? 이는 포함과 배제의 원리를 사용해 주면 된다. 전체 경우의 수에서 $x_1 \ge k+1$인 경우만 빼주면 된다. $x_1 \ge k+1$인 경우를 세주기 위하여 $x_1{}' = x_1 - k - 1$이라 하여 변형시켜주면 $x_1{}' + x_2 + \cdots\cdots + x_n = r - k - 1$
(단, $x_1{}', x_2, \cdots\cdots, x_n$은 0이상의 정수)이다. 따라서 $x_1 + x_2 + \cdots\cdots + x_n = r$에서 $x_1 \le k$를 만족하는 경우의 수는 ${}_nH_r - {}_nH_{r-k-1}$이다.

example 059 ★★★★★★★

1. $x_1+x_2+x_3+x_4=12$(단, $x_i(i=1,2,3,4)$는 0이상의 정수)의 순서쌍 개수를 구하시오.

2. $x_1+x_2+x_3+x_4 \leq 12$(단, $x_i(i=1,2,3,4)$는 자연수)의 순서쌍 개수를 구하시오.

3. $x_1+x_2+x_3+x_4=12$(단, $x_i(i=1,2,3,4)$는 0이상 5이하의 정수)의 순서쌍 개수를 구하시오.

여기서부터는 경우의 수 관련 예제들이다.

example 060 ★★★★★★★

남자 10명, 여자 5명이 줄을 서려고 한다.

1. 같은 성별끼리는 구별하지 못할 때 줄을 서는 경우의 수를 구하시오.

2. 같은 성별끼리 구별 할 수 있을 때, 일렬로 줄을 서는 경우의 수를 구하시오.

3. 같은 성별끼리는 구별하지 못하고, 여자끼리는 이웃할 수 없을 때, 일렬로 줄을 서는 경우의 수를 구하시오.

4. 같은 성별끼리 구별하지 못하고, 여자끼리는 이웃할 수 없을 때, 이들을 원형으로 앉히는 경우의 수를 구하시오.(단, 회전하여 일치하는 것은 다른 것으로 본다.)

example 061 ★★★★★★★

철수가 10개의 계단을 오르려고 한다.

1. 5살 철수는 한 번에 한 개 도는 두 개의 계단만 오를 수 있을 때 계단을 오르는 경우의 수를 구하시오.

2. 3년 후 철수는 한번에 1~3개의 계단을 오를 수 있을 때 경우의 수를 구하시오.

example 062 ★★★★★★★

아래의 그림은 2×10 짜리 직사각형이다. 철수가 □ (1×1), □□ (1×2)짜리 직사각형을 이용해 아래의 직사각형을 채우는 경우의 수를 구하시오. (단, □□는 회전 가능하다.)

6.2 이항정리와 파스칼 삼각형

본 절에서는 $x+y, x+y+z$, ……의 거듭제곱을 배워볼 것이다. 즉 $(x+y)^n, (x+y+z)^n$, ……의 전개식이 어떻게 나타나는 지 알아볼 것이다.

우선 $(x+y)^n$의 전개식은 $\sum_{k=0}^{n} a_k x^k y^{n-k}$으로 나타나는 것을 알 수 있을 것이다. 이제 $x^k y^{n-k}$의 계수인 a_k를 구하는 방법은 $(x+y)^n=(x+y)(x+y)\cdots\cdots(x+y)$에서 x가 k개, y가 $n-k$개 선택되어야 하므로 $a_k={}_nC_k$이다. 정리하면 다음과 같다.

$$(x+y)^n=\sum_{k=0}^{n}{}_nC_k x^k y^{n-k}={}_nC_0x^n+{}_nC_1x^{n-1}y+{}_nC_2x^{n-2}y^2+\cdots\cdots+{}_nC_ny^n$$

위의 방법과 같이 $(x+y+z)^n$의 전개식은 다음과 같이 나타난다.

$$(x+y+z)^n=\sum_{\substack{p+q+r=n\\ p,q,r\ge 0}}\frac{n!}{p!\,q!\,r!}x^p y^q z^r$$

example 063 ★★★★★★★

1. $(3x+2)^7$의 전개식에서 x^3의 계수를 구하시오.

2. $(2x^2+3x-4)^5$의 전개식에서 x^3의 계수를 구하시오.

example 064 ★★★★★★★

1. $(3x+2)^{100}$의 전개식에서 x^k의 계수를 a_k라 하자. 이때 a_k가 최대가 되는 k의 값을 구하시오.

다음으로 $(x+y)^n$ 전개 방법을 기반으로 조합(C)의 합을 구할 수 있다.
먼저 $y=1$을 대입한 $(x+1)^n$의 전개식은 다음과 같다.

$$(x+1)^n = \sum_{k=0}^{n} {}_nC_k x^k = {}_nC_0 + {}_nC_1 x \cdots\cdots + {}_nC_{n-1}x^{n-1} + {}_nC_n x^n$$

이제 $x=1$을 대입하면 다음과 같은 식을 얻을 수 있다.

$$2^n = (1+1)^n = {}_nC_0 + {}_nC_1 + {}_nC_2 + \cdots\cdots + {}_nC_n \quad \cdots\cdots\cdots\cdots \langle 식1 \rangle$$

다음으로 $x=-1$을 대입하면 다음과 같은 식을 얻을 수 있다.

$$0 = (-1+1)^n = {}_nC_0 - {}_nC_1 + {}_nC_2 - \cdots\cdots + (-1)^2 {}_nC_n \quad \cdots\cdots\cdots\cdots \langle 식2 \rangle$$

두 가지 식을 연립해주면 다음과 같은 결과를 얻을 수 있다.
(〈식1〉+〈식2〉)/2, (〈식1〉−〈식2〉)/2를 해주면

$$\underline{2^{n-1} = {}_nC_0 + {}_nC_2 + {}_nC_4 + \cdots\cdots = {}_nC_1 + {}_nC_3 + {}_nC_5 + \cdots\cdots} \quad \cdots\cdots\cdots\cdots \langle 식3 \rangle$$

$x=i$을 대입하면 다음과 같은 식을 얻을 수 있다.

$$(1+i)^n = {}_nC_0 + {}_nC_1 i - {}_nC_2 - {}_nC_3 i + {}_nC_4 + {}_nC_5 i - {}_nC_6 - {}_nC_7 i \cdots\cdots \quad \cdots\cdots\cdots\cdots \langle 식4 \rangle$$

$x=-i$을 대입하면 다음과 같은 식을 얻을 수 있다.

$$(1-i)^n = {}_nC_0 - {}_nC_1 i - {}_nC_2 + {}_nC_3 i + {}_nC_4 - {}_nC_5 i - {}_nC_6 + {}_nC_7 i \cdots\cdots \quad \cdots\cdots\cdots\cdots \langle 식5 \rangle$$

(〈식4〉+〈식5〉)/2를 해주면

$$\frac{(1+i)^n + (1-i)^n}{2} = {}_nC_0 - {}_nC_2 + {}_nC_4 - {}_nC_6 + \cdots\cdots \quad \cdots\cdots\cdots\cdots \langle 식6 \rangle$$ [12]

12) $(1+i)^4 = (2i)^2 = -4$임을 활용하면 된다.

마지막으로 (〈식3〉+〈식6〉)/2를 해주면

$$2^{n-2}+\frac{(1+i)^n+(1-i)^n}{4}={}_nC_0+{}_nC_4+{}_nC_8+\cdots\cdots$$

example 065 ★★★★★★★

$(x+1)^{100}=a_0+a_1x+\cdots\cdots+a_{100}x^{100}$이다. $a_0+a_3+a_6+\cdots\cdots$을 구하시오.
(Hint: $w^3=1$을 만족하는 세 개의 w를 x에 대입해보자.)

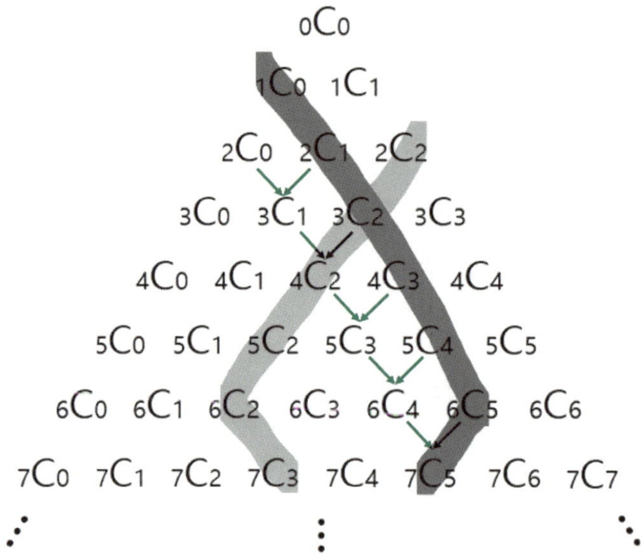

다음으로 파스칼 삼각형은 위와 같이 생겼다. 편의상 n번째 줄, r번째 수를 ${}_nC_r$이라고 정의한다.
위의 그림에서 간단한 규칙을 찾아줄 수 있다.
첫 번째로 빨간색 화살표로 표시된 것처럼 $n-1$번째 줄, $r-1$번째 수와 $n-1$번째 줄, r번째 수를 더해주면 n번째 줄, r번째 수가 나옴을 알 수 있다. 이를 수식적으로 나타내면 ${}_{n-1}C_{r-1}+{}_{n-1}C_r={}_nC_r$과 같다. 이 식을 증명하는 방법은 2가지가 있다.

1. $$\begin{aligned}{}_{n-1}C_{r-1}+{}_{n-1}C_r&=\frac{(n-1)!}{(r-1)!(n-r)!}+\frac{(n-1)!}{r!(n-r-1)!}\\&=\frac{(n-1)!}{r!(n-r)!}(r+n-r)\\&=\frac{n!}{r!(n-r)!}\\&={}_nC_r\end{aligned}$$

2. n명의 사람들 중에서 r명에게 선물을 준다고 하자. ${}_{n-1}C_{r-1}+{}_{n-1}C_r={}_nC_r$의 우변은 n명 중에서 r명의 사람들에게 선물을 주는 경우의 수이다. 좌변은 “가연”이라는 사람이 선물을 받는다면 나머지 n-1명중 선물 받을 r-1명을 추가로 뽑아야하므로 이에 대한 경우의 수는 ${}_{n-1}C_{r-1}$이고, “가연”이라는 사람이 선물을 받지 않는다면 나머지 n-1명 중 선물 받을 r명의 사람을 뽑아야 하므로 이에 대한 경우의 수는 ${}_{n-1}C_r$이다.
따라서 좌변과 우변이 같다.

${}_{n-1}C_{r-1}+{}_{n-1}C_r={}_nC_r$의 관계식을 통해 추가적으로 알 수 있는 사실이 있다.

첫 번째로 ${}_nC_r-{}_{n-1}C_r={}_{n-1}C_{r-1}$에서 $\sum_{n=r+1}^{m}({}_nC_r-{}_{n-1}C_r)=\sum_{n=r+1}^{m}{}_{n-1}C_{r-1}$이므로 이를 정리해주면 ${}_mC_r-{}_rC_r={}_rC_{r-1}+{}_{r+1}C_{r-1}+\cdots\cdots+{}_{m-1}C_{r-1}$이다.

마지막으로 ${}_rC_r(={}_{r-1}C_{r-1})$을 이항 시킨 후 r에 $r+1$을 대입해주면 다음과 같다.

$$\underline{{}_rC_r+{}_{r+1}C_r+{}_{r+2}C_r+\cdots\cdots+{}_{m-1}C_r={}_mC_{r+1}}$$

위의 그림에서 밝은 회색 하이라이트 부분에 해당한다.

두 번째로 ${}_rC_r+{}_{r+1}C_r+{}_{r+2}C_r+\cdots\cdots+{}_{m-1}C_r={}_mC_{r+1}$은 ${}_nC_r={}_nC_{n-r}$이라는 사실을 통해 정리해 주면 ${}_rC_0+{}_{r+1}C_1+{}_{r+2}C_2+\cdots\cdots+{}_{m-1}C_{m-1-r}={}_mC_{m-r-1}$으로 바꿔줄 수 있다. 마지막으로 편의상 m에 $m+r+1$을 대입해주면 다음과 같다.

$$\underline{{}_rC_0+{}_{r+1}C_1+{}_{r+2}C_2+\cdots\cdots+{}_{m+r}C_m={}_{m+r+1}C_m}$$

위의 그림에서 어두운 회색 하이라이트 부분에 해당한다.

example 066 ★★★★★★★

$${}_rC_r+{}_{r+1}C_r+{}_{r+2}C_r+\cdots\cdots+{}_{m-1}C_r={}_mC_{r+1}$$
$${}_rC_0+{}_{r+1}C_1+{}_{r+2}C_2+\cdots\cdots+{}_{m+r}C_m={}_{m+r+1}C_m$$

위의 식들을 증명하시오.

example 067 ★★★★★★★

1. ${}_3C_3+{}_4C_3+\cdots\cdots+{}_9C_3$의 값을 구하시오.

2. $\sum_{r=0}^{m}\left(\sum_{k=0}^{m-r}{}_{r+k}C_k\right)$의 값을 구하시오.

6.3 확률

사건 A가 일어날 확률을 $P(A)$라고 표시하며 이를 계산하는 방법은 A사건이 일어날 경우의 수를 전체 경우의 수로 나누어 주면 된다. 표본 공간을 S이라 하고, 사건 A가 $A \subset S$일 때

$P(A) = \dfrac{n(A)}{n(S)}$으로 계산되다.

이제 확률의 공리를 살펴보자. 총 3가지의 공리가 존재한다.

확률의 공리

① $P(S) = 1$

② $0 \le P(A) \le 1 \ \ s.t. \ \ A \subset S$

③ $A_1, A_2, \cdots\cdots, A_n$이 서로 배반사건일 때, $P(A_1 \cup A_2 \cup \cdots\cdots \cup A_n) = \sum_{i=1}^{n} P(A_i)$

위의 세 가지 공리를 기반으로 여러 가지 사실을 증명할 수 있다.

① $P(A^C) = 1 - P(A)$

② $P(\phi) = 0$

③ $A \subset B$ 이면 $P(A) \le P(B)$

④ $P(A \cup B) = P(A) + P(B) - P(A \cap B)$

확률의 공리를 이용해 ❶ $P(A^C) = 1 - P(A)$을 증명해보겠다. 사건 A와 사건 A^C는 서로 배반사건이므로 확률의 공리3에 의해 $P(A \cup A^C) = P(A) + P(A^C)$이다. 한편 확률의 공리1에 의해 $P(A \cup A^C) = P(S) = 1$이므로 $P(A^C) = 1 - P(A)$이다.

나머지 기본적인 성질에 대한 증명은 예제문제로 남겨두겠다.

example 068 ★★★★★★★

② $P(\phi) = 0$

③ $A \subset B$ 이면 $P(A) \le P(B)$

④ $P(A \cup B) = P(A) + P(B) - P(A \cap B)$

위의 사실들을 확률의 공리만을 이용해 증명하시오.

• 조건부 확률

두 사건 $A, B \subset S$에 대해 사건 A가 일어났을 때 사건 B가 일어날 확률을 $P(B|A)$와 같이 나타낸다.

그리고 조건부확률의 정의에 따라 $P(B|A) = \dfrac{P(A \cap B)}{P(A)}$와 같이 나타낼 수 있다.

• 확률의 곱셈정리

위의 사실들을 이용해 두 사건 $A, B \subset S$가 동시에 일어날 확률 $P(A \cap B)$는 조건부확률로 나타낼 수 있다.

$$P(A \cap B) = P(A) \times P(B|A)$$

또한 사건 A가 일어날 확률을 사건 B가 일어났을 때 사건 A가 일어날 확률과 사건 B가 일어나지 않았을 때 사건 A가 일어날 확률의 합으로 나타낼 수 있다. 이에 대한 수식은

$P(A) = P(B) \times P(A|B) + P(B^C) \times P(A|B^C)$이다.

• **독립사건**

두 사건 $A, B \subset S$이 서로 독립이기 위해선 사건 A가 일어나던 일어나지 말던 사건 B가 발생할 확률은 같아야 한다. 즉 $P(B|A) = P(B|A^C)$이 만족해야 한다. 이를 더 풀어서 나타내면

$P(B|A) = \dfrac{P(A \cap B)}{P(A)} = \dfrac{P(A^C \cap B)}{P(A^C)} = P(B|A^C)$이다. 가비의 리에 의해 $\dfrac{b}{a} = \dfrac{d}{c} = \dfrac{b+d}{a+c}$이므로

$\dfrac{P(A \cap B)}{P(A)} = \dfrac{P(A^C \cap B)}{P(A^C)} = \dfrac{P(A \cap B) + P(B - A)}{P(A) + P(A^C)} = \dfrac{P(B)}{1} = P(B)$이다. 따라서

$\dfrac{P(A \cap B)}{P(A)} = P(B)$이므로 두 사건 $A, B \subset S$이 서로 독립이기 위해선 $P(A \cap B) = P(A) \times P(B)$이 성립해야 한다.

example 069 ★★★★★★★

두 사건 $A, B \subset S$에 대해 $P(A \cap B) = P(A) \times P(B)$일 때 두 사건 A, B가 서로 독립임을 보이시오.

6.4 확률분포

확률분포는 크게 두 가지 종류로 나타나게 된다. 확률분포가 불연속적으로 나타날 수도 있고, 연속적으로 나타날 수도 있다. 일반적으로 불연속적인 확률분포를 갖는 확률변수를 이산 확률변수라고 부른다.
이산 확률분포를 갖는 확률변수는 일반적으로 다음과 같이 표로 나타내어 표시한다.

변량	x_1	x_2	$\cdots$	x_n
확률	p_1	p_2	$\cdots$	p_n

$P(X = x)$를 X의 확률 질량함수라고 부르며 $\sum_{i=1}^{n} P(X = x_i) = \sum_{i=1}^{n} p_i = 1$을 만족한다.

다음으로 주어진 확률분포의 대푯값으로는 기댓값, 분산, 표준편차가 있다. 기댓값은 평균이라고 부르기도 한다. 기댓값은 $E[X]$, 분산은 $V[X]$, 표준편차는 $\sigma[X]$으로 나타낸다. 그리고 각각을 계산하는 방법은 다음과 같다.

$$E[X] = \sum_{i=1}^{n} p_i x_i = p_1 x_1 + p_2 x_2 + \cdots\cdots p_n x_n$$

$$E[X^2] = \sum_{i=1}^{n} p_i x_i^2 = p_1 x_1^2 + p_2 x_2^2 + \cdots\cdots p_n x_n^2$$

$$\begin{aligned} V[X] &= E[(X - E[X])^2] = E[X^2 - 2X(E[X]) + (E[X])^2] \\ &= E[X^2] - 2E[X(E[X])] + (E[X])^2 \\ &= E[X^2] - 2E[X]E[X] + (E[X])^2 \\ &= E[X^2] - (E[X])^2 \end{aligned}$$

$$\sigma[X] = \sqrt{V[X]}$$

example 070 ★★★★★★★

$P(X=x)=\frac{x}{a}$ $(x=1, 2, \cdots\cdots, n)$일 때 다음 물음에 답하시오.

1. a를 n으로 나타내시오.

2. $E[X], E[X^2]$를 n으로 나타내시오.

3. $\sigma[X]$를 n으로 나타내시오.

다음으로 두 이산 확률변수 X, Y에 대해 $Y=aX+b$의 관계가 성립할 때 Y의 대푯값 $E[Y], V[Y], \sigma[Y]$를 구해보자.

$$E[Y]=E[aX+b]=aE[X]+b$$

$$\begin{aligned} V[Y] &= V[aX+b]=E[((aX+b)-(aE[X]+b))^2] \\ &= E[(aX-aE[X])^2] \\ &= a^2E[(X-E[X])^2] \\ &= a^2V[X] \end{aligned}$$

$$\sigma[Y]=\sqrt{V[Y]}=\sqrt{a^2V[X]}=|a|\sqrt{V[X]}=|a|\sigma[X]$$

example 071 ★★★★★★★

$Y=3X+2$이고, $E[Y]=1, E[Y^2]=3$이다. 이때 X의 기댓값, 분산, 표준편차를 구하시오.

한 번의 시행에서 사건 A가 일어날 확률이 p로 일정할 때, n번의 독립시행에서 사건 A가 일어난 횟수를 X라 했을 때 X는 이산 확률분포를 가진다. 그리고 X의 확률 질량함수는 $P(X=x)={}_nC_xp^x(1-p)^{n-x}$이다. 이러한 이산 확률분포를 "이항분포"라고 부르며 다음과 같이 표기한다. $X \sim B(n, p)$

한편 이항분포의 기댓값, 분산, 표준편차는 다음과 같다.

$$\begin{aligned} E[X] &= \sum_{x=0}^{n} xP(X=x)=\sum_{x=0}^{n} x\,{}_nC_xp^x(1-p)^{n-x} \\ &= np\sum_{x=1}^{n} {}_{n-1}C_{x-1}p^{x-1}(1-p)^{n-x} \\ &= np(p+1-p)^{n-1}=np \end{aligned}$$

$$E[X^2-X]=\sum_{x=0}^{n}(x^2-x)P(X=x)=\sum_{x=0}^{n}x(x-1)_nC_x p^x(1-p)^{n-x}$$

$$=n(n-1)p^2\sum_{x=2}^{n}{}_{n-2}C_{x-2}p^{x-1}(1-p)^{n-x}$$

$$=n(n-1)p^2(p+1-p)^{n-2}=n(n-1)p^2$$

$$E[X^2]=E[X]+E[X^2-X]$$

$$=n^2p^2-np^2+np=n^2p^2+np(1-p)$$

$$=n^2p^2+npq$$

$$V[X]=E[X^2]-(E[X])^2=n^2p^2+npq-n^2p^2=npq$$

$$\sigma[X]=\sqrt{V[X]}=\sqrt{npq}$$

정리하면 다음과 같다.

$X\sim B(n,p)$일 때

$$E[X]=np,\ V[X]=npq,\ \sigma[X]=\sqrt{npq}\ \ (\text{단, } q=1-p)$$

example 072 ★★★★★★★

$X\sim B(600, \frac{2}{5})$일 때 X의 평균과 표준편차를 구하시오.

다음으로 연속 확률분포함수를 보자. 연속 확률분포함수란 $X(a\le x\le b)$의 확률 질량함수가 연속적으로 나타나는 함수이다. $P(X=x)=f(x)$라고 했을 때 $\int_a^b f(x)dx=1$이고, X의 평균과 분산은 다음과 같이 나타난다.

$$E[X]=\int_a^b xf(x)dx,\ \ E[X^2]=\int_a^b x^2f(x)dx$$

$$V[X]=E[X^2]-(E[X])^2=\int_a^b x^2f(x)dx-\left(\int_a^b xf(x)dx\right)^2$$

example 073 ★★★★★★★

$P(X=x)=\frac{x}{a}$이고 X가 $0\le x\le n$에서 연속확률분포를 가질 때 다음 물음에 답하시오.

1. a를 n으로 나타내시오.

2. $E[X], E[X^2]$를 n으로 나타내시오.

3. $\sigma[X]$를 n으로 나타내시오.

연속 확률분포함수 중 가장 대표적인 확률 질량함수는 정규분포함수이다. 정규분포함수의 확률밀도함수는 다음과 같다.

$f(x) = \frac{1}{\sqrt{2\pi}\,\sigma} e^{-\frac{(x-m)^2}{2\sigma^2}}$ 13) 여기서 m은 평균, σ는 표준편차이다.

그리고 X가 평균이 m, 표준편차가 σ인 정규분포를 따를 때 $X \sim N(m, \sigma^2)$으로 나타낸다.
위에서 나온 이항분포의 경우 n이 무한히 커지면 정규분포로 수렴한다.
문제를 풀 때 $n > 30$정도이면 이항분포는 정규분포와 같다고 해도 된다.
$X \sim B(n, p) \sim N(np, npq) \quad when \quad n > 30$ 혹은 n이 충분히 클 때

표준정규분포란 평균이 0, 표준편차가 1인 정규분포이다. 표준정규분포의 확률 질량함수는

$f(x) = \frac{1}{\sqrt{2\pi}} e^{-\frac{x^2}{2}}$ 이다. 일반적으로 평균이 m, 표준편차가 σ인 정규분포에서 $P(1 < X < 3)$과 같은 값은 정확히 계산 할 수 없고 너무 많은 데이터가 필요하기 때문에 표준정규분포로 바꾸어 확률을 계산한다.
일반적인 정규분포와 표준정규분포의 관계는 다음과 같다.

$X \sim N(m, \sigma^2)$일 때 $Z = \frac{X-m}{\sigma} \sim N(0, 1)$이다.

표준 정규분포표는 아래와 같이 주어진다.

z	$P(0 \le Z \le z)$
1.0	0.3413
1.5	0.4332
2.0	0.4772
2.5	0.4938

example 074 ★★★★★★★

$X \sim B(600, \frac{2}{5})$일 때 $P(228 \le X \le 258)$의 값을 구하시오.

6.5 통계적 추정

우리나라에서 설문조사를 진행할 때 5천만 명을 모두 조사 할 수 없다. 실제로는 전체 인구 중 수백에서 수천 명을 임의로 뽑아 여론조사를 진행한다. 이런 상황이 자주 발생하기 때문에 모집단과 표본집단의 개념을 알 필요가 있다.
우선 모집단이란 조사하고자 하는 집단의 전체를 의미한다. 그리고 표본집단은 모집단에서 "임의로" 추출한 n명의 사람들의 집단을 의미한다. 아래의 그림을 보면 더 쉽게 이해할 수 있을 것이다.

13) 여기서 $e = \lim_{n\to\infty}\left(1+\frac{1}{n}\right)^n \simeq 2.71828$ 이다.

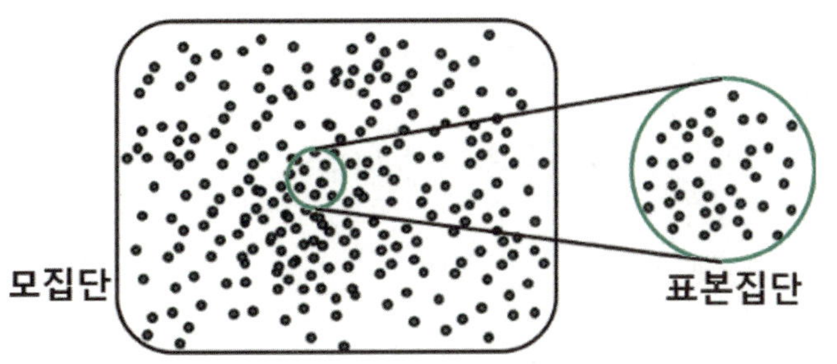

example 075 ★★★★★★★

다음 예시에서 모집단과 표본집단을 정의하시오.
"서울시는 매년 서울시 사람들의 평균임금을 조사한다. 전화를 이용해 무작위로 조사를 진행하고 전화를 받지 않는 사람을 제외하고 500명이 모아질 때까지 전화를 한다."

모집단:

표본집단:

다음으로 모집단과 표본집단 간의 대푯값을 살펴보자. 우선 모집단의 모평균은 $m(=E[X])$, 모분산은 $\sigma^2(=V[X])$, 모표준편차는 σ라고 표기한다. 다음으로 모집단에서 추출한 n개의 표본을 $X_1, X_2, \cdots\cdots, X_n$이라고 했을 때 이 표본들의 표본평균은 $\overline{X}$, 표본분산은 S^2, 표본표준편차는 S이라고 표기한다. 그리고 $\overline{X}, S^2, S$는 다음과 같이 정의된다.

$$\overline{X}=\frac{1}{n}\sum_{i=1}^{n}X_i=\frac{X_1+X_2+\cdots\cdots+X_n}{n}$$

$$S^2=\frac{1}{n-1}\sum_{i=1}^{n}(X_i-\overline{X})^2=\frac{1}{n-1}\left\{(X_1-\overline{X})^2+(X_2-\overline{X})^2+\cdots\cdots+(X_n-\overline{X})^2\right\}$$

$$S=\sqrt{S^2}$$

example 076 ★★★★★★★

$\sum_{i=1}^{n}X_i=80, \sum_{i=1}^{n}X_i^2=128, n=64$이다. 표본평균, 표본분산, 표본표준편차를 구하시오.

한편 표본평균 $\overline{X}$는 n개의 확률변수인 $X_1, X_2, \cdots\cdots, X_n$의 평균이므로 $\overline{X}$ 또한 확률변수이다.
이제 확률변수 $\overline{X}$(표본평균)의 기댓값, 분산, 표준편차를 구해보자.

$$E[\overline{X}] = E[\frac{1}{n}\sum_{i=1}^{n}X_i] = \frac{1}{n}\sum_{i=1}^{n}E[X_i] = \frac{1}{n}\times nm = m$$

$$V[\overline{X}] = V[\frac{1}{n}\sum_{i=1}^{n}X_i] = \frac{1}{n^2}V[\sum_{i=1}^{n}X_i] = \frac{1}{n^2}\sum_{i=1}^{n}V[X_i] = \frac{1}{n^2}\times n\sigma^2 = \frac{\sigma^2}{n}$$ [14)]

따라서 $\overline{X}$의 기댓값을 정리하면 다음과 같다.

$$E[\overline{X}] = E[X],\ V[\overline{X}] = \frac{V[X]}{n},\ \sigma[\overline{X}] = \frac{\sigma[X]}{\sqrt{n}}$$

주의해야 할 점이 하나가 있는데 그것은 S^2과 $V[\overline{X}]$이 서로 다르다는 것을 잘 알고 있어야 한다.

S^2은 $X_1, X_2, \cdots\cdots, X_n$의 분산이고, $V[\overline{X}]$는 $\overline{X} = \frac{X_1 + X_2 + \cdots\cdots + X_n}{n}$의 분산이다.

모집단이 정규본포를 따르지 않더라도 표본집단의 크기가 매우 크면 표본집단은 정규분포를 따른다.

문제를 풀다보면 모분산의 값을 알기 때문에 $V[\overline{X}] = \frac{V[X]}{n}$임을 이용해서 $\overline{X} \sim N(m, \frac{\sigma^2}{n})$의 가정을 사용할 것이다. 하지만 실제 설문조사는 대부분 표본집단을 이용하기 때문에 모분산을 알지 못하는 경우가 대부분이다. ~~이 경우에는 S^2을 사용해야 하고 t분포를 이용해 해석한다.~~[15)]

example 077 ★★★★★★★

서울시는 매년 서울시 사람들의 평균임금을 조사한다. 전화를 이용해 무작위로 조사를 진행했고 500명의 표본을 추출하였다. 서울시 전체사람의 평균임금은 30000$이고, 표준편차는 8000$였다. 또한 부산시 또한 서울시와 동일하게 진행했고, 표본은 100명, 평균임금은 29000$, 표준편차는 6400$였다고 한다. 각 시의 표본을 임의로 추출했고 정규분포를 따를 때 “표본”의 평균임금이 31000$보다 클 확률이 높은 “표본”의 지역은 어디일지 판단하시오.

example 078 ★★★★★★★

A국가의 국민행복지수의 평균은 10, 표준편차는 4인 것으로 알려져 있다. A국가에서 임의로 n명의 사람을 추출하여 이들의 표본평균이 11.5이상일 확률이 0.0228이하가 되도록 설정하려고 한다. 이때 n의 최솟값을 구하시오.(정규분포표를 보시오.)

14) 두 사건 X, Y가 서로 독립이면 $V[aX+bY] = a^2V[X] + b^2[Y]$이다. 따라서 시그마가 다음과 같이 풀리게 된다.
15) 교육과정 외의 범위이니 몰라도 될 것이다.

마지막으로 모평균을 추정하는 방법을 배워보자. 위에서 언급한 바와 같이 우리는 모두를 설문조사 할 수 없기 때문에 일부 표본의 표본평균, 표본표준편차밖에 알지 못한다. 따라서 주어진 자료를 이용해 전체 표본인 모집단의 평균을 "추정"해보고자 한다.

$\overline{X} \sim N(m, \frac{\sigma^2}{n})$에서 $Z = \frac{\overline{X} - m}{\frac{\sigma}{\sqrt{n}}} \sim N(0, 1)$이다.

여기서 모평균 m에 대한 95%신뢰구간을 구해보자. $P(-1.96 \leq Z \leq 1.96) = 0.95$에서

$Z = \frac{\overline{X} - m}{\frac{\sigma}{\sqrt{n}}}$를 대입해주면 $P(-1.96 \leq \frac{\overline{X} - m}{\frac{\sigma}{\sqrt{n}}} \leq 1.96) = 0.95$이고, 이를 m의 범위로 정리해주면

$P(\overline{X} - 1.96\frac{\sigma}{\sqrt{n}} \leq m \leq \overline{X} + 1.96\frac{\sigma}{\sqrt{n}}) = 0.95$이다. 따라서 모평균 m의 95% 신뢰구간은

$\left[\overline{X} - 1.96\frac{\sigma}{\sqrt{n}}, \overline{X} + 1.96\frac{\sigma}{\sqrt{n}}\right]$이다. 마찬가지로 $P(-2.58 \leq Z \leq 2.58) = 0.99$임을 이용해주면 모평균 m의 99% 신뢰구간은 $\left[\overline{X} - 2.58\frac{\sigma}{\sqrt{n}}, \overline{X} + 2.58\frac{\sigma}{\sqrt{n}}\right]$이다. 그리고 신뢰구간의 길이는 주어진 신뢰구간의 최댓값과 최솟값의 차이이다.

여기서 주의해야할 점은 신뢰구간에 대한 해석이다. 모평균 m에 대한 95% 신뢰구간을 100개 뽑았을 때 m이 포함된 신뢰구간의 개수가 95개라는 뜻이다.

example 079 ★★★★★★★

서울시는 매년 서울시 사람들의 평균임금을 조사한다. 전화를 이용해 무작위로 조사를 진행했고 400명의 표본을 추출했고, 평균임금이 30000$였다. 서울시 전체사람의 평균임금은 $m$$이고, 표준편차는 8000$였다. 서울시 사람들의 평균임금 $m$$의 95% 신뢰구간을 구하고, 신뢰구간의 길이를 구하시오. (정규분포표를 보시오.)

example 080 ★★★★★★★

A국가의 국민행복지수의 평균은 m, 표준편차는 2인 것으로 알려져 있다. A국가에서 임의로 n명의 사람을 추출하였다. 이때 99% 신뢰구간의 길이가 0.1이하가 되도록 하는 n의 최솟값을 구하시오. (정규분포표를 보시오.)

7. 미적분

7.1 수열과 급수의 극한

수열 $\{a_n\}$에 대해 n이 무한히 커질 때 a_n의 값이 어느 값을 갖는지 알아보고자 한다. 우선 이를 기호로 나타내면 다음과 같다.

$$n \to \infty \text{일 때 } a_n \to \cdot \quad \text{혹은} \quad \lim_{n\to\infty} a_n = \cdot$$

이를 "수열의 극한"이라고 부른다. 다음으로 수열 $\{a_n\}$의 극한값은 수렴하거나 발산한다. 특히 n이 무한히 커질 때 a_n의 값이 L로 수렴한다면 $\lim_{n\to\infty} a_n = L$이라고 표기한다. 그리고 n이 무한히 커질 때 a_n의 값이 무한히 커지거나$(+\infty)$ 무한히 작아지면$(-\infty)$ 발산한다. 마지막으로 $(-1)^n$처럼 진동하는 경우에 수열 $\{a_n\}$은 진동발산 혹은 발산한다고 한다.
즉 n이 무한히 커질 때 a_n의 값이 특정한 값으로 수렴한다면 "수렴", 그렇지 않으면 "발산"이라고 부른다.

example 081 ★★★★★★★

다음의 수열이 수렴하는지 발산하는지 판단하시오.

1. $a_n = \dfrac{1}{n}$

2. $b_n = \cos n\pi$

3. $c_n = \sin n\pi$

example 082 ★★★★★★★

$a_n = \sin n$일 때 수열 $\{a_n\}$이 발산함을 보이시오. (Hint: $\sin 2n = \sin n \cos n$)

다음으로 수열 $\{a_n\}, \{b_n\}$이 각각 $\lim_{n\to\infty} a_n = L$, $\lim_{n\to\infty} b_n = M$을 만족할 때(두 수열 모두 수렴할 때) 다음의 성질을 만족한다. 이때 $M \neq 0$이고, p, q는 임의의 실수이다. 또한 적당한 자연수 N이 존재하여 모든 $n > N$에 대해 $a_n < b_n$이 성립하면 ❹가 성립한다.

❶ $\lim_{n\to\infty} pa_n + qb_n = pL + qM$

❷ $\lim_{n\to\infty} a_n \times b_n = L \times M$

❸ $\lim_{n\to\infty} \frac{a_n}{b_n} = \frac{L}{M}$

❹ $L \leq M$

위의 성질들에 대한 엄밀한 증명은 $\epsilon-\delta$논법을 사용해야 한다. 이는 교육과정이 아니니 넘어가도 된다. ❹를 통해서 알 수 있는 사실은 $a_n < b_n < c_n$이고, $\lim_{n\to\infty} a_n = \lim_{n\to\infty} c_n = L$을 만족하면 $\lim_{n\to\infty} b_n = L$이라는 것이다.

이는 흔히 "샌드위치 정리"라 부른다. 본 교재에서는 이후 편의상 이를 "샌드위치 정리"로 통일하여 서술한다.

example 083 ★★★★★★★

다음 명제의 참 거짓을 논하시오. (참이면 증명하고, 거짓이면 반례를 드시오.)

1. $\lim_{n\to\infty} a_n^4 + a_n^2 = 6$이면 $\{a_n\}$이 수렴한다.

2. $\sqrt{4n^2+8n+3} - 2n < a_n < \frac{3n}{\sqrt{n^2+100}}$이다. a_n의 값이 자연수이고 극한값이 존재할 때 $\{a_n\}$의 극한값으로 가능한 것은 1개이다.

3. 수열 $\left\{\frac{a_n}{b_n}\right\}$이 수렴하고, $\lim_{n\to\infty} b_n = 0$이면 $\lim_{n\to\infty} a_n = 0$이다.

example 084 ★★★★★★★

$\lim_{n\to\infty} \frac{\sin n}{n}$의 값을 구하시오.

마지막으로 수열 $\{a_n\}$이 공비가 r인 등비수열일 때 $\{a_n\}$의 극한값은 다음과 같다.

$$\lim_{n\to\infty} a_n = \lim_{n\to\infty} ar^n = \begin{cases} \infty & (r>1) \\ 1 & (r=1) \\ 0 & (-1<r<1) \\ \text{진동(발산)} & (r<-1) \end{cases}$$

example 085 ★★★★★★★

$f(x) = \lim_{n\to\infty} \dfrac{x^{n+1} - x^n + 3^{n+1}\sin x}{x^n + 3^n}$일 때 $f(x) > 0$을 만족하는 x의 범위를 구하시오.
(단, $f(x)$의 정의역은 $\{x \mid f(x)\text{수렴}\}$이다.)

example 086 ★★★★★★★

수열 $\left\{\left(\dfrac{x^2+1}{x+1}\right)^n\right\}$이 수렴하는 x의 범위를 구하시오.

다음으로 수열 $\{a_n\}$을 첫 번째 항부터 무한 번째 항까지 더한 것을 수열 $\{a_n\}$의 급수라고 하며 이를 $S = \sum_{n=1}^{\infty} a_n$이라고 표시한다. 그리고 첫 번째 항부터 n번째 항까지 더한 것을 수열 $\{a_n\}$의 부분합이라고 부르며 S_n으로 표시한다. $\lim_{n\to\infty} S_n$의 값이 존재할 때 $S = \lim_{n\to\infty} S_n$의 관계식이 성립한다.

만약 $\sum_{n=1}^{\infty} a_n$가 S로 수렴하면 $a_n = S_n - S_{n-1}$에서 $\lim_{n\to\infty} a_n = \lim_{n\to\infty} S_n - \lim_{n\to\infty} S_{n-1} = S - S = 0$이다.

즉 $\sum_{n=1}^{\infty} a_n$이 수렴하면 $\lim_{n\to\infty} a_n = 0$이다. 또한 이 명제에 대한 대우명제가 성립하므로

$\lim_{n\to\infty} a_n \neq 0$이면 $\sum_{n=1}^{\infty} a_n$은 발산한다.

$S_n = \sum_{k=1}^{n} a_k$, $T_n = \sum_{k=1}^{n} b_k$이라 했을 때 $\lim_{n\to\infty} S_n = \sum_{n=1}^{\infty} a_n = S$, $\lim_{n\to\infty} T_n = \sum_{n=1}^{\infty} b_n = T$로 존재할 때 다음의 성질을 만족한다. 이때 p, q는 임의의 실수이다.

$$\lim_{n\to\infty} pS_n + qT_n = p\sum_{n=1}^{\infty} S_n + q\sum_{n=1}^{\infty} T_n = pS + qT$$

example 087 ★★★★★★★

다음의 전개에서 틀린 부분을 모두 지적하고 설명하시오.

1. $a_n = \dfrac{1}{\sqrt{n+1}+\sqrt{n}}$일 때 $\sum_{n=1}^{\infty} a_n$이 수렴하는지 알아보고자 한다.

   $\sum_{n=1}^{\infty} a_n = \sum_{n=1}^{\infty} \dfrac{1}{\sqrt{n+1}+\sqrt{n}} = \sum_{n=1}^{\infty} \sqrt{n+1}-\sqrt{n} = \sqrt{\infty+1}-1$이므로

   $\sum_{n=1}^{\infty} a_n$는 발산한다.

2. $b_n = (-1)^{n-1}$일 때 $\sum_{n=1}^{\infty} b_n$이 수렴하는지 알아보고자 한다.

   $S = \sum_{n=1}^{\infty} b_n$이라고 하자. 그러면 $S = 1-1+1-1+\cdots\cdots = 1-(1-1+1-1+\cdots\cdots) = 1-S$이므로

   $S = 1-S$이다. 따라서 $S = \dfrac{1}{2}$이므로 $\sum_{n=1}^{\infty} b_n = \dfrac{1}{2}$이다.

example 088 ★★★★★★★

다음의 제시문을 이용하여 각 물음에 답하시오.

> 단조수렴정리란 다음과 같다.
> - 실수 M이 존재하여 모든 자연수 n에 대해 $x_n < x_{n+1}$, $x_n < M$이면 $\{x_n\}$은 수렴한다.
> - 실수 L이 존재하여 모든 자연수 n에 대해 $y_n > y_{n+1}$, $y_n > L$이면 $\{y_n\}$은 수렴한다.

1. $\sum_{n=1}^{\infty} \dfrac{1}{n}$, $\sum_{n=1}^{\infty} \dfrac{1}{n^2}$이 수렴하는지 발산하는지 각각 조사하시오.

2. $\sum_{n=1}^{\infty} \dfrac{1}{n^p}$이 수렴하기 위한 조건이 $p>1$이다. 이때 $\sum_{n=1}^{\infty} \dfrac{n^k}{\sqrt{n^3+1}}$가 수렴하기 위한 k의 조건을 구하시오.

example 089 ★★★★★★★

1. $\dfrac{m(m-1)}{n(n+1)\cdots\cdots(n+m)}=\dfrac{A}{n(n+1)\cdots\cdots(n+m-1)}+\dfrac{B}{(n+1)(n+2)\cdots\cdots(n+m)}$을 만족할 때 A, B를 m을 이용해 나타내시오.

2. $\displaystyle\sum_{m=1}^{\infty}\sum_{n=1}^{\infty}\frac{m(m-1)}{n(n+1)\cdots\cdots(n+m)}$의 값을 구하시오.

마지막으로 $a_n=a_1r^{n-1}$이면 $S_n=\begin{cases} a_1\dfrac{r^n-1}{r-1} & (r\neq 1) \\ a_1n & (r=1)\end{cases}$이므로 n이 무한히 커질 때 S_n은 다음과 같은 값을 가진다. ($-1<r<1$일 때 $\lim\limits_{n\to\infty}r^n=0$이다.)

$$\lim_{n\to\infty}a_1r^{n-1}=\begin{cases} S=\dfrac{a_1}{1-r} & (|r|<1) \\ \text{발산} & (|r|\geq 1)\end{cases}$$

example 090 ★★★★★★★

$\displaystyle\sum_{n=1}^{\infty}\frac{2^n+3^n}{5^n}$의 값을 구하시오.

example 091 ★★★★★★★

$\displaystyle\sum_{n=1}^{\infty}x(1-x^2)^{n-1}$가 수렴하는 x의 범위를 구하고 그때 값을 구하시오.

7.2 삼각함수의 성질과 초등함수의 극한

$f(x)+f''(x)=0$을 만족하는 $f(x)$를 찾아보자.

$g(x)=(f(x)-f(0)\cos x-f'(0)\sin x)^2+(f'(x)+f(0)\sin x-f'(0)\cos x)^2$이라고 하자. 그러면 $f''(x)=-f(x)$이므로 $g'(x)$를 계산하면 다음과 같다.

$$\begin{aligned} g'(x) &= 2(f(x)-f(0)\cos x-f'(0)\sin x)(f'(x)+f(0)\sin x-f'(0)\cos x) \\ &\quad +2(f'(x)+f(0)\sin x-f'(0)\cos x)(f''(x)+f(0)\cos x+f'(0)\sin x) \\ &= 2(f(x)-f(0)\cos x-f'(0)\sin x)(f'(x)+f(0)\sin x-f'(0)\cos x) \\ &\quad -2(f'(x)+f(0)\sin x-f'(0)\cos x)(f(x)-f(0)\cos x-f'(0)\sin x) \\ &= 0 \end{aligned}$$

따라서 $g(x)$는 상수함수이고, $g(x)=g(0)=(f(0)-f(0))^2+(f'(0)-f'(0))^2=0$이므로
$f(x)=f(0)\cos x+f'(0)\sin x$이다.
이제 임의의 상수 t에 대해 $f(x)=\cos(x+t)$라 하면 $f''(x)=-\cos(x+t)$이므로
$f(x)+f''(x)=0$이다. $f(0)=\cos t, f'(0)=-\sin t$이므로
$f(x)=\cos(x+t)=f(0)\cos x+f'(0)\sin x=\cos t\cos x+\sin t\sin x$이다.
또한 임의의 상수 t에 대해 $f(x)=\sin(x+t)$라 하면 $f''(x)=-\sin(x+t)$이므로
$f(x)+f''(x)=0$이다. $f(0)=\sin t, f'(0)=\cos t$이므로
$f(x)=\sin(x+t)=f(0)\cos x+f'(0)\sin x=\sin t\cos x+\cos t\sin x$이다.
이를 정리하면 다음과 같다.

$$\sin(\alpha\pm\beta)=\sin\alpha\cos\beta\pm\cos\alpha\sin\beta,\ \cos(\alpha\pm\beta)=\cos\alpha\cos\beta\mp\sin\alpha\sin\beta$$

$$\tan(\alpha\pm\beta)=\frac{\tan\alpha\pm\tan\beta}{1\mp\tan\alpha\tan\beta}$$ [16]

위의 식을 이용하면 아래와 같이 배각공식과 반각공식을 얻을 수 있다.

$$\sin 2\theta=2\sin\theta\cos\theta$$

$$\cos 2\theta=\cos^2\theta-\sin^2\theta=2\cos^2\theta-1=1-2\sin^2\theta$$

$$\sin^2\theta=\frac{1-\cos 2\theta}{2},\ \cos^2\theta=\frac{1+\cos 2\theta}{2}$$

example 092 ★★★★★★★

$\sin 15^\circ, \cos 15^\circ$ 의 값을 구하시오.

16) $\tan(\alpha\pm\beta)=\dfrac{\sin(\alpha\pm\beta)}{\cos(\alpha\pm\beta)}=\dfrac{\sin\alpha\cos\beta\pm\cos\alpha\sin\beta}{\cos\alpha\cos\beta\mp\sin\alpha\sin\beta}=\dfrac{\tan\alpha\pm\tan\beta}{1\mp\tan\alpha\tan\beta}$

example 093 ★★★★★★★

$\cos 36^\circ$ 의 값을 구하시오.

교육과정에는 포함되지는 않지만, $e^{i\theta}=\cos\theta+i\sin\theta$임을 알고 있으면 n배각 공식을 쉽게 구할 수 있다. $\cos n\theta+i\sin n\theta=e^{in\theta}=(e^{i\theta})^n=(\cos\theta+i\sin\theta)^n$이므로 $\cos n\theta$는 $(\cos\theta+i\sin\theta)^n$의 실수부분, $\sin n\theta$는 $(\cos\theta+i\sin\theta)^n$의 허수부분이다.

example 094 ★★★★★★★

$\cos n\theta+i\sin n\theta=(\cos\theta+i\sin\theta)^n$임을 이용하여 $\sin 3\theta$를 $\sin\theta$로 나타내시오. 또한 $\cos 3\theta$를 $\cos\theta$로 나타내시오.

끝으로 $\sec\theta=\dfrac{1}{\cos\theta}, \csc\theta=\dfrac{1}{\sin\theta}, \cot\theta=\dfrac{1}{\tan\theta}$이라고 정의한다.

$\cos^2\theta+\sin^2\theta=1$에서 양변을 $\cos^2\theta$, $\sin^2\theta$으로 각각 나누어주면 다음과 같다.

$1+\tan^2\theta=\sec^2\theta, 1+\cot^2\theta=\csc^2\theta$[17)]

example 095 ★★★★★★★

$f(x)=\sec x, g(x)=\csc x, h(x)=\cot x$일 때 각 함수의 정의역과 치역을 구하고, 각각의 함수를 그리시오.

17) 치환적분에서 많이 등장하니 이 식에 익숙해지는 것이 필수이다.

example 096 ★★★★★★★

$\sec\frac{\pi}{6}, \csc\frac{7\pi}{4}, \cot\frac{\pi}{12}$를 구하시오.

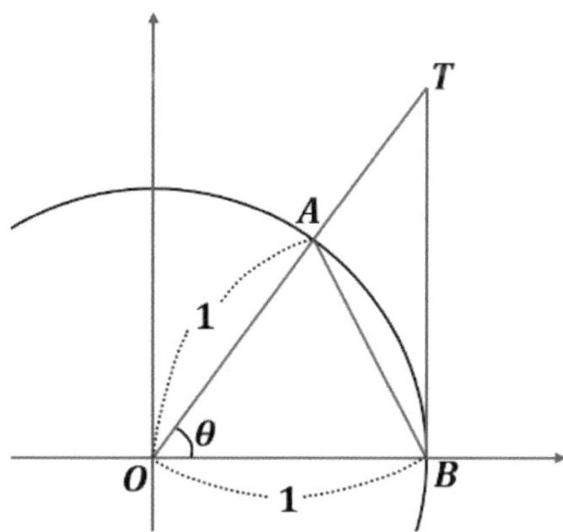

위의 그림에서 $\theta > 0$일 때 $S(\triangle OAB) < S(\text{호 } OAB) < S(\triangle OBT)$임을 알 수 있다. 따라서 $\frac{\sin\theta}{2} < \frac{\theta}{2} < \frac{\tan\theta}{2}$임을 알 수 있다. 따라서 $\sin\theta < \theta < \tan\theta$이다.

우선 $\cos\theta = \frac{\sin\theta}{\tan\theta} < \frac{\sin\theta}{\theta} < \frac{\sin\theta}{\sin\theta} = 1$에서 $\lim_{\theta\to0+}\cos\theta = 1$이므로 샌드위치정리에 의해 $\lim_{\theta\to0+}\frac{\sin\theta}{\theta} = 1$이다. 한편 $\lim_{\theta\to0-}\frac{\sin\theta}{\theta} = \lim_{t\to0+}\frac{\sin(-t)}{-t} = \lim_{t\to0+}\frac{\sin t}{t} = 1$이므로 $\underline{\lim_{\theta\to0}\frac{\sin\theta}{\theta} = 1}$이다.

다음으로 $1 = \frac{\tan\theta}{\tan\theta} < \frac{\tan\theta}{\theta} < \frac{\tan\theta}{\sin\theta} = \sec\theta$에서 $\lim_{\theta\to0+}\sec\theta = 1$이므로 샌드위치정리에 의해 $\lim_{\theta\to0+}\frac{\tan\theta}{\theta} = 1$이다. 한편 $\lim_{\theta\to0-}\frac{\tan\theta}{\theta} = \lim_{t\to0+}\frac{\tan(-t)}{-t} = \lim_{t\to0+}\frac{\tan t}{t} = 1$이므로 $\underline{\lim_{\theta\to0}\frac{\tan\theta}{\theta} = 1}$이다.

마지막으로 $\lim_{\theta\to0}\frac{1-\cos\theta}{\theta^2} = \lim_{\theta\to0}\frac{2\sin^2(\theta/2)}{\theta^2} = \lim_{t\to0}\frac{2\sin^2 t}{(2t)^2} = \lim_{t\to0}\frac{\sin^2 t}{2t^2} = \frac{1}{2}$이다. 따라서 $\underline{\lim_{\theta\to0}\frac{1-\cos\theta}{\theta^2} = \frac{1}{2}}$이다.

example 097 ★★★★★★★

다음의 극한값들을 구하시오.

1. $\lim_{x\to0}\frac{\tan2x}{\sin5x}$

2. $\lim_{x\to\frac{\pi}{2}}\left(x-\frac{\pi}{2}\right)\tan x$

example 098 ★★★★★★★

다음의 극한값들을 구하시오.

1. $\lim_{x\to 0} x\sin\frac{1}{x}$

2. $\lim_{x\to 0}\frac{(\cos x-1)}{xsin(\sin x)}$

3. $\lim_{x\to 0+}\frac{x(\cos x-1)}{\sin x-x}$

4. $\lim_{x\to 0+} x^{\tan 2x}$(단, $\lim_{x\to 0+} x^x=1$이다.)

이제 $f(x)$가 지수함수 일 때 극한값을 알아보자. $f(x)=a^x$일 때 다음과 같다.

$a>1$이면 $\lim_{x\to -\infty} a^x=0$, $\lim_{x\to\infty} a^x=\infty$

$0<a<1$이면 $\lim_{x\to -\infty} a^x=\infty$, $\lim_{x\to\infty} a^x=0$

다음으로 $f(x)$가 로그함수 일 때 극한값을 알아보자. $f(x)=\log_a x$일 때 다음과 같다.

$a>1$이면 $\lim_{x\to 0+}\log_a x=-\infty$, $\lim_{x\to\infty}\log_a x=\infty$

$0<a<1$이면 $\lim_{x\to 0+}\log_a x=\infty$, $\lim_{x\to\infty}\log_a x=-\infty$

example 099 ★★★★★★★

다음의 극한값들이 수렴하면 값을 구하고, 발산하면 '발산'이라고 쓰시오.

1. $\lim_{x \to 0+} \log_3 x$

2. $\lim_{x \to \infty} \log_3 x$

3. $\lim_{x \to 3} \log_{\frac{1}{3}} x$

4. $\lim_{x \to \infty} \log_{\frac{1}{3}} x$

5. $\lim_{x \to -\infty} 2^x$

6. $\lim_{x \to \infty} 2^x$

7. $\lim_{x \to 0} \left(\frac{1}{3}\right)^x$

8. $\lim_{x \to \infty} \left(\frac{1}{3}\right)^x$

자연 상수 e는 다음과 같이 정의한다.

$$e = \lim_{x \to 0}(1+x)^{\frac{1}{x}} = \lim_{x \to \infty}\left(1+\frac{1}{x}\right)^x$$

그리고 e의 값은 약 2.71828로 알려져 있다.

example 100 ★★★★★★★

다음의 극한값들의 값을 구하시오.

1. $\lim_{x \to \infty}(1+5x)^{\frac{1}{x}}$

2. $\lim_{x \to 0}(1+2x)^{\frac{1}{x}}$

3. $\lim_{x \to 0}(\cos x)^{\frac{\cot 3x}{x}}$

4. $\lim_{x \to 0+}(1+\log_2 x)^{\frac{1}{\sin x}}$

5. $\lim_{x \to 0}(\cos x - \sin x)^{\frac{1}{x}}$

example 101 ★★★★★★★

수열 $\{a_n\}$에 대해 $a_n=\left(1+\frac{1}{n}\right)^n$이다. 또한 수열 $\{x_n\}$에 대해 자연수 N이 존재하여 $n>N$을 만족하는 모든 n에 대해 $x_{n+1}>x_n$이고 $x_n<H$이면 $\{x_n\}$은 수렴한다. 다음의 물음에 답하시오.

1. $2\le a_n<3$임을 보이시오.

2. $a_n<a_{n+1}$임을 보이시오.

3. $\{a_n\}$이 수렴함을 보이시오.

다음으로 $y=\ln x=\log_e x$는 $y=e^x$의 역함수이다. 마지막으로 자연 상수와 관련된 극한값들을 구해보자. 즉 $\lim_{x\to0}\frac{\ln(x+1)}{x}$, $\lim_{x\to0}\frac{e^x-1}{x}$ 등의 값을 구해보자.

$$\lim_{x\to0}\frac{\ln(x+1)}{x}=\lim_{x\to0}\ln(x+1)^{\frac{1}{x}}=\ln e=1$$

$$\lim_{x\to0}\frac{e^x-1}{x}=\lim_{t\to0}\frac{t}{\ln(1+t)}=1\ (e^x-1=t\text{로 치환})$$

$$\lim_{x\to0}\frac{\log_a(x+1)}{x}=\lim_{x\to0}\frac{\ln(x+1)}{x}\times\frac{1}{\ln a}=\frac{1}{\ln a}$$

$$\lim_{x\to0}\frac{a^x-1}{x}=\lim_{t\to0}\frac{t}{\log_a(1+t)}=\ln a\ (a^x-1=t\text{로 치환})$$

따라서 결과는 다음과 같다.

$$\lim_{x\to0}\frac{\ln(x+1)}{x}=1,\quad \lim_{x\to0}\frac{e^x-1}{x}=1,\quad \lim_{x\to0}\frac{\log_a(x+1)}{x}=\frac{1}{\ln a},\quad \lim_{x\to0}\frac{a^x-1}{x}=\ln a$$

example 102 ★★★★★★★

다음의 극한값들을 구하시오.

1. $\lim_{x\to 0}\frac{x\ln(x+1)}{1-\cos x}$

2. $\lim_{x\to 0}\frac{x\ln(1+x)}{3^{x^2}-2^{x^2}}$

example 103 ★★★★★★★

다음의 극한값들을 구하시오. (단, $k>0$) (Hint: $e^x > x > \ln x$임을 이용하시오.)

1. $\lim_{x\to\infty}\frac{\ln x}{x^k}$

2. $\lim_{x\to\infty}\frac{x^k}{e^x}$

example 104 ★★★★★★★

다음의 극한값들을 구하시오.

1. $\lim_{x\to 0+} x^{\frac{1}{x}}$

2. $\lim_{x\to 0+}(\sin x)^{\frac{1}{\ln x}}$

7.3 초등함수의 미분과 다양한 미분법

초등함수란 상수함수, 다항함수, 무리함수, 지수함수, 삼각함수, 로그함수들의 사칙연산 혹은 역연산, 합성하여 나오는 함수를 의미한다. 대부분의 초등함수는 교육과정 안에 속해 있기 때문에 초등함수의 미분뿐만 아니라 합성함수, 사칙연산 기능을 하는 함수의 미분을 알 필요가 있다.
다음은 다양한 미분법 및 초등함수의 미분을 알아보자.

로그함수의 미분

$f(x)=\ln x$이면

$$f'(x)=\lim_{h\to 0}\frac{\ln(x+h)-\ln(x)}{h}=\lim_{h\to 0}\frac{\ln\left(1+\frac{h}{x}\right)}{h}=\lim_{h\to 0}\ln\left(1+\frac{h}{x}\right)^{\frac{x}{h}\times\frac{1}{x}}=\ln e^{\frac{1}{x}}=\frac{1}{x}$$

$f(x)=\log_a x$이면

$$f'(x)=\lim_{h\to 0}\frac{\log_a(x+h)-\log_a(x)}{h}=\lim_{h\to 0}\frac{\log_a\left(1+\frac{h}{x}\right)}{h}=\lim_{h\to 0}\log_a\left(1+\frac{h}{x}\right)^{\frac{x}{h}\times\frac{1}{x}}=\log_a e^{\frac{1}{x}}=\frac{1}{x\ln a}$$

이다.

따라서 $(\ln x)'=\frac{1}{x}$, $(\log_a x)'=\frac{1}{x\ln a}$이다.

지수함수의 미분

$f(x)=e^x$이면

$$f'(x)=\lim_{h\to 0}\frac{e^{x+h}-e^x}{h}=e^x\times\lim_{h\to 0}\frac{e^h-1}{h}=e^x$$이다.

$f(x)=a^x$이면

$$f'(x)=\lim_{h\to 0}\frac{a^{x+h}-a^x}{h}=a^x\times\lim_{h\to 0}\frac{a^h-1}{h}=a^x\ln a$$이다.

따라서 $(e^x)'=e^x$, $(a^x)'=a^x\ln a$이다.

합성함수의 미분

$h(x)=f(g(x))$이고, $f(x), g(x)$가 미분 가능하다고 하자.

$$\begin{aligned}h'(x)&=\lim_{h\to 0}\frac{h(x+h)-h(x)}{h}\\&=\lim_{h\to 0}\frac{f(g(x+h))-f(g(x))}{h}\\&=\lim_{g(x+h)\to g(x)}\frac{f(g(x+h))-f(g(x))}{g(x+h)-g(x)}\times\lim_{h\to 0}\frac{g(x+h)-g(x)}{h}\text{ 18)}\\&=f'(g(x))\times g'(x)\end{aligned}$$

따라서 $\{f(g(x))\}'=f'(g(x))\times g'(x)$이다.

18) $g(x)$가 미분 가능하므로 연속이다. 따라서 $\lim_{h\to 0}$를 $\lim_{g(x+h)\to g(x)}$로 표기해도 된다.

x^r(단, r은 실수)의 미분

$f(x)=x^r$에서 양변에 자연로그를 취해주면 $\ln f(x)=r\ln x$이고, 양변을 x로 미분해주면
$\frac{f'(x)}{f(x)}=\frac{r}{x}$이므로 $f'(x)=rx^{r-1}$이다. 따라서 $(x^r)'=rx^{r-1}$이다.

$\left(\frac{1}{f(x)}\right)$의 미분

$\left(\frac{1}{x}\right)'=-\frac{1}{x^2}$이고, 합성함수 미분을 이용하자. 그러면 $\left(\frac{1}{f(x)}\right)$를 미분하면 다음과 같다.
$\left(\frac{1}{f(x)}\right)'=-\frac{f'(x)}{f(x)^2}$임을 알 수 있다.

$\left(\frac{g(x)}{f(x)}\right)$의 미분

$(f(g(x)))'=f'(g(x))\times g'(x)$에서 $f(x)$대신 $\frac{1}{f(x)}$를 대입하자.

$$\left(\frac{g(x)}{f(x)}\right)'=\left(\frac{1}{f(x)}\right)'g(x)+\frac{1}{f(x)}g'(x)$$
$$=-\frac{f'(x)g(x)}{f(x)^2}+\frac{g'(x)}{f(x)}=\frac{g'(x)f(x)-f'(x)g(x)}{f(x)^2}$$

따라서 $\left(\frac{g(x)}{f(x)}\right)'=\frac{g'(x)f(x)-f'(x)g(x)}{f(x)^2}$이다.

$\sin x$, $\cos x$, $\tan x$의 미분

❶ $f(x)=\sin x$이면

$$f'(x)=\lim_{h\to 0}\frac{\sin(x+h)-\sin x}{h}$$
$$=\lim_{h\to 0}\frac{\sin x\cos h+\cos x\sin h-\sin x}{h}$$
$$=\lim_{h\to 0}\sin x\frac{(\cos h-1)}{h}+\cos x\frac{\sin h}{h}$$
$$=\lim_{h\to 0}\cos x\frac{\sin h}{h}-\sin x\frac{2\sin^2(h/2)}{h}$$
$$=\cos x$$

따라서 $(\sin x)'=\cos x$이다.

❷ $f(x)=\cos x$이면

$$f'(x)=\lim_{h\to 0}\frac{\cos(x+h)-\cos x}{h}$$
$$=\lim_{h\to 0}\frac{\cos x\cosh-\sin x\sinh-\cos x}{h}$$
$$=\lim_{h\to 0}\cos x\frac{(\cosh-1)}{h}-\sin x\frac{\sinh}{h}$$
$$=\lim_{h\to 0}-\sin x\frac{\sinh}{h}-\cos x\frac{2\sin^2(h/2)}{h}$$
$$=-\sin x$$

따라서 $\underline{(\cos x)'=-\sin x}$이다.

❸ $f(x)=\tan x$이면

$$f'(x)=\left(\frac{\sin x}{\cos x}\right)'=\frac{\cos x\times\cos x-\sin x\times(-\sin x)}{\cos^2 x}=\frac{1}{\cos^2 x}=\sec^2 x$$

따라서 $\underline{(\tan x)'=\sec^2 x}$이다.

$\sec x$, $\csc x$, $\cot x$의 미분

❹ $f(x)=\sec x$이면

$$f'(x)=\left(\frac{1}{\cos x}\right)'=-\frac{-\sin x}{\cos^2 x}=\frac{1}{\cos x}\times\frac{\sin x}{\cos x}=\sec x\tan x$$

따라서 $\underline{(\sec x)'=\sec x\tan x}$이다.

❺ $f(x)=\csc x$이면

$$f'(x)=\left(\frac{1}{\sin x}\right)'=-\frac{\cos x}{\sin^2 x}=-\frac{1}{\sin x}\times\frac{\cos x}{\sin x}=-\csc x\cot x$$

따라서 $\underline{(\csc x)'=-\csc x\cot x}$이다.

❻ $f(x)=\cot x$이면

$$f'(x)=\left(\frac{\cos x}{\sin x}\right)'=\frac{(-\sin x)\times\sin x-\cos x\times\cos x}{\sin^2 x}=\frac{-1}{\sin^2 x}=-\csc^2 x$$

따라서 $\underline{(\cot x)'=-\csc^2 x}$이다.

역함수의 미분

$f(x)$의 역함수를 $g(x)$라 하자. 즉 $f(g(x))=g(f(x))=x$, $g(x)=f^{-1}(x)$이다.

이제 $g(f(x))=x$에서 양변을 x로 미분해주면 $g'(f(x))\times f'(x)=1$이므로 $g'(f(x))=\dfrac{1}{f'(x)}$이다.

마지막으로 x에 $f^{-1}(x)$를 대입해주면 $g'(x)=\dfrac{1}{f'(f^{-1}(x))}$이다.

따라서 $\underline{(f^{-1}(x))'=\dfrac{1}{f'(f^{-1}(x))}}$이다.

매개변수의 미분

x, y가 t로 매개화 되었다고 하자. $x=f(t), y=g(t)$

그러면 $\dfrac{dy}{dx}=\dfrac{\frac{dy}{dt}}{\frac{dx}{dt}}=\dfrac{g'(t)}{f'(t)}$이다.

따라서 $x=f(t), y=g(t)$일 때 $\dfrac{dy}{dx}=\dfrac{g'(t)}{f'(t)}$이다.

또한 $\dfrac{d^2y}{dx^2}=\dfrac{d}{dx}\left(\dfrac{dy}{dx}\right)=\dfrac{dt}{dx}\dfrac{d}{dt}\left(\dfrac{dy}{dx}\right)=\dfrac{\frac{d}{dt}\left(\frac{dy}{dx}\right)}{\frac{dx}{dt}}=\dfrac{g''(t)f'(t)-f''(t)g'(t)}{f'(t)^3}$ 19)

위에서 증명한 여러 가지 미분을 정리하면 아래의 표와 같다.

다양한 미분법과 초등함수의 미분 표

- $(\ln|x|)'=\dfrac{1}{x}$
- $(\log_a|x|)'=\dfrac{1}{x\ln a}$
- $(e^x)'=e^x$
- $(a^x)'=a^x\ln a$
- $(\sin x)'=\cos x$
- $(\cos x)'=-\sin x$
- $(\tan x)'=\sec^2 x$
- $(\sec x)'=\sec x\tan x$
- $(\csc x)'=-\csc x\cot x$
- $(\cot x)'=-\csc^2 x$
- $(x^r)'=rx^{r-1}$ (단, r은 실수이다.)
- $(f(g(x)))'=f'(g(x))\times g'(x)$
- $(f(x)g(x))'=f'(x)g(x)+f(x)g'(x)$
- $\left(\dfrac{1}{f(x)}\right)'=-\dfrac{f'(x)}{f(x)^2}$
- $\left(\dfrac{g(x)}{f(x)}\right)'=\dfrac{g'(x)f(x)-f'(x)g(x)}{f(x)^2}$
- $(f^{-1}(x))'=\dfrac{1}{f'(f^{-1}(x))}$
- $x=f(t), y=g(t)$일 때 $\dfrac{dy}{dx}=\dfrac{g'(t)}{f'(t)}$

19) 교육과정 외이지만, $\dfrac{d^2y}{dx^2}\neq\left(\dfrac{g'(t)}{f'(t)}\right)'$ 이 아님을 주의해야 할 것이다.

example 105 ★★★★★★★

다음의 함수를 미분하시오.

1. $\ln|\cos x|$

2. $\log_3|\log_2 x|$

3. e^{x^2+2x}

4. x^{x^x}

5. $e^{2x}\sin 3x$

6. $(2x+3)^8$

7. $\tan(\sin x)$

8. $\sqrt[6]{x^5}$

9. $\dfrac{x^2}{x+6}$

10. $3^{x^2}\log_2 x$

example 106 ★★★★★★★

다음의 함수를 미분하시오.

1. $\left(x+\dfrac{1}{x^2}\right)^{\sqrt{5}}$

2. $\dfrac{(x-1)(x-4)^4}{(x-2)^2(x-3)^3}$

3. $\dfrac{\cot x}{1+\cos x}$

4. $\dfrac{(x+1)^4}{x^4+1}$

5. $\dfrac{d}{dx}\left(\sqrt[6]{1-x^6}\right)$

6. $\sin(\csc x)$

example 107 ★★★★★★★

$f'(x)=1+f(x)^2$일 때 $f(x)$가 역함수를 가짐을 보이고, $(f^{-1})'(x)$를 구하시오.

example 108 ★★★★★★★

$|x|^{\frac{2}{3}}+|y|^{\frac{2}{3}}=1$을 매개화 시킨 후 $(1, 0)$에서 접선의 기울기를 구하시오.

example 109 ★★★★★★★

수열 $\{a_n\}$에 대해 $a_n=\dfrac{d^n}{dx^n}(\sin^4 x+\cos^4 x)$이라 하자. 이때 $f(x)=\displaystyle\sum_{n=1}^{\infty}\frac{1}{a_n}$이라 할 때 $f(x)$의 극값을 구하시오.

example 110 ★★★★★★★

$f(x)=\begin{cases} x^k\sin\dfrac{1}{x} & (x\neq 0) \\ 0 & (x=0)\end{cases}$일 때 $f(x)$가 미분가능하기 위한 k의 범위를 구하시오.

example 111 ★★★★★★★

$f(x)=x^3+3x+1$일 때 $(f^{-1})'(1)$, $(f^{-1})''(1)$, $(f^{-1})'''(1)$의 값을 구하시오.

example 112 ★★★★★★★

다음의 제시문을 이용하여 각 물음에 답하시오.

> 복소수 z에 대하여 $|z|<1$일 때 $\lim_{n\to\infty} z^n=0$이다.

$f(x)=e^{-x}\cos px$, $g(x)=e^{-x}\sin px$이다. $f^{(n)}(x)$를 $f(x)$를 n번 미분한 함수라고 정의할 때 $h(p)=\sum_{n=1}^{\infty}\left(\frac{1}{f^{(n)}(0)+ig^{(n)}(0)}+\frac{1}{f^{(n)}(0)-ig^{(n)}(0)}\right)$라 하자. $p\neq 0$일 때 $\lim_{p\to 0} h(p)$의 값을 구하시오.

7.4 미분 활용

본 절에서는 초등함수의 접선과 초등함수를 그리는 법을 배운다. 또한 미분을 활용하여 다양한 부등식을 증명하고, 마지막으로 속도와 가속도를 배울 것이다.

우선 $x=a$에서 $f(x)$의 접선의 방정식은 $y=f'(a)(x-a)+f(a)$이다.

example 113 ★★★★★★★

$f(x)=e^{-x^2}$일 때 두 변곡점에서 접선의 방정식을 구하시오.

example 114 ★★★★★★★

$f(x)=e^{-x}(x^2+x+2)$일 때 두 변곡점에서 접선의 방정식을 구하시오.

함수를 작도할 때는 먼저 $f'(x)$과 $f''(x)$의 부호 변화를 분석하여 그래프의 대략적인 형태를 파악할 수 있다. **교육과정에서는 점근선을 다루지 않지만 작도를 깔끔하게 해야 문제가 잘 풀리는 경우가 많기 때문에,** 그래프를 보다 정확히 이해하고 그리기 위해서는 **점근선**을 고려할 줄 알아야 한다. 따라서 점근선을 작도하고, 그 방정식을 구할 수 있는 능력을 갖추는 것도 중요하다.

초등함수의 경우 대부분 점근선이 존재하는데, 수직점근선을 찾는 대표적인 방법은 $\{(\alpha,k)\cup(k,\beta)\}$가 $f(x)$의 정의역에 포함되고, $\{k\}$가 정의역에 포함되지 않은 때 $x=k$를 선택하면 된다. 다음으로 수평점근선을 찾는 방법은 $\lim_{x\to\infty}f(x)=L$이고, 실수 a가 존재하여 $x>a$일 때 $f(x)\neq L$이면 $y=L$을 선택하면 된다.

또는 $\lim_{x\to-\infty}f(x)=L'$이고, 실수 b가 존재하여 $x<b$일 때 $f(x)\neq L'$이면 $y=L'$을 선택하면 된다.

마지막으로 수직점근선을 제외한 일반적인 점근선을 찾고자 할 때 $y=mx+n$을 점근선을 갖기 위한 조건은 다음과 같다.

❶ 실수 a가 존재하여 $x>a$일 때 $f(x)\neq mx+n$, $\lim_{x\to\infty}\{f(x)-(mx+n)\}=0$

위의 식을 적절히 변형시켜주면 $m=\lim_{x\to\infty}\dfrac{f(x)}{x}$이 성립한다.

❷ 실수 b가 존재하여 $x<b$일 때 $f(x)\neq mx+n$ $\lim_{x\to-\infty}\{f(x)-(mx+n)\}=0$

마찬가지로 위의 식을 적절히 변형시켜주면 $m=\lim_{x\to-\infty}\dfrac{f(x)}{x}$이 성립한다.

example 115 ★★★★★★★

$f(x)=\dfrac{x^2+x+1}{x-1}$ 일 때 모든 점근선을 구하시오.

example 116 ★★★★★★★

$f(x)=\dfrac{1}{1+e^{-x}}$ 일 때 모든 점근선을 구하시오.

example 117 ★★★★★★★

$f(x)=\sqrt{x^2+x+1}$ 일 때 모든 점근선을 구하시오.

example 153~156의 문항에서 $f(x)$의 (i)정의역과 치역, (ii)x축, y축과의 교점, (iii)점근선, (iv)증가 및 감소구간과 극값, (v)오목 및 볼록인 구간과 변곡점을 구하고, (vi) $f(x)$를 그리시오.

example 118 ★★★★★★★

$f(x)=\dfrac{\ln x}{x}$

example 119 ★★★★★★★

$f(x)=\dfrac{x^2+3x}{x-1}$

example 120 ★★★★★★★

$f(x)=e^x x^3$

example 121 ★★★★★★★

$f(x)=e^{-x}\sin x$

다음으로 함수 $f(x)$가 $g(x)$보다 항상 크기 위한 조건을 찾아보자.
$h(x)=f(x)-g(x)$라 했을 때 $h'(a)=0$이고, $h''(a)<0$이면 $h(x)\ge h(a)$이다. 여기서 $h(a)>0$이면 $h(x)>0$이므로 $f(x)>g(x)$를 만족한다. 이처럼 적절히 새로운 함수를 잡은 뒤 미분을 이용해주면 대부분의 부등식을 증명할 수 있게 된다.

example 122 ★★★★★★★

모든 x에 대해 $e^x>x>\ln x$임을 증명하시오.

example 123 ★★★★★★★

모든 실수 x에 대해 부등식 $x^4-2px^2-4px+2>0$이 성립한다. 이때 다음 물음에 답하시오.

1. $f(x)=\dfrac{x^4+2}{x^2+2x}$라고 했을 때 $f'(x)$를 구하시오.

2. $g(x)=x^4+4x^3+4x^2+4x+2$이라고 하자. $g'(k)=0$을 만족하는 k가 유일함을 보이고, 이때 $-3<k<-2$, $g(k)<0$임을 보이시오. 그리고 $g(x)$의 개형을 그리시오.

3. $g(-3.1), g(-3), g(-0.8), g(-0.7)$의 값을 구하시오. 또한 $f(x)=\dfrac{x^4+2}{x^2+2x}$를 그리시오.
(증가 감소를 대략적으로 그리고, 극점에서 함수값을 일의 자리까지 구하시오.)

4. p가 0이 아닌 정수일 때 p의 값을 구하시오.

지금까지는 $y=f(x)$꼴로 정의될 때 $f'(x)$의 값을 구해보았다. 그렇다면 $x^2+y^2=1$이나 $x^3+3xy+y^3=1$과 같이 $y=f(x)$와 같이 정의 하지 못하는 곡선의 특정한 점에서 기울기를 어떻게 구해야 하는지 알아보자.

$f(x,y)=0$를 만족하는 곡선이 있다고 하자. 이때 $f: R^2 \to R$이다.

여기서는 y를 x로 미분했을 때 $f'(x)$가 아닌 $\dfrac{dy}{dx}$으로 표시한다. 이후 합성함수, 곱의 미분법 등을 이용하여 똑같이 진행하면 된다. 예를 들어 살펴보자.

ex) $f(x,y)=x^3+3x^2y+y^3-1=0$에서 $(x,y)=(1,0)$에서 접선의 방정식을 구해보고자 한다.

$\dfrac{\partial}{\partial x}f(x,y)=3x^2+6xy+3x^2\dfrac{dy}{dx}+3y^2\dfrac{dy}{dx}=0$[20]이므로

$\dfrac{dy}{dx}\Big|_{(x,y)=(1,0)}=-\dfrac{x^2+2xy}{x^2+y^2}\Big|_{(x,y)=(1,0)}=-1$이다.

따라서 접선의 방정식은 $y=-(x-1)+0$이므로 $\underline{y=1-x}$이다.

example 124 ★★★★★★★

$x^2+xy+y^2=1$에서 $(x,y)=(1,-1)$에서 접선의 방정식을 구하시오.

example 125 ★★★★★★★

$xe^y+ye^{x-y}=x+2y$에서 $(x,y)=(0,2)$에서 접선의 방정식을 구하시오.

example 126 ★★★★★★★

$x^3+3x^2y+y^3=1$에서 접선의 기울기의 범위를 구하시오.

20) $\dfrac{\partial}{\partial x}$라는 기호는 x를 제외한 나머지 문자는 상수로 보고 f를 x로만 미분한다는 뜻이다. 이는 x에 대한 편미분 연산자이다. 교육과정 외이지만 정확히 언급하느라 어쩔 수 없었다.

마지막으로 물리학에서 나오는 위치, 속도, 가속도를 알아보자.
점 P가 좌표평면 위를 움직이고, 시각 t에서 위치가 $(f(t), g(t))$와 같이 매개화 되어 있다고 하자.
그러면 속도와 가속도는 다음과 같다.

속도$=(f'(t), g'(t))$

가속도$=(f''(t), g''(t))$

또한 속력은 속도의 크기를 의미하기 때문에 $\sqrt{(f'(t))^2+(g'(t))^2}$이다.

example 127 ★★★★★★★

점 P가 시각 t에 (x, y)에 위치해 있다. $x=t^3-3t^2, y=t^2$일 때 속력이 최소가 되는 시간과 가속도의 크기가 최소가 되도록 하는 시각을 각각 구하시오.

example 128 ★★★★★★★

점 P가 시각 t에 $(f(t), g(t))$에 위치해 있다. $f(t)=\dfrac{3t}{1+t^3}, g(t)=\dfrac{3t^2}{1+t^3}$일 때 다음 물음에 답하시오.

1. 속도와 속력을 t로 나타내시오. 속력이 0이 되는 시각 t가 존재하는지 답하시오.

2. 이 곡선의 점근선을 구하시오.

3. 이 곡선을 그리시오.

7.5 여러 가지 적분법

적분은 미분의 역연산임을 상기하여 초등함수를 적분하고자 한다.

x^n의 적분

우선 $n=-1$이면 $(\ln|x|)'=\dfrac{1}{x}$이므로 $\displaystyle\int\frac{1}{x}dx=\ln|x|+C$이다.

또한 $n\neq-1$이면 $\left(\dfrac{x^{n+1}}{n+1}\right)'=x^n$이므로 $\displaystyle\int x^n dx=\frac{x^{n+1}}{n+1}+C$이다.

지수함수의 적분

$(e^x)'=e^x$이므로 $\displaystyle\int e^x dx=e^x+C$이다.

$(a^x)'=a^x\ln a$이므로 $\displaystyle\int a^x dx=\frac{a^x}{\ln a}+C$이다.

삼각함수의 적분

$(\cos x)'=-\sin x$이므로 $\displaystyle\int \sin x dx=-\cos x+C$이다.

$(\sin x)'=\cos x$이므로 $\displaystyle\int \cos x dx=\sin x+C$이다.

$(\tan x)'=\sec^2 x$이므로 $\displaystyle\int \sec^2 x dx=\tan x+C$이다.

$(\cot x)'=-\csc^2 x$이므로 $\displaystyle\int \csc^2 x dx=-\cot x+C$이다.

$(\sec x)'=\sec x\tan x$이므로 $\displaystyle\int \sec x\tan x dx=\sec x+C$이다.

$(\csc x)'=-\csc x\cot x$이므로 $\displaystyle\int \csc x\cot dx=-\csc x+C$이다.

치환적분법

$g(x)$가 미분 가능할 때 $t=g(x)$라고 치환하자.

그리고 양변을 x로 미분해주면 $\dfrac{dt}{dx}=g'(x)$(혹은 $dt=g'(x)dx$[21])이다.

$\displaystyle\int f(t)dt=\int f(g(x))\frac{dt}{dx}dx=\int f(g(x))g'(x)dx$이다.

예를 들어 $\tan x$의 적분을 해보자. $\cos x=t$라고 치환하면 $-\sin x dx=dt$이므로

$\displaystyle\int \tan x dx=\int\frac{\sin x}{\cos x}dx=\int -\frac{1}{t}dt=-\ln|t|+C=-\ln|\cos x|+C$이다.

또한 $\tan x$의 적분을 해보자. $\sin x=t$라고 치환하면 $\cos x dx=dt$이므로

$\displaystyle\int \cot x dx=\int\frac{\cos x}{\sin x}dx=\int\frac{1}{t}dt=\ln|t|+C=\ln|\sin x|+C$이다.

21) 이는 엄밀히 말하면 틀린 표현이다. 그러나 풀이과정에 작성하는 것에 채점자는 크게 상관 쓰지 않을 것이다. 앞으로 풀이과정을 적을 때 이 방법을 사용하겠다.

부분적분법

$(f(x)g(x))' = f'(x)g(x) + f(x)g'(x)$에서 적절히 이항을 시켜주면
$f(x)g'(x) = (f(x)g(x))' - f'(x)g(x)$이다.
이제 양변을 정적분 시켜주면 다음과 같다.

$$\int f(x)g'(x)dx = \int (f(x)g(x))'dx - \int f'(x)g(x)dx$$
$$= f(x)g(x) - \int f'(x)g(x)dx \text{이다.}$$

따라서 $\int f(x)g'(x)dx = f(x)g(x) - \int f'(x)g(x)dx$이다.

이를 외우는 방법으로는 우변에서 순서대로 봤을 때 1. $f(x)$를 '그'대로 두었고, 2. $g'(x)$는 '적분', 3. $f(x)$를 '미'분, 4. $g'(x)$를 '적'분했기 때문에 순서대로 "그적미적"으로 외우면 된다.
참고로 $\ln x$는 미분하는 것이 좋고, e^x는 적분하는 것이 좋다.

아래는 여러 가지 초등함수의 적분 공식과 다양한 적분법을 적은 표이다.

다양한 적분법과 초등함수의 적분 표

· $\int \frac{1}{x}dx = \ln|x| + C$

· $\int x^n dx = \frac{x^{n+1}}{n+1} + C$ (단, $n \neq -1$)

· $\int e^x dx = e^x + C$

· $\int a^x dx = \frac{a^x}{\ln a} + C$

· $\int \sin x dx = -\cos x + C$

· $\int \cos x dx = \sin x + C$

· $\int \sec^2 x dx = \tan x + C$

· $\int \csc^2 x dx = -\cot x + C$

· $\int \sec x \tan x dx = \sec x + C$

· $\int \csc x \cot dx = -\csc x + C$

· $\int \tan x dx = -\ln|\cos x| + C$

· $\int \cot x dx = \ln|\sin x| + C$

· **치환적분법**

$g(x)$가 미분 가능할 때 $t = g(x)$라 하면 $\int f(t)dt = \int f(g(x))g'(x)dx$

· **부분적분법**

$\int f(x)g'(x)dx = f(x)g(x) - \int f'(x)g(x)dx$

example 129 ★★★★★★★

1. $\int \cos^2 x dx$

2. $\int \tan^2 x dx$

3. $\int \sin^3 x dx$

4. $\int \cos^4 x dx$

example 130 ★★★★★★★

1. $\int \ln x dx$

2. $\int x^2 \ln x dx$

3. $\int e^{-x}(x^2+2x-2)dx$

example 131 ★★★★★★★ *삼각치환*

1. $\int_{-a}^{a} \frac{1}{x^2+a^2}dx$

2. $\int_{0}^{2a} \frac{1}{\sqrt{x^2-a^2}}dx$

3. $\int \frac{1}{x^4+x^2+1}dx$

4. $\int_{0}^{1} \frac{x^2-2x-4}{x^3-x^2-x-2}dx$

example 132 ★★★★★★★

$\int e^{ax}\sin bx\,dx$, $\int e^{ax}\cos bx\,dx$의 값을 구하시오.

example 133 ★★★★★★★

$\int \frac{\sin x}{2\sin x - 3\cos x}dx$의 값을 구하시오.

example 134 ★★★★★★★ ＊삼각치환＊

$\int \frac{1}{3\sin x + 4\cos x}dx$의 값을 구하시오. (Hint: $\tan\frac{x}{2} = t$)

example 135 ★★★★★★★

$I_n = \int_0^{\frac{\pi}{2}} \sin^n x\,dx$이라 하자. I_n, I_{n-2}간의 관계식을 구하고, I_n을 구하시오.

example 136 ★★★★★★★

다음의 값을 구하시오.

1. $\displaystyle\int_0^{\frac{\pi}{2}} \frac{\sin x}{\sin x + \cos x} dx$

2. $\displaystyle\int_0^{\frac{\pi}{3}} \ln\left(\frac{1}{\sqrt{3}} + \tan x\right) dx$

example 137 ★★★★★★★

다음의 값을 구하시오.

$\displaystyle\int_0^1 \sqrt[3]{2x^3 - 3x^2 + 3x - 1}\, dx$

example 138 ★★★★★★★

다음의 물음에 답하시오.

1. $\displaystyle\int \sec x\, dx$의 값을 구하시오.

2. $I_n = \displaystyle\int \sec^n x dx$이라 하자. I_n을 I_{n-2}로 나타내시오.

3. $\displaystyle\int \sec^3 x\, dx$의 값을 구하시오.

7.6 정적분의 활용

정적분과 급수간의 관계를 알아보고자 한다.

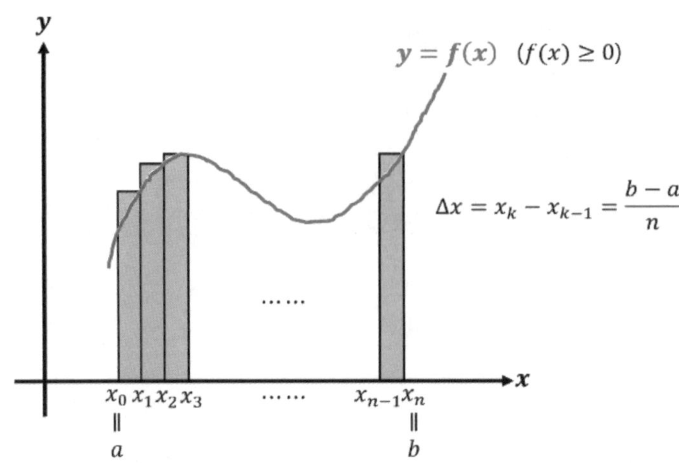

연속함수 $f(x)$가 $[a,b]$에서 0이상이고, $x_0=a, x_n=b$이고, $[a,b]$를 동일한 길이의 구간으로 n개 나누었을 때 그 경계를 x_k라 하자. 이때 나누어진 구간의 길이는 $\Delta x=\dfrac{b-a}{n}$이고, $x_k=x_0+k\Delta x$이다.

그리고 색칠된 직사각형들의 합을 $S_n=\sum_{k=1}^{n}f(x_k)\Delta x$이라 하고, $y=f(x), x=a, x=b, y=0$으로 둘러싸인 넓이를 S라 할 때 $\lim_{n\to\infty}S_n=S$이 성립한다고 알려져 있다.

즉 $[a,b]$에서 $f(x)\geq 0$이면 $\sum_{k=1}^{n}f\left(a+\dfrac{b-a}{n}k\right)\dfrac{b-a}{n}=\int_a^b f(x)dx$이다. · · · · · · · · · · · ❶

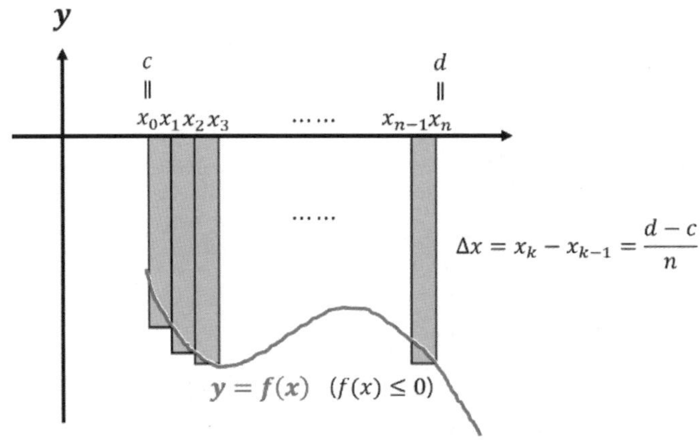

다음으로 $f(x)$가 $[c,d]$에서 음의 값을 갖는다면 어떻게 되는지 알아보자.

$T_n=\sum_{k=1}^{n}f(x_k)\Delta x$이라하고, $y=f(x), x=c, x=d, y=0$으로 둘러싸인 넓이를 T라 한다면 색칠되는 직사각형의 넓이는 $(-T_n)$이므로 $\lim_{n\to\infty}(-T_n)=T$이다. 그리고 $T=-\int_c^d f(x)dx$이므로

$\lim_{n\to\infty}T_n=-T=\int_c^d f(x)dx$임을 알 수 있다.

즉 $[c,d]$에서 $f(x)\leq 0$이면 $\sum_{k=1}^{n}f\left(c+\dfrac{d-c}{n}k\right)\dfrac{d-c}{n}=\int_c^d f(x)dx$이다. · · · · · · · · · · · ❷

❶, ❷를 합쳐서 생각해 볼 때 $f(x)$의 치역이 양수든 음수든 간에 급수의 극한을 정적분의 형태로 나타낼 수 있음을 알았다.

따라서 연속함수 $f(x):[a,b]\to R$에 대해 $\sum_{k=1}^{n} f(x_k)\Delta x = \int_a^b f(x)dx$이다.

(단, $x_k = a+k\Delta x, \Delta x = \frac{b-a}{n}$이다.)

급수를 정적분으로 바꾸는 과정은 풀이과정에서 그렇게 중요시 되지 않기 때문에 외우는 방법을 알려주겠다.

$\frac{k}{n}$은 x로 바꾸고, $\frac{1}{n}$은 dx로 바꾸어주면 된다. 그리고 적분의 양끝은 $[0,1]$로 바꾼다.

$$\sum_{k=1}^{n} f\left(a+\frac{b-a}{n}k\right)\frac{b-a}{n} = \int_0^1 f(a+(b-a)x)(b-a)dx$$

$a+(b-a)x=t$로 치환해주면 $\int_0^1 f(a+(b-a)x)(b-a)dx = \int_a^b f(t)dt$이므로 위의 치환은 적절하다.

예를 들면 다음과 같다.

$\lim_{n\to\infty}\frac{1}{n}\left(\tan\frac{\pi}{4n}+\tan\frac{2\pi}{4n}+\tan\frac{3\pi}{4n}+\cdots\cdots tan\frac{n\pi}{4n}\right)$의 값을 구해보자.

$$\text{준식} = \lim_{n\to\infty}\sum_{k=1}^{n}\tan\frac{kpi}{4n}\times\frac{1}{n} = \int_0^1 \tan\frac{\pi}{4}x\,dx$$

$$= \frac{4}{\pi}\int_0^{\frac{\pi}{4}} \tan t\,dt \qquad \left(\frac{\pi}{4}x = t \text{ 치환}\right)$$

$$= \frac{2\ln 2}{\pi}$$

example 139 ★★★★★★★

$\int_0^1 x^2dx$를 급수를 이용해 구하시오.

example 140 ★★★★★★★

$1^k+2^k+\cdots\cdots n^k = a_{k+1}n^{k+1}+a_kn^k+\cdots\cdots a_1n+a_0$인 $a_i(i=0\sim k+1)$이 존재한다.

이때 a_{k+1}의 값을 구하시오.

example 141 ★★★★★★★

$A=\lim_{n\to\infty}\left(\frac{(2n)!}{n!}\right)^{\frac{1}{n}}\times\frac{1}{n}$의 값을 구하시오.

다음으로 부피를 구하는 방법을 알아보자.

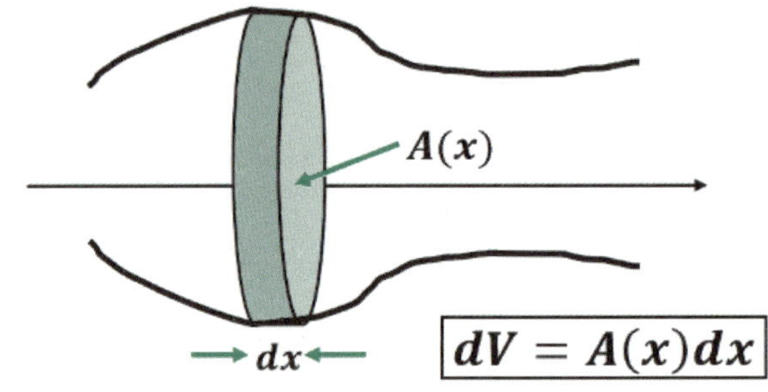

이는 급수를 정적분으로 바꾸는 과정과 똑같다. 구하고자 하는 부피의 x좌표 범위가 $[a, b]$일 때 매우 작게 쪼갠 후 미소부피를 모두 더해주면 된다. 위의 그림에서 미소부피 dV는 밑면의 넓이가 $A(x)$이고, 높이가 dx인 입체도형의 부피와 같다. 따라서 $dV=A(x)dx$으로 근사할 수 있다.

그러므로 $V=\int_a^b A(x)dx$이다.

example 142 ★★★★★★★

$l_1=\{(x, y, z)\,|\,x=y^n, z=0\}$, $l_2=\{(x, y, z)\,|\,x^n=y, z=0\}$이다.

1. l_1을 x축으로 회전시킨 곡면을 A_n라 하자. 이때 A_n, $x=1$로 둘러싸인 입체도형의 부피를 구하시오.

2. l_2를 y축으로 회전시킨 곡면을 B_n라 하자. 이때 B_n, $y=1$로 둘러싸인 입체도형의 부피를 구하시오.

3. A_2, B_1를 t, θ로 매개화 시키고, 곡면 A_2, B_1를 x, y, z로 나타내시오.

위의 문제에 이어서 답하시오.

4. A_2, B_1로 둘러싸인 입체도형을 W라 하자. 이때 $x=k$ 평면과 입체도형 W의 공통부분은 닫힌 면을 형성한다. 이때 공통부분의 면적을 $A(k)$라 할 때 $A(k)$의 정의역을 구하고 $A(k)$를 k로 나타내시오. ***삼각치환***

위의 문제에 이어서 답하시오.

5. 입체도형 W의 부피를 구하시오. ***삼각치환***

example 143 ★★★★★★★

$l=\{(x, y, z) | y=\sin x, z=0, 0 \leq x \leq \pi\}$이다.

1. l을 x축으로 회전시킨 곡면을 A라 하자. 이때 A로 둘러싸인 입체도형의 부피를 구하시오.

2. $y=f(x)$, $x=a$, $x=b$, $y=0$으로 둘러싸인 도형 A를 y축에 대해 회전 시켰을 때 생기는 입체도형 W의 부피가 $\int_a^b 2\pi x f(x) dx$임을 보이시오.

3. l을 y축으로 회전시킨 곡면을 B라 하자. 이때 B, $y=0$으로 둘러싸인 입체도형의 겉면을 C라 하자. C로 둘러싸인 입체도형의 부피를 구하시오.

example 144 ★★★★★★★ ∗삼각치환∗

3차원 좌표계 상에 3개의 무한 원기둥 A_1, A_2, A_3이 존재한다.

$$A_1=\{(x, y, z) | x^2+y^2 \leq 1\}$$
$$A_2=\{(x, y, z) | y^2+z^2 \leq 1\}$$
$$A_3=\{(x, y, z) | z^2+x^2 \leq 1\}$$

1. $x=k$ 평면과 $A_1 \cap A_2$의 공통부분의 넓이 $A(k)$를 k로 나타내시오.

2. $A_1 \cap A_2$의 부피를 구하시오.

위의 문제에 이어서 답하시오.

3. $x=k$ 평면과 $A_1 \cap A_2 \cap A_3$의 공통부분의 넓이 $A(k)$를 k로 나타내시오.

4. $A_1 \cap A_2 \cap A_3$의 부피를 구하시오.

example 145 ★★★★★★★

$0 \le x \le 1$ $f(x)=x^2$일 때 $f(x)$를 $y=x$로 회전한 회전체의 부피를 구하고자 한다. 다음 물음에 답하시오.

1. $y=f(x)$위의 점 $T(t, t^2)$에서 $y=x$에 내린 수선의 발을 H라 하자. 이때 $\overline{OH}$, $\overline{TH}$ 의 길이를 t로 나타내시오.

2. 회전체의 부피를 구하시오.

마지막으로 곡선의 길이를 구하는 방법은 다음과 같다.

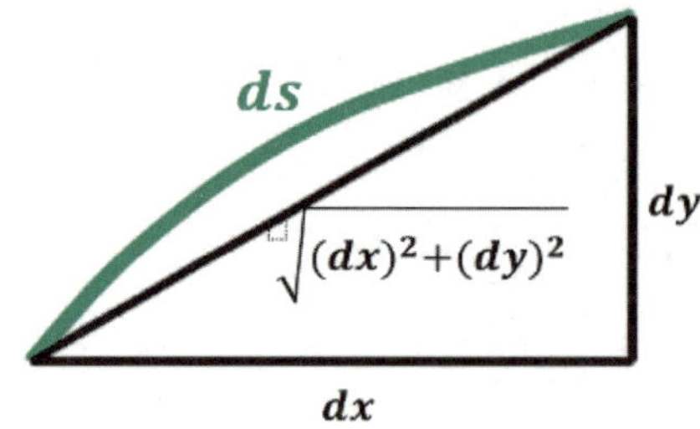

위의 그림에서 미소길이인 ds의 길이는 $\sqrt{(dx)^2+(dy)^2}$ 으로 근사할 수 있음을 알 수 있다.
즉 $ds = \sqrt{(dx)^2+(dy)^2}$ 이다.
$x=x(t), y=y(t)$로 매개화 되어있다면 $t_1 \le t \le t_2$에서 주어진 곡선의 길이는 다음과 같다.

$$s=\int \sqrt{(dx)^2+(dy)^2}=\int_{t_1}^{t_2}\sqrt{\left(\frac{dx}{dt}\right)^2+\left(\frac{dy}{dt}\right)^2}\,dt=\int_{t_1}^{t_2}\sqrt{(x'(t))^2+(y'(t))^2}\,dt$$

혹은 $y=f(x)$꼴로 나타낼 수 있다면 $a \le x \le b$에서 곡선의 길이는 다음과 같다.

$$s=\int \sqrt{(dx)^2+(dy)^2}=\int_a^b\sqrt{1+\left(\frac{dy}{dx}\right)^2}\,dx=\int_a^b\sqrt{1+f'(x)^2}\,dx$$

$$s=\int_{t_1}^{t_2}\sqrt{(x'(t))^2+(y'(t))^2}\,dt=\int_a^b\sqrt{1+(f'(x))^2}\,dx$$

example 146 ★★★★★★★

$f(x)=x^{1.5}(1 \le x \le 2)$의 길이를 구하시오.

example 147 ★★★★★★★ ＊삼각치환＊

$f(x)=x^2(0 \le x \le 1)$의 길이를 구하시오.

example 148 ★★★★★★★

$|x|^{\frac{2}{2n+1}}+|y|^{\frac{2}{2n+1}}=1$이 나타내는 곡선의 길이를 L_n이라 하자.

1. 주어진 곡선을 매개화 하시오.

2. L_1의 값을 구하시오.

3. $\lim_{n\to\infty} L_n$의 값을 구하시오.

example 149 ★★★★★★★

1. $f(x)$가 $[a,b]$에서 연속이고, $a<b$ 일 때 $\int_a^b f(x)dx=(b-a)\times f(c)$를 만족하는 c가 (a,b)에 존재함을 보이시오.[22)]

2. L_n을 $0\le x\le 1$에서 $f(x)=x^n$의 길이라고 정의하자. 이때 $\lim_{n\to\infty} L_n$의 값을 구하시오.

22) 이를 적분의 평균값 정리라고 부른다.

8. 기하와 벡터

8.1 이차곡선

$a=b=c=0$을 제외한 모든 경우에 대해 $ax^2+bxy+cy^2+dx+ey+f=0$이 좌표평면 상에 나타나는 모형을 이차곡선이라고 정의한다. 따라서 이차곡선에는 크게 3가지의 도형이 나타나고 그것은 포물선, 타원, 쌍곡선이다. 이 3가지 모형에 대해 자세히 알아보자.

한편 주로 수능에나 심층 및 논술고사에서는 $b=0$인 상황이 출제된다. 본 절에서는 우선은$b=0$인 경우를 살펴보고 $b\neq 0$인 경우는 약간만 알아볼 것이다.

① 포물선

포물선이란 한 점과 한 직선으로 부터의 길이가 같은 점들의 집합이다. 이때 한 점은 초점, 한 직선은 준선이라고 부른다.

초점이 $(p,0)$, 준선이 $x=-p$일 때 포물선의 방정식을 구해보자.

우선 이를 만족하는 점을 (x,y)라 하자.

그러면 $\sqrt{(x-p)^2+y^2}=|x+p|$이다.

그리고 양변을 제곱해주면 $x^2-2px+p^2+y^2=x^2+2px+p^2$이다.

이를 정리하면 $y^2=4px$이다.

따라서 초점이 $(p,0)$, 준선이 $x=-p$일 때 포물선의 방정식은 $y^2=4px$이다.

다음으로 초점이 $(0,p)$, 준선이 $y=-p$일 때 포물선의 방정식을 구해보자.

우선 이를 만족하는 점들의 집합을 (x,y)라 하자.

그러면 $\sqrt{x^2+(y-p)^2}=|y+p|$이다.

그리고 양변을 제곱해주면 $x^2+y^2-2py+p^2=y^2+2py+p^2$이다.

이를 정리하면 $x^2=4py$이다.

따라서 초점이 $(0,p)$, 준선이 $y=-p$일 때 포물선의 방정식은 $x^2=4py$이다.

다음으로 원점을 지나는 포물선을 적절히 평행 이동시키면 $(y-b)^2=4p(x-a)$, $(x-a)^2=4p(y-b)$또한 포물선임을 알 수 있다.

example 150 ★★★★★★★

다음 포물선 또는 포물선 일부의 초점과 준선을 구하시오.

1. $y^2+4y-2x+5=0$

2. $y=\sqrt{3x-6}+1$

3. $y=x^2+3x+7$

example 151 ★★★★★★★

초점과 준선이 다음과 같이 주어져 있을 때 포물선의 방정식을 구하시오.

1. 초점: $(2, 1)$, 준선: $x = 0$

2. 초점: $(5, 2)$, 준선: $y = 6$

3. 초점: $(1, 1)$, 준선: $y = -x$

example 152 ★★★★★★★

초점과 준선이 다음과 같이 주어져 있을 때 포물선이 원점(O)을 지나기 위한 k의 값을 구하고 포물선의 방정식을 구하시오.

1. 초점: $(k, 4)$, 준선: $x = 8$

2. 초점: $(k, 2k+2)$, 준선: $y = x + \sqrt{2}$

② 타원

타원이란 두 점으로부터 떨어진 거리의 합이 일정한 점들의 집합이다. 여기서 두 점을 초점이라고 부르며 타원에는 초점이 두 개 존재한다.

두 초점이 $(-c, 0)$, $(c, 0)$ $(c > 0)$이고, 초점으로 부터의 거리의 합이 $2a(a > c)$일 때 타원의 방정식을 구해보자.

우선 이를 만족하는 점을 (x, y)라 하자.

그러면 $\sqrt{(x+c)^2 + y^2} + \sqrt{(x-c)^2 + y^2} = 2a$이다.

이제 $\sqrt{(x+c)^2 + y^2}$를 이항시켜 양변을 제곱하자.

그러면 $x^2 + 2cx + c^2 + y^2 = 4a^2 - 4a\sqrt{(x-c)^2 + y^2} + x^2 - 2cx + c^2 + y^2$이고, 이를 정리하면

$4cx = 4a^2 - 4a\sqrt{(x-c)^2 + y^2}$이다.

이후 양변을 4로 나눈 후 a^2을 이항시켜 양변을 제곱하면 다음과 같다.

$$a^4 - 2a^2cx + c^2x^2 = a^2x^2 - 2a^2cx + a^2c^2 + a^2y^2$$

마지막으로 이를 간단히 정리하면 다음과 같다.

$$(a^2 - c^2)x^2 + a^2y^2 = a^2(a^2 - c^2)$$

끝으로 $a^2 - c^2 = b^2$이라고 정의해주고 양변을 a^2b^2으로 나누어주면 $\frac{x^2}{a^2} + \frac{y^2}{b^2} = 1$이다.

따라서 두 초점이 $(-c, 0), (c, 0)$이고, 초점으로 부터의 거리의 합이 $2a(a > c)$일 때 타원의 방정식은 $\frac{x^2}{a^2} + \frac{y^2}{b^2} = 1$(단, $b^2 = a^2 - c^2$)이다.

위와 같은 방법을 이용했을 때 두 초점이 $(0, -c), (0, c)$이고, 초점으로 부터의 거리의 합이 $2a(a > c)$일 때 타원의 방정식은 $\frac{x^2}{b^2} + \frac{y^2}{a^2} = 1$(단, $b^2 = a^2 - c^2$)임을 알 수 있다.

example 153 ★★★★★★★

다음 타원 또는 타원의 일부 도형의 두 초점과 이들로부터의 거리의 합을 구하시오.

1. $2x^2 + 3y^2 = 1$

2. $25x^2 + 20x + 9y^2 + 12y = 10$

3. $y = \sqrt{-2x^2 + 2x + 2y + 3}$

example 154 ★★★★★★★

두 초점과 이들로부터 거리의 합이 다음과 같이 주어질 때 타원의 방정식을 구하시오.

1. 두 초점: $(1, 1), (3, 1)$, 거리의 합: 4

2. 두 초점: $(-1, -1), (-1, 2)$, 거리의 합: 5

3. 두 초점: $(-1, -1), (1, 1)$, 거리의 합: 4

example 155 ★★★★★★★

두 초점과 이들로부터 거리의 합이 다음과 같이 주어져 있을 때 타원이 원점(O)을 지나기 위한 k의 값을 모두 구하시오.

1. 두 초점: $(6, k), (-2, k)$, 거리의 합: $4k$

2. 두 초점: $(k, 2k), (2k, 4k)$, 거리의 합: 15

쌍곡선이란 두 점으로부터 거리의 차가 일정한 점들의 집합이다. 여기서 두 점 또한 초점이라고 부르고 쌍곡선도 초점이 2개 존재한다.

두 초점이 $(-c, 0), (c, 0)$ $(c>0)$이고 거리의 차가 $2a(a<c)$인 쌍곡선의 방정식을 구해보자.

우선 이를 만족하는 점을 (x, y)라 하자.

그러면 $\left|\sqrt{(x+c)^2+y^2}-\sqrt{(x-c)^2+y^2}\right|=2a$이다.

다음으로 절대값을 풀자. 만약 $x>0$이라면 $\sqrt{(x+c)^2+y^2}-\sqrt{(x-c)^2+y^2}=2a$이고,

$x<0$이라면 $\sqrt{(x-c)^2+y^2}-\sqrt{(x+c)^2+y^2}=2a$

$x>0$인 경우를 먼저보자. $\sqrt{(x-c)^2+y^2}$를 이항시킨 후 양변을 제곱하자.

$x^2+2cx+c^2+y^2=4a^2+4a\sqrt{(x-c)^2+y^2}+x^2-2cx+c^2+y^2$이고,

이를 정리하면 $4cx=4a^2+4a\sqrt{(x-c)^2+y^2}$이다.

이후 양변을 4로 나눈 후 a^2을 이항시켜 양변을 제곱하면 다음과 같다.

$c^2x^2-2a^2cx+a^4=a^2x^2-2a^2cx+a^2c^2+a^2y^2$

마지막으로 이를 간단히 정리해주면 다음과 같다.

$$(c^2-a^2)x^2-a^2y^2=a^2(c^2-a^2)$$

편의상 $c^2-a^2=b^2$이라 해주고 양변을 a^2b^2으로 나누어주면 $\frac{x^2}{a^2}-\frac{y^2}{b^2}=1\,(x>0)$이다.

마찬가지로 $(x<0)$일 때도 $\frac{x^2}{a^2}-\frac{y^2}{b^2}=1$을 얻을 수 있다.

따라서 두 초점이 $(-c, 0), (c, 0)$이고, 초점으로 부터의 거리의 차가 $2a(a<c)$일 때 쌍곡선의 방정식은 $\frac{x^2}{a^2}-\frac{y^2}{b^2}=1$(단, $b^2=c^2-a^2$)이다.

또한 두 초점이 $(0, -c), (0, c)$이고, 초점으로 부터의 거리의 차가 $2a(a<c)$일 때 쌍곡선의 방정식은 $\frac{y^2}{a^2}-\frac{x^2}{b^2}=1$(단, $b^2=c^2-a^2$)이다.

example 156 ★★★★★★★

다음 쌍곡선 또는 쌍곡선의 일부 도형의 두 초점과 이들로부터의 거리의 차를 구하시오.

1. $2x^2-3y^2=1$

2. $25x^2+20x-9y^2-12y=10$

example 157 ★★★★★★★

두 초점과 이들로부터 거리의 차이 다음과 같이 주어질 때 쌍곡선의 방정식을 구하시오.

1. 두 초점: $(1,1),(6,1)$, 거리의 차: 4

2. 두 초점: $(1,-2),(1,3)$, 거리의 차: 3

3. 두 초점: $(-1,-1),(1,1)$, 거리의 차: $\sqrt{2}$

example 158 ★★★★★★★

두 초점과 이들로부터 거리의 합이 다음과 같이 주어져 있을 때 쌍곡선이 원점(O)을 지나기 위한 k의 값을 모두 구하고 쌍곡선의 방정식을 구하시오.

1. 두 초점: $(k,6),(k,-2)$, 거리의 차: $2k$

2. 두 초점: $(k,2k),(2k,4k)$, 거리의 차: 15

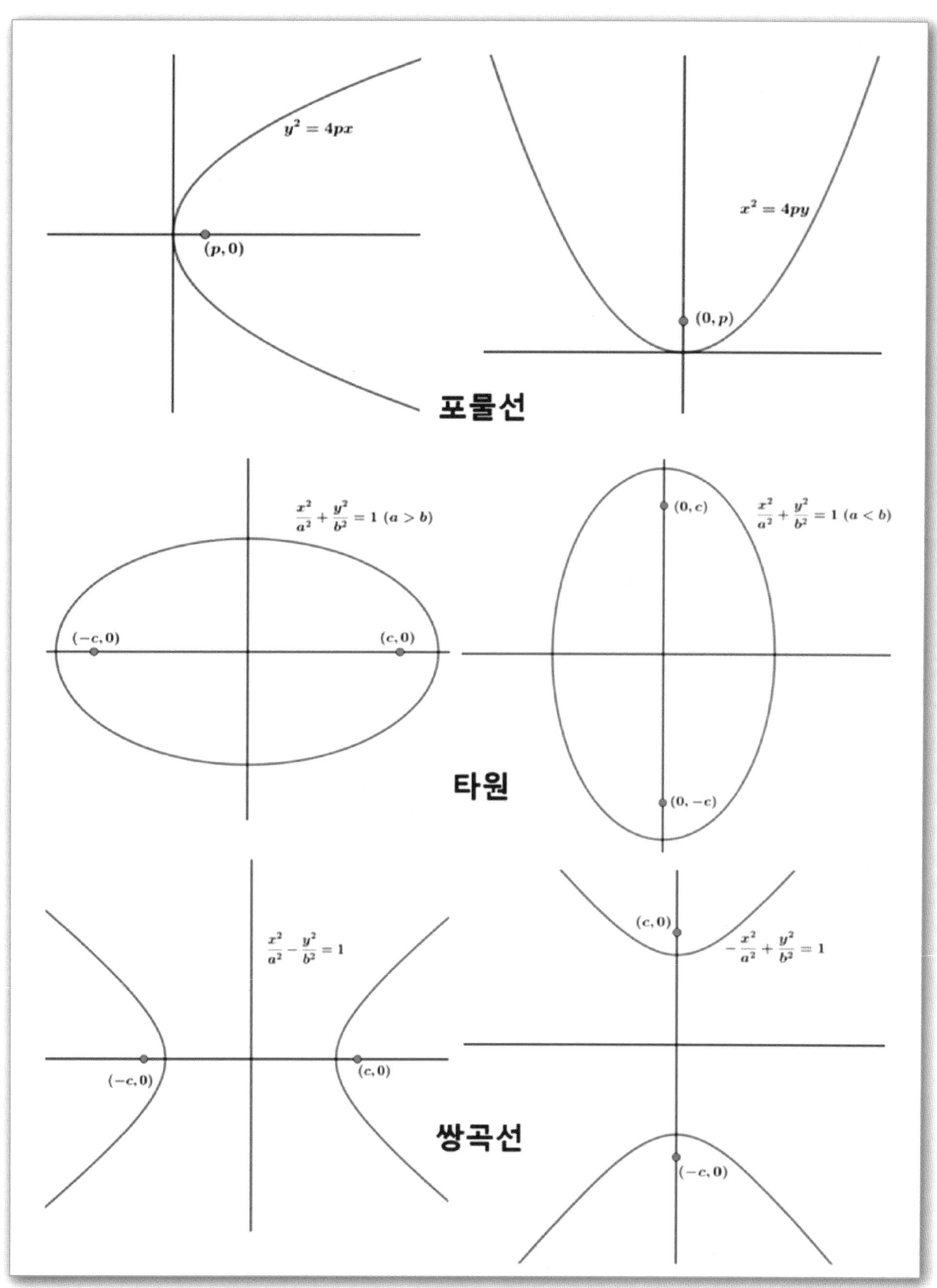

위의 그림은 포물선 타원 쌍곡선의 자취를 그린 것이다.

example 159 ★★★★★★★

x좌표와 y좌표의 곱이 일정한 값$(\neq 0)$을 가지는 점들의 집합을 좌표평면 상에 나타내었을 때 나오는 곡선은 쌍곡선임을 보이시오.

example 160 ★★★★★★★

원뿔을 한 평면을 이용해 잘랐을 때 생기는 단면의 경계가 이차곡선의 일부임을 보이시오.

example 161 ★★★★★★★

포물선, 타원, 쌍곡선을 정의하는 방법으로 다른 방식이 있다. 점P, 직선 l에 대해 점 X에서 l에 내린 수선의 발을 H라 하자. 그리고 $e=\dfrac{\overline{XP}}{\overline{XH}}$라고 정의했을 때 $e>1$이면 쌍곡선, $e=1$이면 포물선, $0<e<1$이면 타원이라고 정의한다. 이러한 사실을 기반으로 $ax^2+bxy+cy^2+dx+ey+f=0$이 쌍곡선, 타원, 포물선인지 판단하는 기준이 b^2-4ac의 부호임을 보이고 각각의 조건을 구하시오.
(Hint: P를 원점O라 하고, l을 $px+qy+r=0$ $(r\neq 0)$으로 설정한다.)

8.2 이차곡선의 접선

기울기가 m인 일차함수가 포물선, 타원, 쌍곡선과 접하기 위한 조건을 알아보자.
$y=mx+k$를 주어진 이차곡선에 대입하면 x에 대한 이차방정식이 나오고 이 방정식이 중근을 가져야 하므로 판별식이 0이라는 조건을 사용하여 k의 값을 구한다.

① $y^2=4px$에 접하는 기울기가 m인 일차함수

$(mx+k)^2=4px$이므로 이를 전개하여 정리하면 다음과 같다.

$$m^2x^2+2(mk-2p)x+k^2=0$$

위의 식의 판별식이 0이라는 조건을 쓰면 다음과 같다.

$$D/4=(mk-2p)^2-m^2k^2=-4mpk+4p^2=0$$

$k=\frac{p}{m}$이므로 $y^2=4px$에 접하는 기울기가 m인 일차함수는 $y=mx+\frac{p}{m}$이다.

② $x^2=4py$에 접하는 기울기가 m인 일차함수

$x^2=4p(mx+k)$이므로 이를 전개하여 정리하면 다음과 같다.

$$x^2-4mpx-4pk=0$$

위의 식의 판별식이 0이라는 조건을 쓰면 다음과 같다.

$$D/4=4m^2p^2+4pk=0$$

$k=-m^2p$이므로 $x^2=4py$에 접하는 기울기가 m인 일차함수는 $y=mx-m^2p$이다.

③ $\frac{x^2}{a^2}+\frac{y^2}{b^2}=1$에 접하는 기울기가 m인 일차함수

$\frac{x^2}{a^2}+\frac{(mx+k)^2}{b^2}=1$이므로 이를 전개하여 정리하면 다음과 같다.

$$(b^2+a^2m^2)x^2+2a^2mkx+a^2k^2-a^2b^2=0$$

위의 식의 판별식이 0이라는 조건을 쓰면 다음과 같다.

$$D/4=a^4m^2k^2-(b^2+a^2m^2)(a^2k^2-a^2b^2)=-b^2a^2k^2+a^2b^4+a^4b^2m^2=0$$

$k=\pm\sqrt{a^2m^2+b^2}$이므로 $\frac{x^2}{a^2}+\frac{y^2}{b^2}=1$에 접하는 기울기가 m인 일차함수는 $y=mx\pm\sqrt{a^2m^2+b^2}$이다.

④ $\frac{x^2}{a^2}-\frac{y^2}{b^2}=1$에 접하는 기울기가 m인 일차함수

$\frac{x^2}{a^2}-\frac{(mx+k)^2}{b^2}=1$이므로 이를 전개하여 정리하면 다음과 같다.

$$(b^2-a^2m^2)x^2-2a^2mkx-a^2k^2-a^2b^2=0$$

위의 식의 판별식이 0이라는 조건을 쓰면 다음과 같다.

$$D/4=a^4m^2k^2-(b^2-a^2m^2)(-a^2k^2-a^2b^2)=b^2a^2k^2+a^2b^4-a^4b^2m^2=0$$

$k=\pm\sqrt{a^2m^2-b^2}$이므로 $\frac{x^2}{a^2}+\frac{y^2}{b^2}=1$에 접하는 기울기가 m인 일차함수는 $y=mx\pm\sqrt{a^2m^2-b^2}$이다.

⑤ $-\dfrac{x^2}{a^2}+\dfrac{y^2}{b^2}=1$에 접하는 기울기가 m인 일차함수

$-\dfrac{x^2}{a^2}+\dfrac{(mx+k)^2}{b^2}=1$이므로 이를 전개하여 정리하면 다음과 같다.

$$(b^2-a^2m^2)x^2-2a^2mkx-a^2k^2+a^2b^2=0$$

위의 식의 판별식이 0이라는 조건을 쓰면 다음과 같다.

$$D/4=a^4m^2k^2-(b^2-a^2m^2)(-a^2k^2+a^2b^2)=b^2a^2k^2-a^2b^4+a^4b^2m^2=0$$

$k=\pm\sqrt{-a^2m^2+b^2}$ 이므로 $\dfrac{x^2}{a^2}+\dfrac{y^2}{b^2}=1$에 접하는 기울기가 m인 일차함수는 $y=mx\pm\sqrt{-a^2m^2+b^2}$이다.

example 162 ★★★★★★★

주어진 이차곡선의 접선의 기울기가 다음과 같을 때 접선의 방정식을 구하시오.

1. $\dfrac{x^2}{2}+\dfrac{y^2}{3}=1, m=2$

2. $4x^2-5y^2+10y=14,\ m=-1$

3. $y=x^2-2x, m=4$

4. $y^2=-8x, m=\dfrac{1}{2}$

example 163 ★★★★★★★

$(2, 10)$에서 $y^2=48x$에 그린 접선의 방정식을 구하시오.

example 164 ★★★★★★★

$(5,2)$에서 $\dfrac{x^2}{5}+\dfrac{y^2}{4}=1$에 그린 접선의 방정식을 구하시오.

example 165 ★★★★★★★

$A_n=\{(a,b)|(a,b)$에서 $x^2-y^2=-1$에 그릴 수 있는 접선의 개수가 $n\}$이다. $A_n\neq\phi$를 만족하는 $n=n_1,n_2,n_3$일 때 $n_1,n_2,n_3,A_{n_1},A_{n_2},A_{n_3}$을 구하시오. $(n_1<n_2<n_3)$

다음으로 이차곡선 위의 임의의 점 (x_1,y_1)에서 접선의 방정식을 구해보자.

$ax^2+bxy+cy^2+dx+ey+f=0$에서 $b=0$인 상황을 보자.

즉 $ax^2+cy^2+dx+ey+f=0$일 때 접선의 방정식을 구해보자.

우선 양변을 음함수 미분해보자.

$$2ax+2cy\frac{dy}{dx}+d+e\frac{dy}{dx}=0$$

$$\frac{dy}{dx}=-\frac{2ax+d}{2cy+e}\Big|_{(x,y)=(x_1,y_1)}=-\frac{2ax_1+d}{2cy_1+e}$$

따라서 접선의 방정식은 (x_1,y_1)을 지나고 기울기가 $-\dfrac{2ax_1+d}{2cy_1+e}$이다.

이는 $y=-\dfrac{2ax_1+d}{2cy_1+e}(x-x_1)+y_1$이다.

정리하면 $\underline{ax_1x+cy_1y+d\dfrac{x+x_1}{2}+e\dfrac{y+y_1}{2}+f=0}$이다.

즉 $\underline{x^2\to x_1x,\ y^2\to y_1y,\ x\to\dfrac{x+x_1}{2},\ y\to\dfrac{y+y_1}{2}}$로 치환 해주면 된다.

위의 치환을 이용해 포물선, 타원, 쌍곡선위의 점 (x_1, y_1)에서 접선의 방정식은 다음과 같다.

$$y^2 = 4px \rightarrow y_1 y = 2p(x + x_1)$$

$$x^2 = 4py \rightarrow x_1 x = 2p(y + y_1)$$

$$\frac{x^2}{a^2} + \frac{y^2}{b^2} = 1 \rightarrow \frac{x_1 x}{a^2} + \frac{y_1 y}{b^2} = 1$$

$$\frac{x^2}{a^2} - \frac{y^2}{b^2} = 1 \rightarrow \frac{x_1 x}{a^2} - \frac{y_1 y}{b^2} = 1$$

$$-\frac{x^2}{a^2} + \frac{y^2}{b^2} = 1 \rightarrow -\frac{x_1 x}{a^2} + \frac{y_1 y}{b^2} = 1$$

example 166 ★★★★★★★

1. $\frac{x^2}{5} + \frac{y^2}{4} = 1$위의 점 $(2, \frac{2}{\sqrt{5}})$에서 그린 접선의 방정식을 구하시오.

2. $y^2 = 4x$위의 점 $(1, 2)$에서 그린 접선의 방정식을 구하시오.

example 167 ★★★★★★★

1. 임의의 이차곡선 C에 대해, 기울기 m인 직선 $y = mx + t$가 C의 접선이 되도록 하는 절편 t의 개수를 조사하라. 즉, 타원, 포물선, 쌍곡선 각각에 대하여 m의 값에 따라 t가 몇 개인지 설명하시오.

2. $ax^2 + bxy + cy^2 + dx + ey + f = 0$가 타원, 포물선, 쌍곡선이기 위한 조건을 구하시오.
(단, 편의상 $ac \neq 0$이라 하자. 또한 $ax^2 + bxy + cy^2 + dx + ey + f = 0$가 타원, 포물선, 쌍곡선 중 하나라고 하자. 즉 $a = c = 1, b = -2, d = e = 0, f = -1$이 되어 직선이 되는 경우는 제외한다.)

8.3 벡터

벡터란 크기와 방향을 가지는 양을 의미한다. 그리고 스칼라란 크기만 가지는 양을 의미한다.

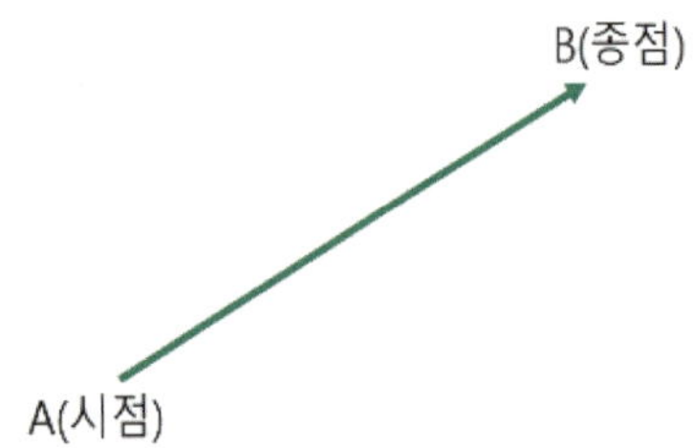

벡터는 시점과 종점을 가진다. 시점이 고정되어 있을 때 종점이 결정되면 방향과 크기를 정할 수 있다.
위의 그림에서 시점은 A, 종점은 B이다. 그리고 이를 $\overrightarrow{AB}$라고 표기한다.
$\overrightarrow{AB}$의 크기는 A에서 B까지의 거리이며 절대값 기호를 사용하여 $|\overrightarrow{AB}|$라고 표기한다.
또한 $\overrightarrow{AB}$가 평면벡터라고 했을 때 $\overrightarrow{AB}=(a,b)$와 같이 나타낼 수 있다. 이에 대한 의미는 A에서 x축으로 a, y축으로 b만큼 이동하면 B에 도달 할 수 있음을 의미한다. 따라서 $|\overrightarrow{AB}|=\sqrt{a^2+b^2}$ 이다. 마지막으로 단위벡터란 크기가 1인 벡터를 의미한다.

example 168 ★★★★★★★

다음의 그림은 한 변의 길이가 1인 단위정사각형 12개를 붙여놓은 그림이다.

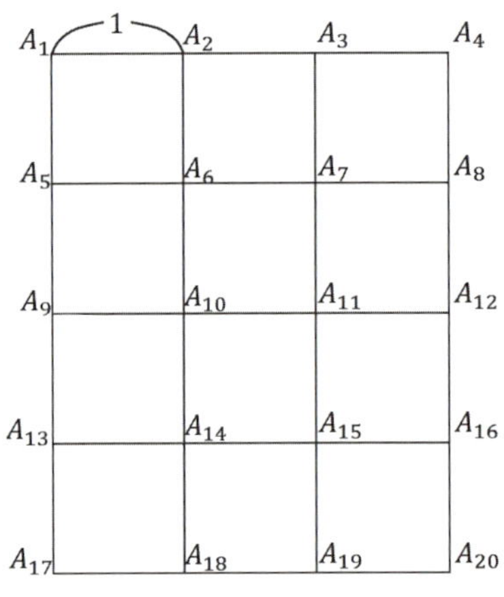

1. $\overrightarrow{A_iA_j}=\overrightarrow{A_2A_5}$가 되도록 하는 (i,j)의 순서쌍 개수를 구하시오.

2. $|\overrightarrow{A_iA_j}|=\sqrt{n}$을 만족하는 (i,j)의 순서쌍 개수를 a_n이라 하자. 이때 $\sum_{n=1}^{25} na_n$의 값을 구하시오.

다음으로 벡터의 합과 차를 살펴보자.

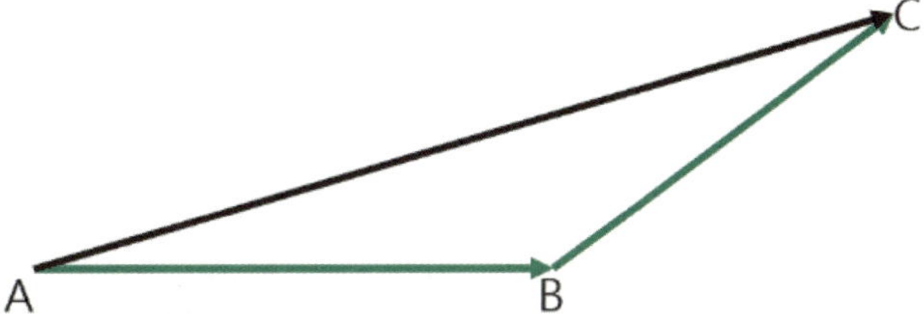

첫 번째로 위의 그림을 보면 $\underline{\overrightarrow{AB}+\overrightarrow{BC}=\overrightarrow{AC}}$임을 알 수 있다. 이와 같이 첫 번째 벡터의 종점과 두 번째 벡터의 시점을 일치시키면 벡터의 합을 계산 할 수 있음을 알 수 있다.

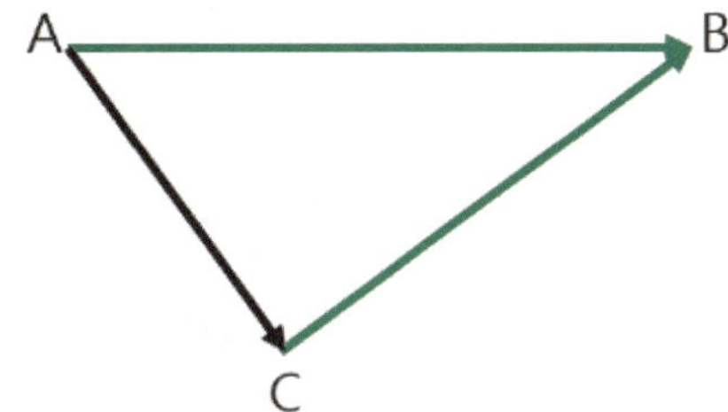

두 번째로 위의 그림을 보면 $\underline{\overrightarrow{AB}-\overrightarrow{CB}=\overrightarrow{AC}}$임을 알 수 있다. 이와 같이 첫 번째 벡터와 두 번째 벡터의 종점을 일치시키면 벡터의 차를 계산 할 수 있음을 알 수 있다.
한편 벡터의 덧셈에서도 교환법칙과 결합법칙이 성립한다.

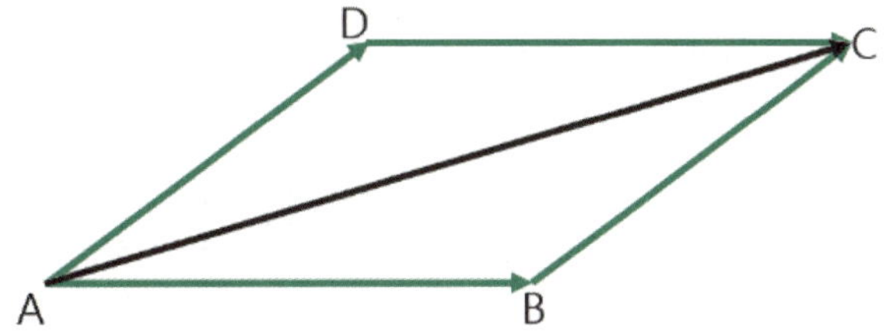

평행사변형 $ABCD$에 대해 $\overrightarrow{AB}+\overrightarrow{BC}=\overrightarrow{AD}+\overrightarrow{DC}=\overrightarrow{AC}$이 성립한다. $\overrightarrow{AB}=\vec{a}$, $\overrightarrow{BC}=\vec{b}$라고 했을 때 $\overrightarrow{AB}=\overrightarrow{DC}$, $\overrightarrow{AD}=\overrightarrow{BC}$이므로 $\underline{\vec{a}+\vec{b}=\vec{b}+\vec{a}}$이 성립한다.

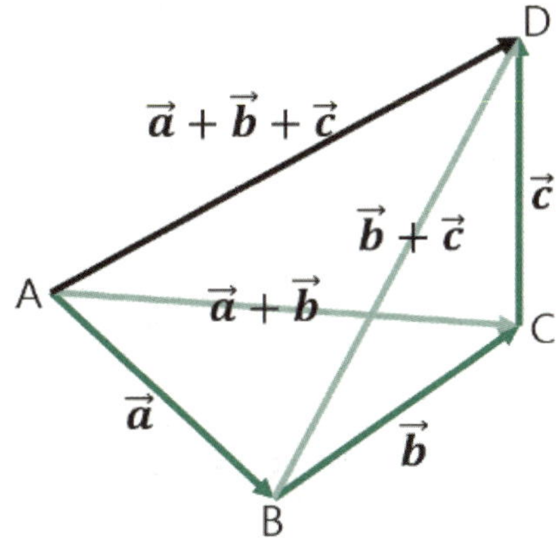

$\overrightarrow{AD}=\overrightarrow{AB}+\overrightarrow{BD}=\overrightarrow{AC}+\overrightarrow{CD}$이다. 따라서 $\underline{\vec{a}+(\vec{b}+\vec{c})=(\vec{a}+\vec{b})+\vec{c}}$이 성립한다.

벡터의 덧셈법칙

$$\overrightarrow{AB}+\overrightarrow{BC}=\overrightarrow{AC}$$

벡터의 뺄셈법칙

$$\overrightarrow{AB}-\overrightarrow{CB}=\overrightarrow{AC}$$

벡터의 교환법칙

$$\vec{a}+\vec{b}=\vec{b}+\vec{a}$$

벡터의 결합법칙

$$\vec{a}+(\vec{b}+\vec{c})=(\vec{a}+\vec{b})+\vec{c}$$

example 169 ★★★★★★★

다음의 그림은 한 변의 길이가 1인 단위정사각형 12개를 붙여놓은 그림이다.

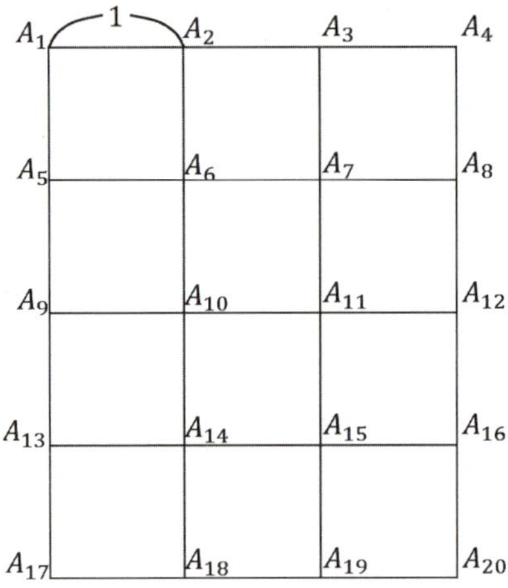

1. $\left|\sum_{k=1}^{18}\overrightarrow{A_kA_{k+2}}\right|$의 값을 구하시오.

2. $a_p=\left|\sum_{k=1}^{20-p}\overrightarrow{A_kA_{k+p}}\right|$라 하자. a_p가 최대가 되도록 하는 자연수 p의 값을 $p_{\max}$라 할 때 $p_{\max}$와 $a_{p_{\max}}$의 값을 구하시오.

마지막으로 벡터의 실수 배를 살펴보자.

$\vec{a}$에 대해 $k\vec{a}$의 의미를 알아보자. 만약 $k>0$이면 $\vec{a}$와 같은 방향으로 길이만 k배가 되었다는 뜻이다.

다음으로 $k<0$이면 $\vec{a}$와 반대방향으로 길이가 $|k|$배가 되었다는 뜻이다.

또한 $\vec{0}$를 크기가 0인 벡터라고 정의 한다.

이제 $\overrightarrow{AB}$의 단위벡터를 찾아보자. 우선 이를 $\vec{n}$이라고 하자. 그러면 $\vec{n}$은 단위벡터이므로 $|\vec{n}|=1$이다.

$\vec{n}$와 $\overrightarrow{AB}$의 방향은 같기 때문에 $\vec{n}=c\overrightarrow{AB}$라고 할 수 있다. 이제 양변에 절대값을 씌워주면

$1=|\vec{n}|=|c\overrightarrow{AB}|=c|\overrightarrow{AB}|$이므로 $c=\dfrac{1}{|\overrightarrow{AB}|}$이다. 따라서 $\overrightarrow{AB}$의 단위벡터는 $\vec{n}=\dfrac{\overrightarrow{AB}}{|\overrightarrow{AB}|}$이다.

example 170 ★★★★★★★

점 P는 $x^2-y^2=4$위의 점이다. $\overrightarrow{OA}$가 $\overrightarrow{OP}$의 단위벡터일 때 A의 자취의 길이를 구하시오.

example 171 ★★★★★★★

점 Q는 $\dfrac{(x-10)^2}{25}+\dfrac{y^2}{9}=1$위의 점이다. $\overrightarrow{OB}$가 $\overrightarrow{OQ}$의 단위벡터일 때 B의 자취의 길이를 l이라 하자. 이때 $\tan l$의 값을 구하시오.

$\overrightarrow{AB}$와 $\overrightarrow{CD}$가 평행하다면 서로 방향이 동일하기 때문에 $\overrightarrow{AB}=k\overrightarrow{CD}$인 실수 k가 존재할 것이다. 또한 세 점A, B, C가 한 직선 위에 있기 위해선 $\overrightarrow{AB}=l\overrightarrow{AC}$인 실수 l이 존재할 것이다.

example 172 ★★★★★★★

$\overrightarrow{OA}=\vec{a}-2\vec{b}+\vec{c}$, $\overrightarrow{OB}=p\vec{a}+3\vec{b}-\vec{c}$, $\overrightarrow{OC}=2\vec{a}+q\vec{b}+2\vec{c}$이다. A, B, C가 한 직선에 있을 때 $\vec{a}, \vec{b}$가 서로 평행하지 않고, 크기가 0이 아닐 때 p, q의 값을 구하시오.

example 173 ★★★★★★★

$\overrightarrow{AB}=(1,2)$, $\overrightarrow{CD}=(2,k)$이다. 좌표평면 위의 모든 점 X에 대해 $\overrightarrow{OX}$를 $\overrightarrow{AB}$, $\overrightarrow{CD}$로 나타낼 수 있기 위한 k의 조건을 구하고, 이를 증명하시오.

$\overline{AB}$의 $m:n$ 내분점을 P라고 했을 때 $\overrightarrow{OP}$를 $\overrightarrow{OA}$와 $\overrightarrow{OB}$를 이용해서 나타내보자.

우선 $\overline{AP}:\overline{PB}=m:n$이므로 $m\overrightarrow{PB}=n\overrightarrow{AP}$임을 알 수 있다. $\overrightarrow{PB}=\overrightarrow{OB}-\overrightarrow{OP}$, $\overrightarrow{AP}=\overrightarrow{OP}-\overrightarrow{OA}$이므로 $m(\overrightarrow{OB}-\overrightarrow{OP})=n(\overrightarrow{OP}-\overrightarrow{OA})$이다.

따라서 $\underline{\overrightarrow{OP}=\frac{n}{m+n}\overrightarrow{OA}+\frac{m}{m+n}\overrightarrow{OB}\,(P\text{는 }\overline{AB}\text{의 } m:n \text{ 내분점})}$이다.

마찬가지로 $\overline{AB}$의 $m:n$ 외분점을 Q라고 했을 때 $\overrightarrow{OQ}$를 $\overrightarrow{OA}$와 $\overrightarrow{OB}$를 이용해서 나타내보자.

우선 $\overline{AQ}:\overline{BQ}=m:n$이므로 $n\overrightarrow{AQ}=m\overrightarrow{BQ}$임을 알 수 있다. $\overrightarrow{AQ}=\overrightarrow{OQ}-\overrightarrow{OA}$, $\overrightarrow{BQ}=\overrightarrow{OQ}-\overrightarrow{OB}$이므로 $n(\overrightarrow{OQ}-\overrightarrow{OA})=m(\overrightarrow{OQ}-\overrightarrow{OB})$이다.

따라서 $\underline{\overrightarrow{OQ}=\frac{m}{m-n}\overrightarrow{OB}-\frac{n}{m-n}\overrightarrow{OA}\,(Q\text{는 }\overline{AB}\text{의 } m:n \text{ 외분점})}$이다.

example 174 ★★★★★★★

좌표평면 위에 $X_1, X_2, \cdots\cdots, X_n$과 같이 n개의 점이 놓여있다. A는 처음에 $X_1(=Y_1)$에 위치해 있다. 이후 A는 $k=1\sim n-1$일 때 Y_k에서 X_{k+1}의 방향으로 움직이고, $\overline{Y_kX_{k+1}}$의 $\frac{1}{k+1}$배만큼 움직인 뒤 Y_{k+1}에서 멈춘다. 이때 Y_n은 n개의 점 $X_1, X_2, \cdots\cdots, X_n$의 무게중심임을 보이시오.

$\overrightarrow{OP}=s\overrightarrow{OA}+t\overrightarrow{OB}$이고, $s+t=1$일 때 P의 자취를 구해보자.

우선 $t=1-s$를 대입하자. 그러면 $\overrightarrow{OP}=s\overrightarrow{OA}+\overrightarrow{OB}-s\overrightarrow{OB}$이다. 이를 정리하면 $\overrightarrow{OP}-\overrightarrow{OB}=s(\overrightarrow{OA}-\overrightarrow{OB})$이므로 $\overrightarrow{BP}=s\overrightarrow{BA}$이다. 따라서 점 P는 $\overline{AB}$ 위에 위치한다.

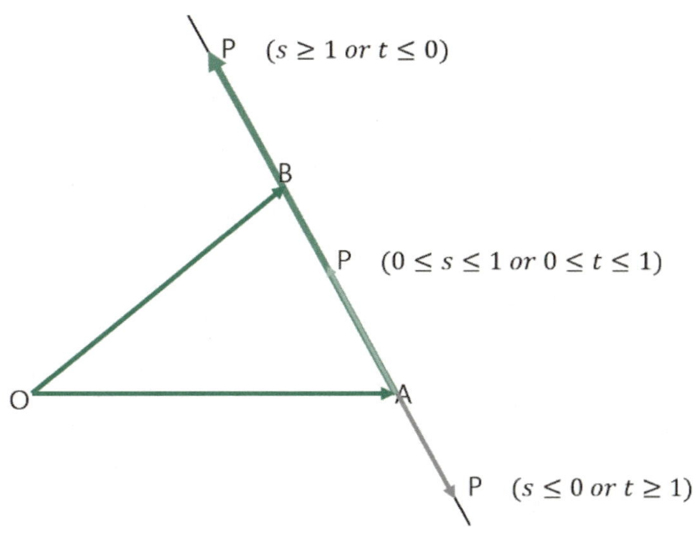

위의 그림을 참고 했을 때 $0 \leq s \leq 1$ or $0 \leq t \leq 1$이면 P는 A와 B사이에 위치하고, $s \geq 1$ or $t \leq 0$이면 P는 B너머서 존재하고, $s \leq 0$ or $t \geq 1$이면 P는 A 너머서 존재한다.

example 175 ★★★★★★★

$\overrightarrow{OP} = s\overrightarrow{OA} + t\overrightarrow{OB} + u\overrightarrow{OC}$, $s+t+u=1$, $s \geq 0$, $t \geq 0$, $u \geq 0$이다.

$\overline{AB} = 13$, $\overline{BC} = 14$, $\overline{CA} = 15$일 때 P의 자취의 넓이를 구하시오.

example 176 ★★★★★★★

$\overrightarrow{OP} = s\overrightarrow{OA} + t\overrightarrow{OB}$, $s+2t = \leq, s \geq \frac{1}{2}, t \geq 0$이다.

$\overline{OA} = 6, \overline{OB} = 4$, $\angle AOB = 60^\circ$ 일 때 P의 자취의 넓이를 구하시오.

example 177 ★★★★★★★

$\overrightarrow{OP} = s\overrightarrow{OA} + t\overrightarrow{OB}$, $3s+4t \leq 1, s \geq \frac{1}{12}, t \geq \frac{1}{20}$이다. $\overline{OA} = 6, \overline{OB} = 4$, $\angle AOB = 60^\circ$ 일 때 P의 자취의 넓이를 구하시오.

8.4 벡터의 내적

내적은 물리학에서 많이 사용된다. 예를 들어 $W=\int \vec{F} \cdot d\vec{s}$에서 물체에 작용한 힘이 한 일을 구할 때 이동경로의 수평성분만 실질적으로 일을 하므로 내적을 사용해야 한다.

위의 식과 같이 두 벡터 $\vec{a}$, $\vec{b}$가 있을 때 $\vec{a}$와 $\vec{b}$의 내적을 $\vec{a} \cdot \vec{b}$로 표현한다. 그리고 내적의 계산 방법은 다음과 같다.

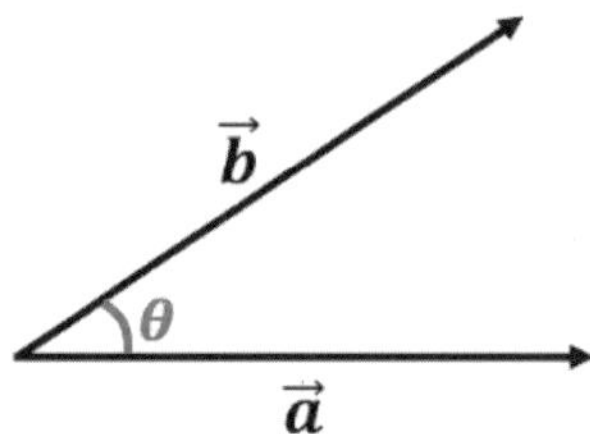

위의 그림과 같이 $\vec{a}$와 $\vec{b}$ 사이의 각도를 θ라고 했을 때 $\vec{a} \cdot \vec{b} = |\vec{a}||\vec{b}|\cos\theta$이다.

$\overrightarrow{AB}$와 $\overrightarrow{AC}$가 이루는 각도를 θ라고 했을 때 기하학적으로 $\overrightarrow{AB} \cdot \overrightarrow{AC}$를 계산하는 방법을 알아보자.

① $0^\circ \le \theta < 90^\circ$

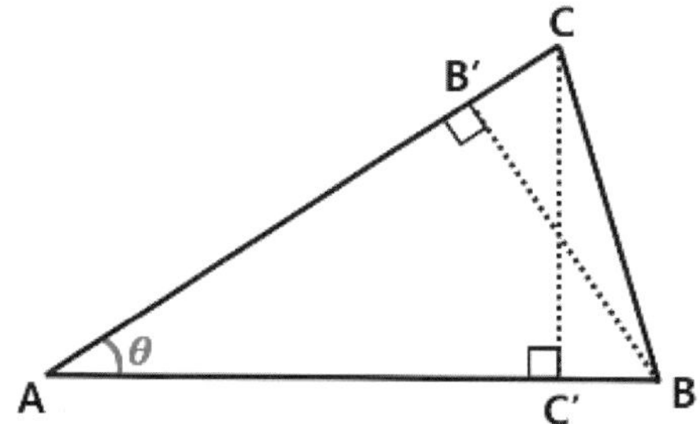

우선 $\overrightarrow{AB} \cdot \overrightarrow{AC} = |\overrightarrow{AB}||\overrightarrow{AC}|\cos\theta = \overline{AB} \times \overline{AC} \times \cos\theta$이다.

그리고 점 B에서 $\overline{AC}$에 내린 수선의 발을 B'이라 하고, 점 C에서 $\overline{AB}$에 내린 수선의 발을 C'이라 하자. 그러면 $\overline{AC}\cos\theta = \overline{AC'}$, $\overline{AB}\cos\theta = \overline{AB'}$이다.

따라서 $\overline{AB} \times \overline{AC} \times \cos\theta = \overline{AB} \times \overline{AC'} = \overline{AC} \times \overline{AB'}$이다.

② $90^\circ < \theta \le 180^\circ$

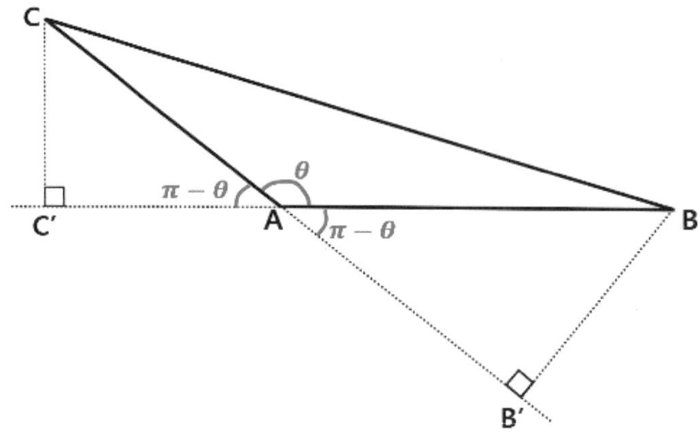

우선 $\overrightarrow{AB} \cdot \overrightarrow{AC} = |\overrightarrow{AB}||\overrightarrow{AC}|\cos\theta = \overline{AB} \times \overline{AC} \times \cos\theta$이다.

그리고 점 B에서 $\overline{AC}$에 내린 수선의 발을 B'이라 하고, 점 C에서 $\overline{AB}$에 내린 수선의 발을 C'이라 하자. 그러면 $\overline{AC}\cos\theta = -\overline{AC}\cos(\pi-\theta) = -\overline{AC'}$, $\overline{AB}\cos\theta = -\overline{AB}\cos(\pi-\theta) = -\overline{AB'}$이다.

따라서 $\overline{AB} \times \overline{AC} \times \cos\theta = -\overline{AB} \times \overline{AC'} = -\overline{AC} \times \overline{AB'}$이다.

①, ②를 종합해보면 두 벡터의 내적을 계산하기 위해선 한 벡터를 다른 벡터에 사영시켰을 때 서로 같은 방향이면 사영시킨 길이와 다른 벡터의 길이를 곱하면 되고, 다른 방향이면 둘을 곱한 후 부호만 음수(−)를 추가해 주면 된다는 것을 알 수 있다.

다음으로 $\vec{a}, \vec{b}$가 평면벡터에 속해있고, 그들의 성분이 각각 $\vec{a}=(a_1, a_2)$, $\vec{b}=(b_1, b_2)$일 때 $\vec{a} \cdot \vec{b}$의 값을 구해보자.

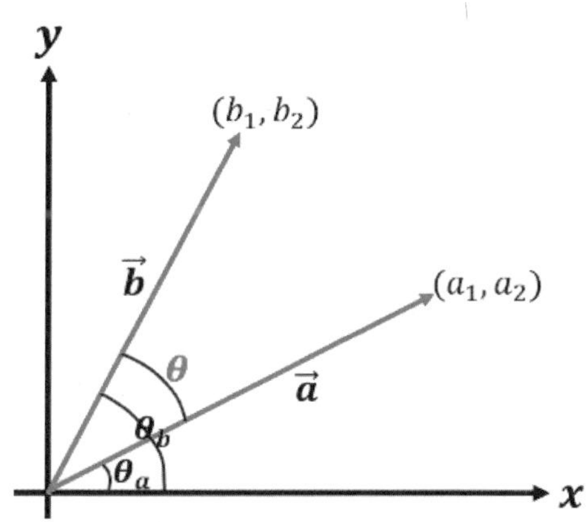

$\vec{a} \cdot \vec{b} = |\vec{a}||\vec{b}|\cos\theta$라는 사실을 이용해 $\vec{a} \cdot \vec{b}$의 값을 $\vec{a}, \vec{b}$의 x, y좌표 값으로 나타내보자.

우선 $+x$축에서 $\vec{a}$가 반시계로 회전한 각도를 θ_a, $\vec{b}$가 반시계로 회전한 각도를 θ_b라 하자. 그러면

$\cos\theta_a = \dfrac{a_1}{|\vec{a}|}$, $\sin\theta_a = \dfrac{a_2}{|\vec{a}|}$, $\cos\theta_b = \dfrac{b_1}{|\vec{b}|}$, $\sin\theta_b = \dfrac{b_2}{|\vec{b}|}$이다.

또한 $\theta = \theta_b - \theta_a$이므로 $\cos\theta = \cos(\theta_b - \theta_a) = \cos\theta_b\cos\theta_a + \sin\theta_b\sin\theta_a$이다.

이제 이를 대입해주면 $\vec{a} \cdot \vec{b} = |\vec{a}||\vec{b}|\cos\theta = |\vec{a}||\vec{b}|\left(\dfrac{a_1b_1}{|\vec{a}||\vec{b}|} + \dfrac{a_2b_2}{|\vec{a}||\vec{b}|}\right) = a_1b_1 + a_2b_2$이다.

따라서 $\vec{a} \cdot \vec{b} = a_1b_1 + a_2b_2$이다. 추가적으로 $\vec{a}, \vec{b}$가 공간벡터상의 벡터이고 그들의 성분이 $\vec{a}=(a_1, a_2, a_3)$, $\vec{b}=(b_1, b_2, b_3)$이라면 $\vec{a} \cdot \vec{b} = a_1b_1 + a_2b_2 + a_3b_3$과 같이 나타난다.[23]

마지막으로 두 평면벡터 $\vec{a}, \vec{b}$가 주어졌을 때 $\vec{a}, \vec{b}$의 사잇각 θ를 구하는 방법을 알아보자. 이는 매우 간단한다. $\vec{a} \cdot \vec{b} = |\vec{a}||\vec{b}|\cos\theta$이므로 $\cos\theta = \dfrac{\vec{a} \cdot \vec{b}}{|\vec{a}||\vec{b}|}$이다. 따라서 $\theta = \cos^{-1}\left(\dfrac{\vec{a} \cdot \vec{b}}{|\vec{a}||\vec{b}|}\right)$[24]이다.

만약 벡터가 $\vec{a}=(a_1, a_2)$, $\vec{b}=(b_1, b_2)$와 같이 성분으로 주어졌다면 다음과 같이 구할 수 있다.

$$\theta = \cos^{-1}\left(\frac{\vec{a} \cdot \vec{b}}{|\vec{a}||\vec{b}|}\right) = \cos^{-1}\left(\frac{a_1b_1 + a_2b_2}{\sqrt{a_1^2 + a_2^2}\sqrt{b_1^2 + b_2^2}}\right)$$

또한 $\vec{a}, \vec{b}$가 공간벡터로 $\vec{a}=(a_1, a_2, a_3)$, $\vec{b}=(b_1, b_2, b_3)$이라면 사잇각은 다음과 같다.

$$\theta = \cos^{-1}\left(\frac{\vec{a} \cdot \vec{b}}{|\vec{a}||\vec{b}|}\right) = \cos^{-1}\left(\frac{a_1b_1 + a_2b_2 + a_3b_3}{\sqrt{a_1^2 + a_2^2 + a_3^2}\sqrt{b_1^2 + b_2^2 + b_3^2}}\right)$$

23) 내적은 영어로 dot prodcut라고 부르며 대학과정에서는 일반적으로 n차원 상의 벡터를 정의할 수 있다고 배우고, $\vec{a}=(a_1, a_2, \cdots\cdots, a_n)$, $\vec{b}=(b_1, b_2, \cdots\cdots, b_n)$이라 했을 때 $\vec{a}$와 $\vec{b}$의 내적 값은 $\vec{a} \cdot \vec{b} = \sum_{i=1}^{n} a_ib_i$이다.

24) $y = \cos^{-1}x$는 $y = \cos x$의 역함수이다. $y = \cos^{-1}x$의 치역은 $[0, \pi]$이다.

example 178 ★★★★★★★

다음의 그림은 한 변의 길이가 1인 단위정사각형 12개를 붙여놓은 그림이다.

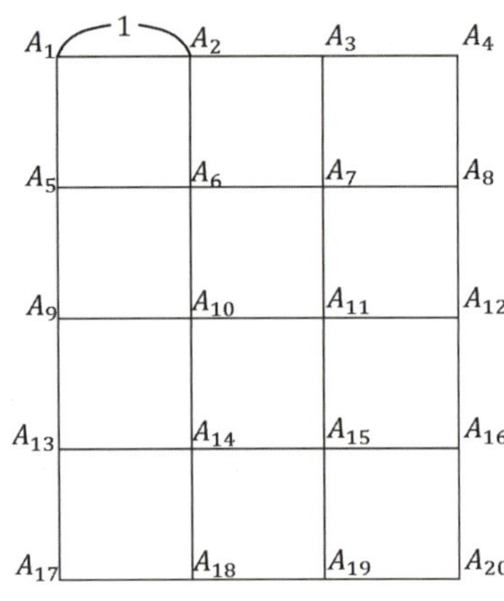

1. $\overrightarrow{A_5A_{11}} \cdot \overrightarrow{A_8A_{19}}$의 값을 구하시오.

2. $\sum_{k=1}^{16} \overrightarrow{A_kA_{k+2}} \cdot \overrightarrow{A_{k+1}A_{k+4}}$의 값을 구하시오.

3. 다음의 그림은 한 변의 길이가 1인 단위정사각형 100개를 붙여놓은 그림이다.

$a_p = \sum_{k=1}^{100-2p} \overrightarrow{A_k A_{k+p}} \cdot \overrightarrow{A_{k+p} A_{k+2p}}$라 하자. a_p의 값을 최대화 시키는 p의 값을 $p_{\max}$, 최대화 시키는 p의 값을 $p_{\min}$이라 하자. 이때 $p_{\max}$, $a_{p_{\max}}$, $p_{\min}$, $a_{p_{\min}}$의 값을 구하시오.

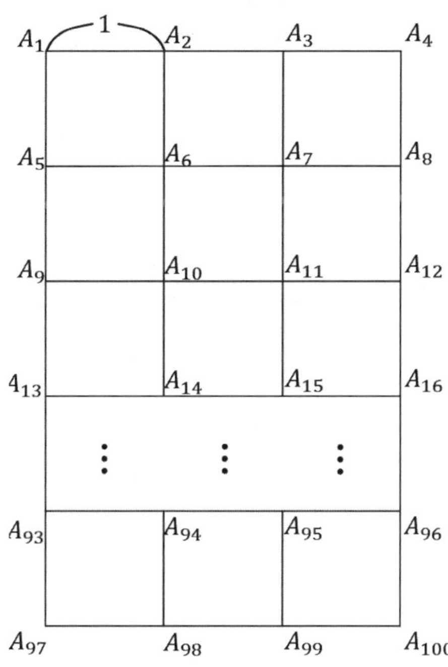

example 179 ★★★★★★★

1. $\vec{a}=(1,2)$, $\vec{b}=(2,-5)$일 때 $\vec{a}\cdot\vec{b}$의 값을 구하시오.

2. $\vec{a}=(1,2)$, $\vec{b}=(2,-4)$일 때 $\vec{a}$, $\vec{b}$가 이루는 각의 크기를 구하시오.

example 180 ★★★★★★★

1. $\vec{a}=(3,-2)$, $\vec{b}=(x,7)$일 때 $\vec{a}$, $\vec{b}$가 수직이 되도록 하는 x의 값을 구하시오.

2. $\vec{a}=(x,2,4)$, $\vec{b}=(3,y,-1)$, $\vec{c}=(z,-2,17)$이다. $\vec{a}$, $\vec{b}$, $\vec{c}$가 서로 수직이 되도록 하는 x, y, z의 값을 구하시오.

마지막으로 벡터의 내적에는 교환법칙, 분배법칙, 실수의 곱셈법칙이 성립한다.

① $\vec{a}\cdot\vec{b}=\vec{b}\cdot\vec{a}$

② $\vec{a}\cdot(\vec{b}+\vec{c})=\vec{a}\cdot\vec{b}+\vec{a}\cdot\vec{c}$

③ 실수 k에 대해 $(k\vec{a})\cdot\vec{b}=k(\vec{a}\cdot\vec{b})$

example 181 ★★★★★★★

벡터의 내적 성질을 이용하여 파푸스의 중선정리를 증명하시오.

example 182 ★★★★★★★

$|\vec{a}|=2$, $|\vec{b}|=1$이고, $\vec{a}$와 $\vec{b}$가 이루는 각도가 $120°$일 때 $|t\vec{a}+\vec{b}|$가 최소가 되도록 하는 t의 값을 구하고, $|t\vec{a}+\vec{b}|$의 최솟값을 구하시오.

example 183 ★★★★★★★★

1. $\triangle ABC$의 외접원을 O라고 하자. 점 A, B, C가 아닌 점 X가 원 O위에 존재하고, X에서 $\overline{AB}, \overline{BC}, \overline{CA}$에 내린 수선의 발을 P, Q, R이라 하자. 이때 벡터를 이용하여 P, Q, R이 한 직선 위에 존재함을 보이시오.

2. $\overrightarrow{OA}=\vec{a}$, $\overrightarrow{OB}=\vec{b}$, $\overrightarrow{OC}=\vec{c}$, $\overrightarrow{OX}=\vec{x}$라 하자.
X는 A가 포함되지 않은 호 $\overset{\frown}{BC}$ 위의 점이라고 할 때 $\overrightarrow{AP}, \overrightarrow{AQ}, \overrightarrow{AR}$를 $\vec{a}, \vec{b}, \vec{c}, \vec{x}$로 나타내고,
$\dfrac{\overline{QC}}{\overline{BC}}\times\dfrac{\overline{AB}}{\overline{AP}}+\dfrac{\overline{BQ}}{\overline{BC}}\times\dfrac{\overline{AC}}{\overline{AR}}=1$임을 보이시오.

example 184 ★★★★★★★

$\triangle ABC$에 대해 A, B, C에서 각 대변에 내린 수선의 발을 D, E, F이라 하자. 그리고 $\overline{AD}, \overline{BE}$의 교점을 H_1, $\overline{BE}, \overline{CF}$의 교점을 H_2, $\overline{AD}, \overline{CF}$의 교점을 H_3이라 하자. 또한 $\overrightarrow{AB}=\vec{a}$, $\overrightarrow{AC}=\vec{b}$라 하자.

1. $\overrightarrow{AD}$를 $\vec{a}, \vec{b}$를 이용해 나타내시오.

2. $\overrightarrow{AH_1}$를 $\vec{a}, \vec{b}$를 이용해 나타내시오.

3. H_1, H_2, H_3는 한 점 H(수심)에서 만남을 보이시오.

example 185 ★★★★★★

$\triangle ABC$의 외접원의 중심을 O라고 하자. 그리고 O에서 $\overline{BC}$에 내린 수선의 발을 M이라고 하자. 그리고 A, B, C에서 각 대변에 내린 수선의 발을 D, E, F이라 하고, $\overline{AD}$, $\overline{BE}$, $\overline{CF}$의 교점을 H라 하자. 또한 $\overrightarrow{AB}=\vec{a}$, $\overrightarrow{AC}=\vec{b}$, $\overrightarrow{AO}=\vec{o}$라 하자.

1. $\overrightarrow{OM}$를 $\vec{a}, \vec{b}, \vec{o}$를 이용해 나타내시오.

2. $\vec{o}$를 $\vec{a}, \vec{b}$로 나타내시오.

3. $\dfrac{\overline{AH}}{\overline{OM}}$의 값을 구하시오.

이제 벡터의 내적을 활용하여 좌표평면상의 방정식을 나타내 보자.

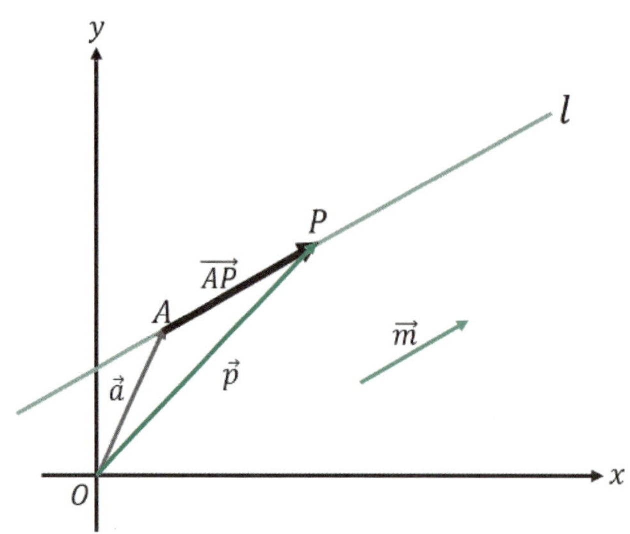

우선 $A(x_1, y_1)$을 지나고, $\vec{0}$이 아닌 $\vec{m}$ 와 평행한 직선 l을 구해보자. 편의상 $\overrightarrow{OA}=\vec{a}$, l위의 점 $P=(x, y)$에 대해 $\overrightarrow{OP}=\vec{p}$라고 하자. 그러면 $\overrightarrow{AP}//\vec{m}$이므로 $\overrightarrow{AP}=t\vec{m}$(단, t는 실수)이다. $\overrightarrow{AP}=\overrightarrow{OP}-\overrightarrow{OA}=\vec{p}-\vec{a}$이므로 A를 지나고 $\vec{m}$과 평행한 직선의 방정식은 실수 t로 매개화 시킬 수 있고, l의 자취는 $\vec{p}=\vec{a}+t\vec{m}$이다. 이때 $\vec{m}$을 직선 l의 방향벡터라고 부른다.

한편 $\vec{m}=(a, b)$이고, $\vec{n}$를 $\vec{m}$을 90° 만큼 반시계방향[25)]으로 회전한 벡터라고 정의하면 $\vec{n}=(-b, a)$, $\overrightarrow{AP}\cdot\vec{n}=0$이므로 $-b(x-x_1)+a(x-x_1)=0$이다. 이를 정리하면 $\dfrac{x-x_1}{a}=\dfrac{y-y_1}{b}$(단, $ab\neq 0$)이다. 여기서 $\vec{n}$을 직선 l의 법선벡터라고 부른다.

example 186 ★★★★★★★

1. 직선 l의 방향벡터는 $(1, 3)$이고, $(4, 1)$을 지난다. l의 방정식을 구하시오.

2. 직선 k의 법선벡터는 $(2, -1)$이고, $(0, 7)$을 지난다. k의 방정식을 구하시오.

example 187 ★★★★★★★

1. $x+3y=7, x-my=1$이 이루는 예각의 크기가 60° 일 때 가능한 m의 값을 모두 찾으시오.

25) 시계방향으로 회전해도 무방하다.

example 188 ★★★★★★★

직선 l의 방향벡터와 법선벡터가 각각 $\overrightarrow{m}, \overrightarrow{n}$이고, 직선 l'의 방향벡터와 법선벡터가 각각 $\overrightarrow{m'}, \overrightarrow{n'}$이다. 이때 $\overrightarrow{m}, \overrightarrow{m'}$이 이루는 각을 α, $\overrightarrow{n}, \overrightarrow{n'}$이 이루는 각을 β라고 할 때 $|\cos\alpha| = |\cos\beta|$임을 보이시오.

example 189 ★★★★★★★

1. $y = mx$와 $y = nx$가 이루는 예각을 m, n으로 나타내시오.
(Hint: $f(x) = \tan x\left(-\frac{\pi}{2} < x < \frac{\pi}{2}\right)$의 역함수를 $f^{-1}(x) = \tan^{-1}x$라고 하자.)

2. $\sum_{n=1}^{\infty}\tan^{-1}\left(\frac{1}{1+n+n^2}\right)$의 값을 구하시오.

마지막으로 벡터를 이용하여 원을 나타낼 수 있다.

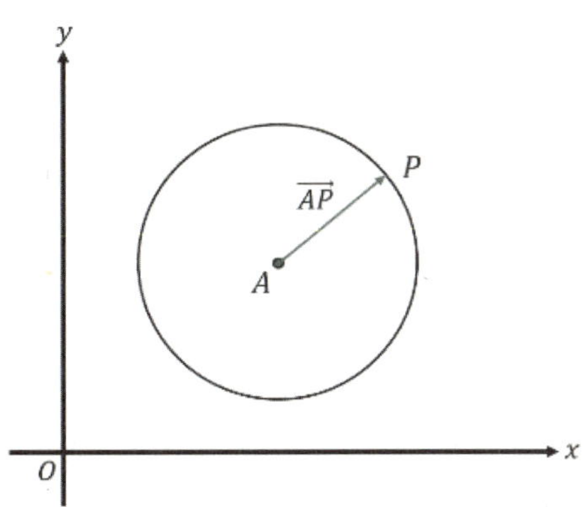

원은 한 점으로부터 떨어진 거리가 일정한 점들의 집합이다. $A = (x_1, y_1)$, $P = (x, y)$, $\overrightarrow{OA} = \overrightarrow{a}$, $\overrightarrow{OP} = \overrightarrow{p}$라 하자. 또한 원의 반지름을 r이라고 하자. 그러면 $|\overrightarrow{AP}| = r$이므로 원 위의 점 P의 자취는 $|\overrightarrow{p} - \overrightarrow{a}| = r$ 혹은 $(\overrightarrow{p} - \overrightarrow{a}) \cdot (\overrightarrow{p} - \overrightarrow{a}) = r$이다. 이를 정리하면 $(x - x_1)^2 + (y - y_1)^2 = r^2$이다.

example 190 ★★★★★★★

$A(2, 4)$, $B(0, 6)$이고, $\overrightarrow{AP} \cdot \overrightarrow{BP} = 0$이다. P가 제1사분면에 위치할 때 P의 자취의 길이를 구하시오.

example 191 ★★★★★★★

$\triangle ABC$에 대해 $\angle C=90^\circ$, $\overline{AB}=1$이다. $\overrightarrow{PA}\cdot\overrightarrow{PB}<0$, $\overrightarrow{PB}\cdot\overrightarrow{PC}<0$, $\overrightarrow{PC}\cdot\overrightarrow{PA}<0$이다. 이때 P의 자취의 넓이가 최대가 되도록 하는 $\overline{AB}$, $\overline{AC}$의 길이 비를 구하시오.

8.5 공간도형

평면이 결정되기 위한 조건으로는 다음의 4가지 경우가 있다.

① 세 점 A, B, C가 한 직선 위에 있지 않을 때 A, B, C를 지나는 평면

② 한 직선 l과 l위에 있지 않은 점 A를 지나는 평면

③ 두 직선 l, l'에 대해 l, l'이 한 점에서 만날 때 l, l'을 지나는 평면

④ 평행한 두 직선 l, l'을 지나는 평면

이에 대한 증명은 간단하다. ①의 경우는 자명하다. 또한 ②, ③, ④의 경우 두 점이 한 직선을 만든다는 것을 이용하면 자명하게 증명된다는 것을 알 수 있다.

example 192 ★★★★★★★

1. 평면 위에 중심이 O_2, 반지름의 길이가 1인 원이 놓여있다. 매 시행마다 직선 l_k를 추가할 때 n번의 시행 후 원이 분할 된 면의 개수의 최댓값이 a_n, 최솟값이 b_n이다. 이때 $\dfrac{a_n+49}{b_n}$의 최솟값을 구하시오. (단, O_2에서 l_k까지의 거리는 1보다 작다.)

2. 공간 상에 중심이 O_3, 반지름의 길이가 1인 구가 놓여있다. 매 시행마다 평면 p_k를 추가할 때 n번의 시행 후 원이 분할 된 공간의 개수의 최댓값이 c_n, 최솟값이 d_n이다. 이때 c_n, d_n을 구하시오.(단, O_3에서 p_k까지의 거리는 1보다 작다.)

다음으로 공간상에서 서로 다른 두 직선의 위치관계를 살펴보자. 경우는 총 3가지뿐이다.

① 교차한다.

② 평행하다.

③ 꼬인 위치에 있다.

여기서 ①, ②의 경우는 두 직선은 한 평면 위에 있는 상황이고, ③(꼬인 위치)는 한 평면 위에 있지 않은 상황이다.

example 193 ★★★★★★★

다음 그림에서 $\overline{AB}$와 평행, 교차, 꼬인 위치에 있는 선분을 각각 모두 쓰시오.

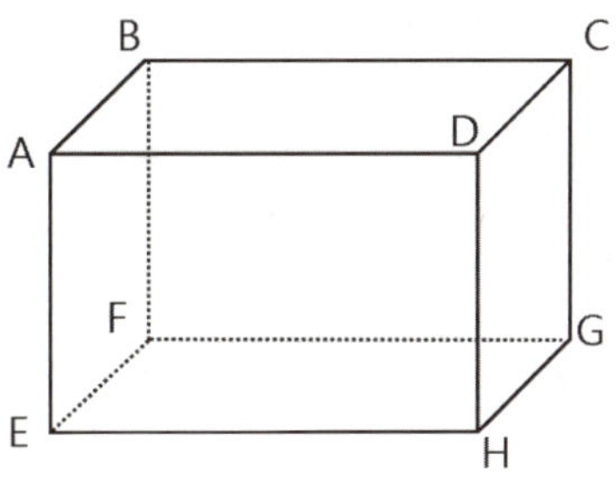

example 194 ★★★★★★★

공간상에 n개의 점 $A_1, A_2, \cdots\cdots, A_n$을 배치하고자 한다. 그리고 서로 다른 두 점 $A_i, A_j(1 \leq i < j \leq n)$에 대해 $\overline{A_iA_j}$를 모두 잇는다. 이때 존재하는 선분들 중에서 2개를 뽑았을 때 이 두 선분이 꼬인 위치에 있을 확률의 최댓값을 구하시오. 그리고 점들을 어떻게 배치해야 하는지 논하시오.

이제 공간상에서 서로 다른 두 직선이 이루는 각을 구해보자.

만약 두 직선 m, n이 교차하는 경우 직선 m, n의 방향벡터를 내적하거나 평면기하의 성질을 이용하여 구할 수 있다.

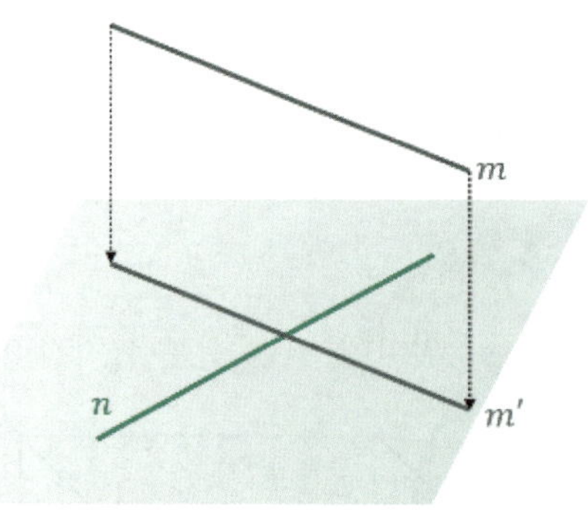

하지만 두 직선 m, n이 꼬인 위치에 있는 경우에는 한 직선을 적절히 평행 이동시켜줘야 한다. 방법은 다음과 같다. 직선 m이 직선 n과 교차할 때 까지 평행 이동시킨다. 위의 그림에서는 직선 m을 직선 m'까지 평행 이동시켜 두 직선 m', n간의 각도를 구해주면 된다. 마지막으로 두 직선이 평행한 경우 두 직선 사이의 각도를 $0°$라고 정의한다.

example 195 ★★★★★★★

다음과 같은 정12면체에서 $\overline{AB}$와 $\overline{CD}$간의 각도를 $\theta\left(0 \leq \theta \leq \frac{\pi}{2}\right)$구하시오.

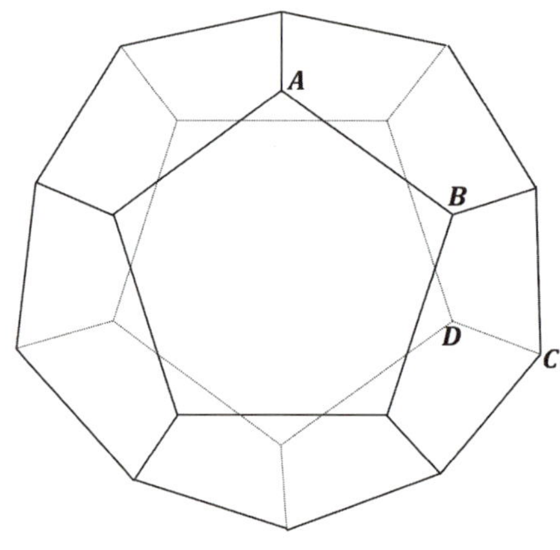

example 196 ★★★★★★★

정팔면체 $A-BCDE-F$에 대해 $\overline{AB}$와 꼬인 위치에 있는 선분의 개수는 n개이고, $\overline{AB}$와 꼬인 위치에 있는 선분간의 각도는 모두 $\theta\left(0 \le \theta \le \frac{\pi}{2}\right)$이다. 이때 $n\theta$의 값을 구하시오.
(단, A, F는 이웃하지 않고, B, D도 이웃하지 않다.)

다음으로 두 평면 α, β 사이의 각도를 구하는 방법을 알아보자.

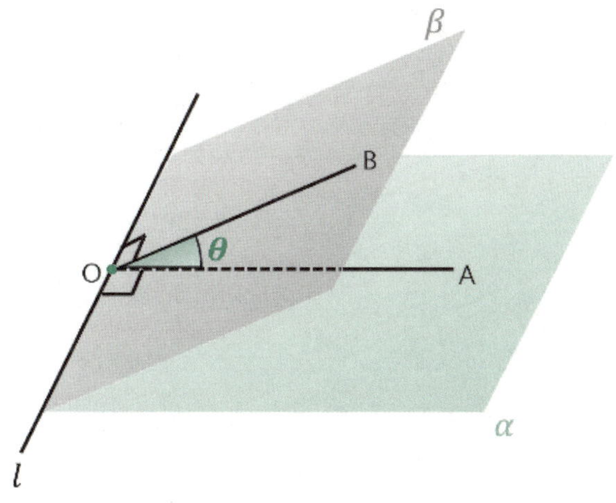

위의 그림을 보자. 우선 두 평면 α, β 사이의 각도를 구하기 위해선 α, β 간의 교직선 l을 그린다. 이후 l 위의 임의의 점 O를 찍는다. 그리고 $\overline{OA} \perp l$, $\overline{OB} \perp l$가 되도록 평면 α, β 위의 점 A, B를 잡는다. 그러면 평면 α, β 사이의 각도는 $\angle AOB$이다. 또한 $\angle AOB$를 두 평면 α, β 사이의 이면각이라고 부른다.

example 197 ★★★★★★★

정팔면체 $A-BCDE-F$에 대해 $\triangle ABC, \triangle ABF$ 사이의 이면각 크기는 $\theta\left(0 \le \theta \le \frac{\pi}{2}\right)$이다.
이때 θ의 값을 구하시오. (단, A, F는 이웃하지 않고, B, D도 이웃하지 않다.)

example 198 ★★★★★★★

다음과 같은 정12면체에서

1. 면$A_1A_2A_3A_4A_5$, 면$A_1A_6A_7A_8A_2$
2. 면$A_1A_2A_3A_4A_5$, 면$A_7A_8A_9A_{10}A_{11}$

간의 이면각의 크기를 구하시오.

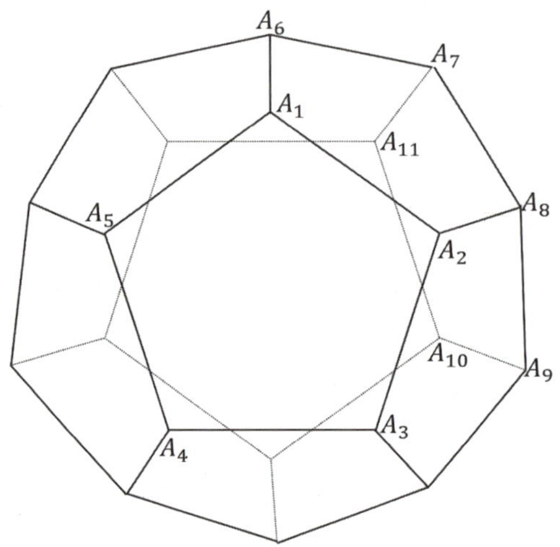

이제 직선 l과 평면 α가 수직하기 위한 조건을 알아보자.

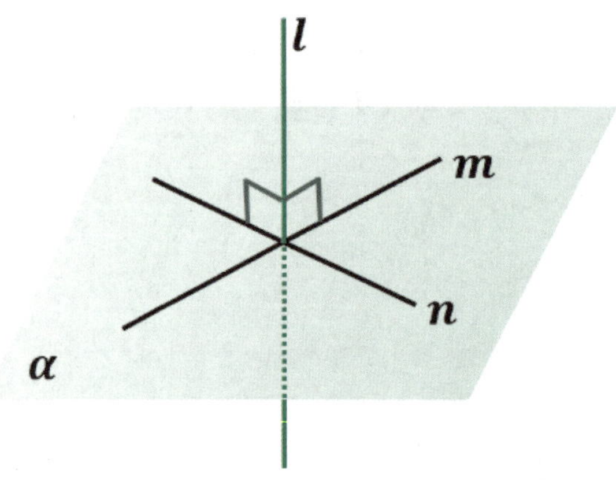

평면 α 위의 평행하지 않은 서로 다른 두 직선 m, n에 대해 $l \perp m, l \perp n$이면 $l \perp \alpha$이다. 이에 대한 이유로는 서로 다른 두 직선 m, n은 평면 α를 형성하기 때문에 $l \perp m, l \perp n$이면 $l \perp \alpha$이다. 이러한 사실을 기반으로 삼수선의 정리를 증명해낼 수 있다. 앞서 증명한 사실을 "❶"이라 하자.

우선 삼수선의 정리란 다음과 같다.

삼수선 정리

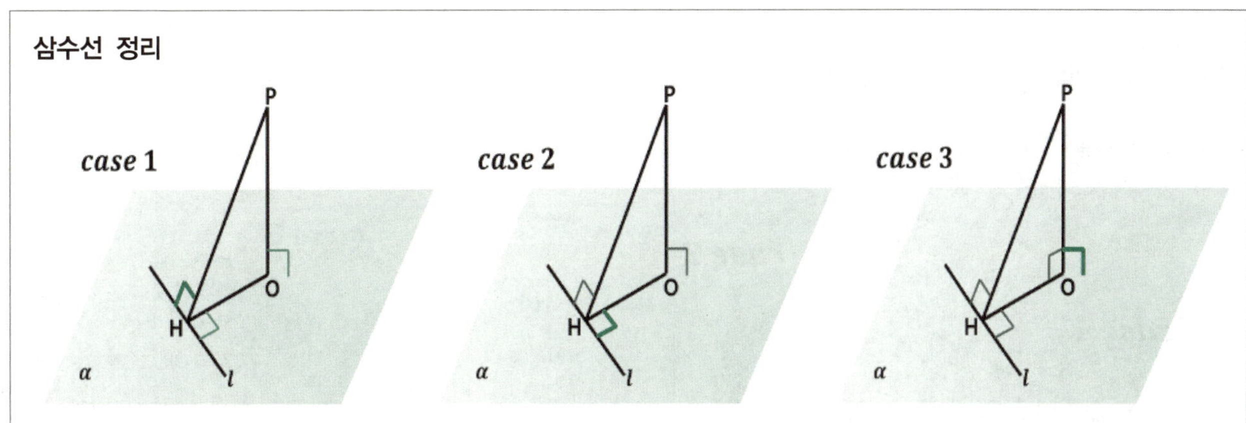

case 1: $\overline{PO} \perp \alpha$, $\overline{OH} \perp l$이면 $\overline{PH} \perp l$

case 2: $\overline{PO} \perp \alpha$, $\overline{PH} \perp l$이면 $\overline{OH} \perp l$

case 3: $\overline{PH} \perp l$, $\overline{OH} \perp l$, $\overline{PO} \perp \overline{OH}$이면 $\overline{PO} \perp \alpha$

이제 이를 증명해보자.

case 1: $\overline{PO} \perp \alpha$, $l \subseteq \alpha$이므로 $\overline{PO} \perp l$이고, $\overline{OH} \perp l$이므로 ❶에 의해 $l \perp \triangle POH$이다. 따라서 $\overline{PH} \subseteq \triangle POH$이므로 $\overline{PH} \perp l$이다. ▨

case 2: $\overline{PO} \perp \alpha$, $l \subseteq \alpha$이므로 $\overline{PO} \perp l$이고, $\overline{PH} \perp l$이므로 ❶에 의해 $l \perp \triangle POH$이다. 따라서 $\overline{OH} \subseteq \triangle POH$이므로 $\overline{OH} \perp l$이다. ▨

case 3: $\overline{PH} \perp l$, $\overline{OH} \perp l$이므로 ❶에 의해 $l \perp \triangle POH$이다. 따라서 $\overline{PO} \subseteq \triangle POH$이므로 $l \perp \overline{PO}$이다. 끝으로 $\overline{PO} \perp l$, $\overline{PO} \perp \overline{OH}$이고 l, $\overline{OH} \subseteq \alpha$이므로 $\overline{PO} \perp \alpha$이다. ▨

example 199 ★★★★★★★★

평면 α위에 직선 l이 존재하고, 직선 l위의 점이 아니고 평면 α위에 O가 존재한다. 또한 l위의 점 H, 평면 α 바깥의 점 P에 대해 $\overline{PH} \perp l$, $\overline{OH} \perp l$, $\overline{PO} \perp \overline{OH}$이고, $\overline{PH}=7$, $\overline{OH}=5$일 때 점 P에서 평면 α까지의 거리를 구하시오.

마지막으로 정사영에 대해서 배워보자. <u>X를 Y에 정사영 시키면</u> 다음과 같다.
<u>X위의 임의의 점 P에서 Y에 수선에 발을 내려 생기는 점을 P'이라고 했을 때 X를 Y에 정사영 시킨 집합은 P'의 합집합이다.</u>

여기서 X, Y는 각각 (R^2, R^2) 또는 (R^2, R^3) 또는 (R^3, R^3)중 하나의 성분이다. 즉 선을 직선에, 선을 평면에, 면을 평면에 정사영 시킬 수 있다는 뜻이다. 이를 그림으로 표현하면 아래의 그림과 같다.

정사영의 종류

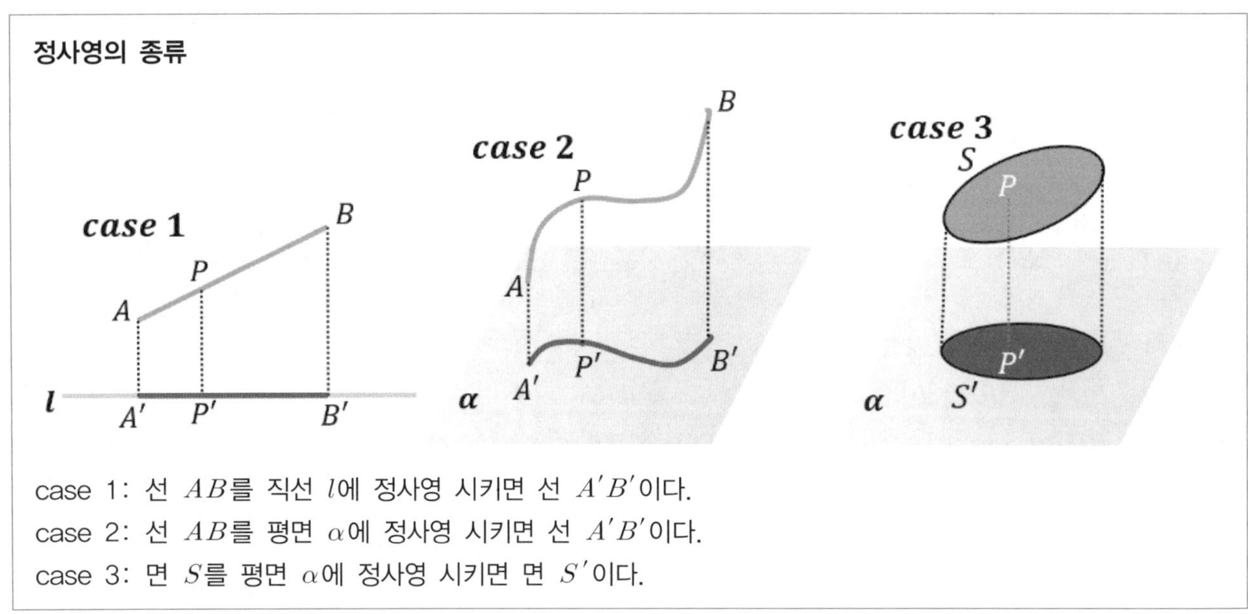

case 1: 선 AB를 직선 l에 정사영 시키면 선 $A'B'$이다.
case 2: 선 AB를 평면 α에 정사영 시키면 선 $A'B'$이다.
case 3: 면 S를 평면 α에 정사영 시키면 면 S'이다.

한편 case1의 경우 직선 l과 $\overline{AB}$가 평행해야 하는 상황이므로 거의 나타나지 않는다.
이제 case2, case3에 대해서 직선[26]과 면을 평면 α에 정사영 시켰을 때 나오는 길이와 면의 넓이를 구해보자.
직선 l과 평면 α 사이의 각도와 면 S와 평면 α 사이의 각도를 θ라고 했을 때 공식은 다음과 같다.

① $\overline{AB}$와 평면 α사이의 각도를 $\theta\left(0 \le \theta \le \frac{\pi}{2}\right)$, $\overline{AB}$를 시켰을 때 $\overline{A'B'}$라고 하면

$\overline{A'B'} = \overline{AB}\cos\theta$

② $\overline{AB}$와 평면 α사이의 각도를 $\theta\left(0 \le \theta \le \frac{\pi}{2}\right)$, $\overline{AB}$를 시켰을 때 $\overline{A'B'}$라고 하면

$S' = S\cos\theta$

26) 곡선이 아니라 **직선**인 경우를 설명하고 있다.

example 200 ★★★★★★★

다음의 그림은 직사각형 $ABCD-EFGH$이다. $\overline{AB}=\overline{AE}=2$, $\overline{EI}=1$, $\overline{EH}=4$이다.

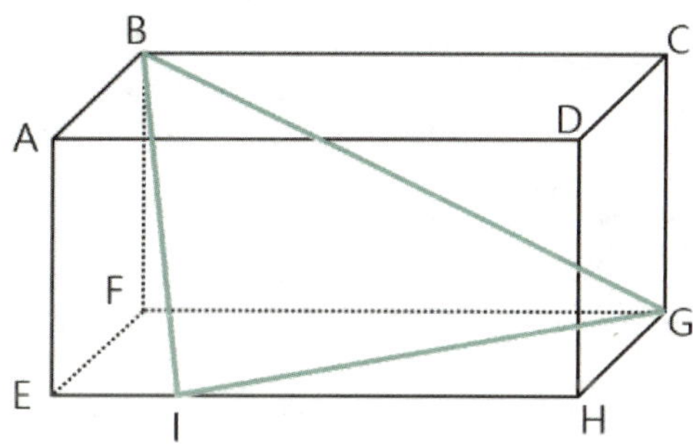

1. $\overline{CG}$를 B, I, G가 포함된 평면에 정사영 시켰을 때 길이를 구하시오.

2. $\triangle BIG$를 B, C, G, F가 포함된 평면에 정사영 시켰을 때 넓이를 구하시오.

3. $\triangle BIG$ A, C, H가 포함된 평면에 정사영 시켰을 때 넓이를 구하시오.

example 201 ★★★★★★★

사면체 $OABC$에 대해 $\angle AOB = \angle BOC = \angle COA = \frac{\pi}{2}$이다. 또한 $\overline{OA} = a$, $\overline{OB} = b$, $\overline{OC} = c$이고, $\triangle ABC, \triangle OBC$가 이루는 각의 크기를 α, $\triangle ABC, \triangle OAC$가 이루는 각의 크기를 β, $\triangle ABC, \triangle OAB$가 이루는 각의 크기를 γ라고하자. 다음의 물음에 답하시오.

1. $\triangle ABC$의 넓이를 a, b, c를 이용해 나타내시오.

2. $\sin^2\alpha + \sin^2\beta + \sin^2\gamma$의 값을 구하시오.

3. $\alpha, \beta, \gamma \geq \frac{\pi}{4}$일 때 $\alpha + \beta + \gamma$의 최솟값을 구하시오.

example 202 ★★★★★★★

아래의 그림에서 밝은 초록색 선(L)은 xy평면상에서 $y=x^2$을 $0 \le x \le 1$에서 그린 것이다. 또한 평면 α와 xy평면과 이루는 각도의 크기는 θ이다. 그리고 **어두운 초록색 선**(D)은 밝은 초록색 선(L)을 평면 α에 정사영 시킨 것이다. 이때 **어두운 초록색 선**(D)의 길이를 $f(\theta)$라 할 때 다음 물음에 답하시오.

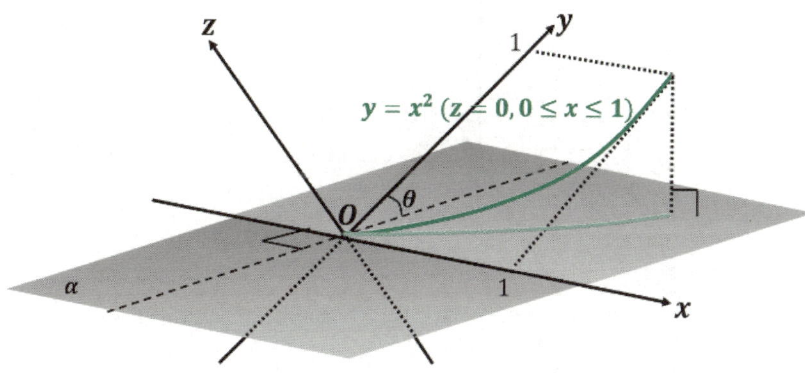

1. xy평면상에서 L 위의 점 $P(x, x^2)$에서의 접선을 l_x라 하자. l_x와 α사이의 각도를 ϕ_x라 할 때 $\cos\phi_x$를 구하시오. (단, $\cos\phi_x \ge 0$이다.)

2. $f(\theta)$를 θ로 나타내시오. (단, $\theta \ge 0$이다.) ＊삼각치환＊

3. $\lim_{u \to 0} \dfrac{\ln\left(u+\sqrt{1+u^2}\right)}{u}$의 값을 구하시오.

8.6 공간좌표

공간좌표는 좌표평면을 3차원으로 확장시킨 것이다. 기본적인 원리는 좌표평면과 동일하다. 우선 좌표평면은 3개의 축을 필요로 하며 그 3개의 축은 x축, y축, z축이라고 부른다. 그림으로 나타내면 다음과 같다.

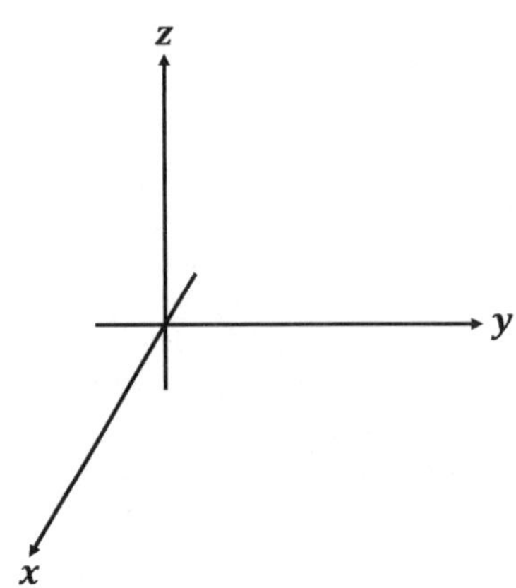

그림과 같이 x축, y축은 서로 수직하고, 마찬가지로 y축, z축은 서로 수직, z축, x축은 서로 수직하다. 또한 z축의 방향은 오른손으로 x축에서 y축을 감아주었을 때 엄지의 방향[27)]이다. 그리고 $x=a, y=b, z=c$에 대응되는 점 P를 $P(a,b,c)$로 표기한다.

이제 두 점 사이의 거리를 구해보자. 간단하게 생각하기 위해 직육면체 $ABCD-EFGH$에서 공간대각선 $\overline{EC}$의 길이를 구해보자.

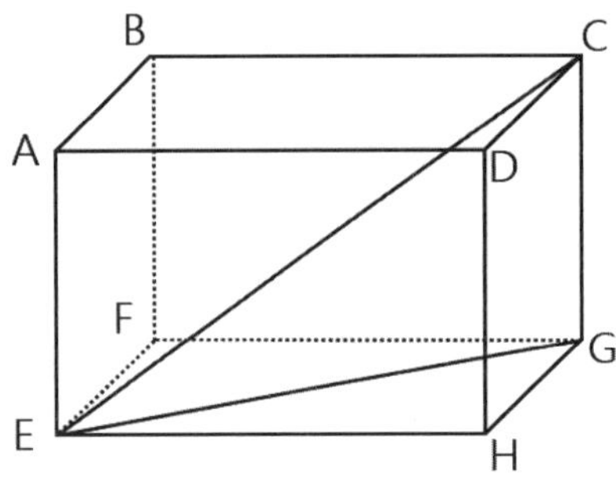

우선 $\triangle ECG$에서 피타고라스 정리를 적용하면 $\overline{EC}^2 = \overline{EG}^2 + \overline{CG}^2$이다. 또한 $\triangle EGH$에서 피타고라스 정리를 적용하면 $\overline{EG}^2 = \overline{EH}^2 + \overline{HG}^2$이다. 이제 $\overline{EG}^2$를 소거해주면 $\overline{EC}^2 = \overline{CG}^2 + \overline{EH}^2 + \overline{HG}^2$이다.

이제 $\overrightarrow{EH}$의 단위벡터를 x축, $\overrightarrow{EF}$의 단위벡터를 y축, $\overrightarrow{EA}$의 단위벡터를 z축이라고 하면 임의의 두 점 사이의 거리 d는 다음의 식을 만족한다.

$$d^2 = (\Delta x)^2 + (\Delta y)^2 + (\Delta z)^2$$

따라서 $P(x_1, y_1, z_1)$, $Q(x_2, y_2, z_2)$사이의 거리는 다음과 같다.

$$\sqrt{(x_1 - x_2)^2 + (y_1 - y_2)^2 + (z_1 - z_2)^2}$$

example 203 ★★★★★★★

$A(10,7,5)$, $B(5,-8,6)$사이의 거리를 구하시오.

27) 오른손 좌표계(Right-Hand Coordinate System)이라고 부른다.

example 204 ★★★★★★★

n차원 공간 위의 점 X를 다음과 같이 표현한다.

$$X(x_1, x_2, \cdots\cdots, x_n) \in R^n$$

또한 서로 다른 두 점 $X, Y \in R^n$에 대해 X, Y 사이의 거리 $d(X, Y)$를 다음과 같이 정의하자.
(단, $Y(y_1, y_2, \cdots\cdots, y_n) \in R^n$)

$$d(X, Y) = \sqrt{\sum_{k=1}^{n} (x_k - y_k)^2}$$

이제 n차원 공간상에 서로 다른 m개의 점 $A_1, A_2, \cdots\cdots A_m$을 배치한다고 할 때 임의의 두 점 사이의 거리는 1이다. 이때 m의 최댓값을 n으로 나타내시오. 그리고 m이 최대가 될 때 점들을 어떻게 배치해야 하는지 설명하시오.

다음으로 $A(x_1, y_1, z_1)$, $B(x_2, y_2, z_2)$의 $m : n$ 내분점과 외분점은 다음과 같다.

내분점의 좌표: $P\left(\dfrac{mx_2 + nx_1}{m+n}, \dfrac{my_2 + ny_1}{m+n}, \dfrac{my_2 + ny_1}{m+n}\right)$

외분점의 좌표: $Q\left(\dfrac{mx_2 - nx_1}{m-n}, \dfrac{my_2 - ny_1}{m-n}, \dfrac{my_2 - ny_1}{m-n}\right)$

이에 대한 증명은 예를 들어 내분점의 x좌표를 구하기 위해선 A, B를 x축에 사영 시킨 뒤 1차원 상에서 내분점 공식을 적용해주면 되니 생략하도록 하겠다.

example 205 ★★★★★★★

3차원 공간상에 $n+1$개의 점 $X_0, X_1, X_2, \cdots\cdots X_n$이 존재한다. 그리고 robot은 다음의 규칙 ①~④를 따라 이동한다.

① $t=0$일 때 X_0에서 시작해서 $t=1$일 때 X_n에 도달한다.

② $\overline{X_k X_{k+1}}$의 $t:1-t$내분점을 X_k^1이라 하자. (단, k는 0이상 $n-1$이하의 정수)

③ $\overline{X_k^m X_{k+1}^m}$의 $t:1-t$내분점을 X_k^{m+1}이라 하자. (단, m는 0이상 n이하의 정수, k는 0이상 $n-m$이하의 정수)

④ robot의 이동경로는 $X(t)=X_0^n$이다. (단, t는 시간이고, $0 \le t \le 1$이다.)

1. $X(t)=\sum_{k=0}^{n} {}_nC_k t^k (1-t)^{n-k} X_k$ 임을 보이시오.

2. robot은 연산의 속도가 많아지면 신호처리 오류가 생겨 정확도가 떨어진다. 따라서 최소한의 점을 찍는 것이 요구된다. 최소한의 점 $X_0, X_1, X_2, \cdots\cdots X_n$을 찍어 $X(t)=(t, t^2, t^3)$을 따라 이동할 수 있도록 n과 $X_0, X_1, X_2, \cdots\cdots X_n$을 구하시오.

example 206 ★★★★★★★★

전에 문제에 이어서 이번에는 2차원 평면상에 $n+1$개의 점 $X_0, X_1, X_2,$ …… X_n이 존재한다.

또한 robot은 xy평면 위를 움직인다. robot은 ①~⑨의 규칙을 따른다.

⑤ robot은 위치, 속도 벡터가 연속적으로 변한다.

⑥ robot은 장애물(obstacle)을 통과할 수 없다.

⑦ robot은 $X_0, X_1, X_2,$ …… X_n중에서 $X_p, X_{p+1},$ …… $X_q\,(0 \le p < q \le n)$를 선택하여 ①~④와 비슷한 규칙을 따라 움직일 수 있다.
즉, $X_0,$ ……, $X_{n_1}/X_{n_1},$ ……, $X_{n_2}/$ …… $/X_{n_m},$ ……, X_n으로 분할 후 ⑤의 규칙에 맞게 움직일 수 있다.

⑧ $start$, $goal$, P, Q에서 속도벡터는 아래 그림의 방향이다.

⑨ $start$에서 P, P에서 Q, Q에서 $goal$까지 이동하는데 걸리는 시간은 모두 같다.

$start(0, 2)$에서 출발하여 $goal(0, 4)$에 도달할 수 있도록 $X_0, X_1, X_2,$ …… X_n를 설계하고 $X(t)$를 구하시오. (단, n을 최소화 시키시오)

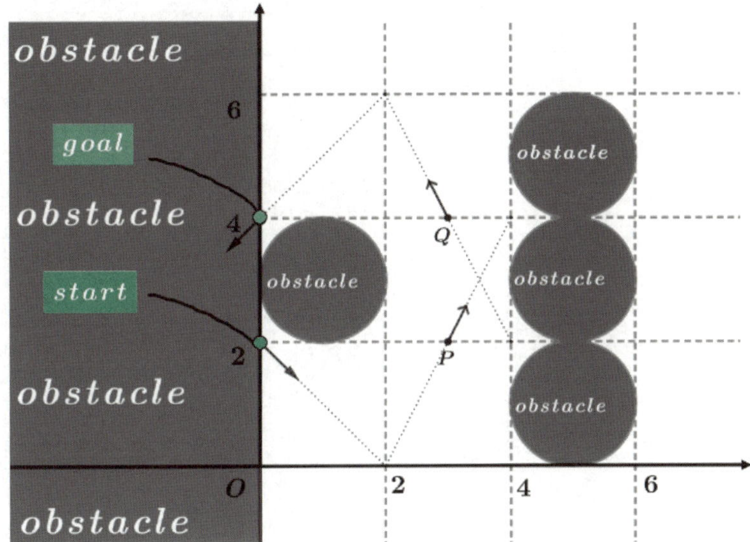

풀이를 이 페이지에 마저 적는다.

마지막으로 구의 방정식을 구해보자. 구는 점 $C(a, b, c)$에서부터의 거리가 같은 점들의 집합이다.
구 위의 임의의 점 $P(x, y, z)$에 대해 중심 C로부터의 거리가 r이라면 $\overline{CP}=r$이므로
$\sqrt{(x-a)^2+(y-b)^2+(z-c)^2}=r$이다.
따라서 중심이 $C(a, b, c)$, 반지름의 길이가 r의 구의 방정식은 다음과 같다.

$$\underline{(x-a)^2+(y-b)^2+(z-c)^2=r^2}$$

혹은 위의 식을 적절히 전개하면 $\underline{x^2+y^2+z^2+Ax+By+Cz+D=0}$의 꼴이다. 이때
$A=-2a, B=-2b, C=-2c, D=a^2+b^2+c^2-r^2$이다.
이를 변형하면 $\underline{\left(x+\frac{A}{2}\right)^2+\left(y+\frac{B}{2}\right)^2+\left(z+\frac{C}{2}\right)^2=\frac{A^2+B^2+C^2-4D}{4}}$이다.

example 207 ★★★★★★★

다음의 구의 방정식에서 중심과 반지름의 길이를 구하시오.

$$x^2+y^2+z^2-2x+4y+8z+20=0$$

example 208 ★★★★★★★

$x=0$, $4x-3z=0$에 모두 접하는 구들에 대해서 중심의 z좌표가 양수인 구는 S_1, S_2로 두 개다.
구 S_1, S_2의 중심을 C_1, C_2라고 할 때 $\overline{C_1C_2}=30$이라고 할 때 구 S_1, S_2의 반지름의 길이 곱의 최댓값을 구하시오.

9. 해석학

9.1 수열의 수렴 여부

이번 절에서는 점화식 형태로 주어진 수열의 수렴 여부와 일반항을 구하는 방법을 배워볼 것이다. 우선 $a_{n+1}=f(a_n)$과 같은 점화 관계가 주어졌을 때 $\{a_n\}$의 수렴함을 증명하는 방법을 알아보자. 순서는 대략 다음과 같다.

1. 만약 $\{a_n\}$이 수렴한다고 가정하고 L의 값을 예측한다.
2. 다음으로 적절한 부등식을 이용해 $|a_{n+1}-L|<c\times|a_n-L|$꼴로 바꾼다. 이때 c의 범위는 $0<c<1$이다.
3. $0\le|a_n-L|<c^{n-1}\times|a_1-L|$꼴로 바꾼 뒤 $n\to\infty$를 취해준다.
4. 샌드위치 정리에 의해 $\lim_{n\to\infty}|a_n-L|=0$이므로 $\lim_{n\to\infty}a_n=L$이라고 결론짓는다.

아래와 같이 실제 예시를 보자.

Question) $a_{n+1}=\sqrt{a_n+2}$, $a_1=1$, $a_n\neq 2$ $(n\ge 1)$

$\{a_n\}$이 수렴함을 보이고, $\lim_{n\to\infty}a_n$을 구하시오.

Solution) 우선 L을 대략적으로 구해보자.

$L=\sqrt{L+2}$이고, $L=\sqrt{L+2}>0$이므로 $L>0$이다. $L=2$임을 예상할 수 있다.

다음으로 양변을 제곱해주면 ${a_{n+1}}^2=a_n+2$이다.

그리고 양변에 4를 빼주면 ${a_{n+1}}^2-4=a_n-2$이고,

인수분해 해주면 $(a_{n+1}+2)(a_{n+1}-2)=a_n-2$이다.

$$\Rightarrow\left|\frac{a_{n+1}-2}{a_n-2}\right|=\left|\frac{1}{a_{n+1}+2}\right|$$

한편 $a_{n+1}=\sqrt{a_n+2}$에서 $a_{n+1}>0$ $(n\ge 1)$, $a_1=1$이므로

$a_n>0$ $(n\ge 1)$이다.

따라서 $a_{n+1}=\sqrt{a_n+2}>\sqrt{2}$ $(n\ge 1)$이다.

이를 통해 $\left|\frac{1}{a_{n+1}+2}\right|<\frac{1}{2+\sqrt{2}}$임을 알 수 있다.

이제 $\left|\frac{a_{n+1}-2}{a_n-2}\right|<\frac{1}{2+\sqrt{2}}$이므로 양변에 $n=1\sim n-1$를 대입 후 각각 곱해주면

$\left|\frac{a_n-2}{a_1-2}\right|<\left(\frac{1}{2+\sqrt{2}}\right)^{n-1}$이다.

$$\therefore 0<|a_n-2|<\left(\frac{1}{2+\sqrt{2}}\right)^{n-1}$$

마지막으로 양변에 $n\to\infty$를 취해주면 샌드위치 정리에 의해 $\lim_{n\to\infty}|a_n-2|=0$이다.

$\therefore$ $\{a_n\}$은 수렴하고, $\lim_{n\to\infty}a_n=2$이다. ▨

example 209 ★★★★★★★

다음의 풀이에서 틀린 부분을 지적하시오.

Question) $a_{n+1} = \sqrt{a_n + 2}$, $a_1 = 1$, $a_n \neq 2$ $(n \geq 1)$이다.

$\{a_n\}$이 수렴함을 보이고, $\lim_{n \to \infty} a_n$을 구하시오.

Solution) $\lim_{n \to \infty} a_n = L$이므로 $a_{n+1} = \sqrt{a_n + 2}$에서 양변에 $n \to \infty$를 취해주면,

$L = \sqrt{L+2}$이다. 또한 $L = \sqrt{L+2} > 0$이므로 $L > 0$이다.

이제 $L = \sqrt{L+2}$, $L > 0$을 만족하는 L을 구해주면 $L = 2$이다.

$\therefore \lim_{n \to \infty} a_n = 2$

example 210 ★★★★★★★

$a_{n+1} = \frac{1}{2}\left(a_n + \frac{1}{a_n}\right)$, $a_1 = 2$ $(n \geq 1)$이다.

1. 모든 자연수 n에 대해 $a_{n+1} \leq a_n$임을 보이시오.

2. $\{a_n\}$이 수렴하는지 조사하고, 만약 수렴한다면 $\lim_{n \to \infty} a_n$을 구하시오.

example 211 ★★★★★★★

$a_{n+1} = 3 - \frac{2}{a_n}$, $a_1 = 4$ $(n \geq 1)$이다.

1. $\{a_n\}$이 수렴하는지 조사하고, 만약 수렴한다면 $\lim_{n \to \infty} a_n$을 구하시오.

2. $\prod_{n=1}^{\infty} \frac{a_n}{2}$의 값을 구하시오. (단, $\prod_{k=1}^{n} x_k = x_1 \times x_2 \times \cdots\cdots \times x_n$이다.)

9.2 수열의 일반항

다음으로 수열의 일반항을 구하는 여러 가지 유형을 알아보자.
우선 $a_{n+1}=f(a_n)$에서 $y=f(x)$가 유리함수인 경우를 보자.
전략은 다음과 같다.

1. a_n 및 a_{n+1}자리에 L을 대입 후 L에 대한 (이차)방정식을 푼다.
2. 양변에 구한 L들의 값을 뺀 후 인수분해 하여 정리한다.
3. 나온 2개의 식을 서로 나누고 새로운 수열 $\{b_n\}$을 잡는다.
4. $\{b_n\}$을 구한 뒤 이를 이용해 $\{a_n\}$의 일반항을 구한다.

아래와 같이 실제 예시를 보자.

Question) $a_{n+1}=3-\dfrac{2}{a_n}$, $a_1=\dfrac{3}{2}\,(n\geq 1)$일 때 $\{a_n\}$의 일반항을 구하시오. (단, $a_n\neq 2$이다.)

Solution) 우선 L을 대입하면 $L=3-\dfrac{2}{L}$이다.

이를 정리하면 $L^2-3L+2=0$이므로 $L=1,\,2$이다. 그리고 이를 양변에 빼자.

$$a_{n+1}-1=2-\frac{2}{a_n}=\frac{2}{a_n}(a_n-1)\ \cdots\cdots\text{ⓐ}$$

$$a_{n+1}-2=1-\frac{2}{a_n}=\frac{1}{a_n}(a_n-2)\ \cdots\cdots\text{ⓑ}$$

ⓐ에서 ⓑ를 나누어 주면, $\dfrac{a_{n+1}-1}{a_{n+1}-2}=2\times\dfrac{a_n-1}{a_n-2}$이다.

그리고 $b_n=\dfrac{a_n-1}{a_n-2}$이라 하면 $b_{n+1}=2b_n$, $b_1=-1$이다.

따라서 $b_n=-2^{n-1}$이고 대입해주면 $a_n=\dfrac{2^n+1}{2^{n-1}+1}$이다.

이제 삼각치환을 해야 하는 경우를 알아보자. 이는 단순히 $a_n=\sin\theta_n$처럼 삼각치환을 하는 것이다.
또한 삼각함수의 2배각 공식 등이 사용된다.
아래와 같이 실제 예시를 보자.

Question) $a_{n+1}=2a_n^2-1,\,a_1=\dfrac{1}{\sqrt{2}}$ $(n\geq 1)$일 때 $\{a_n\}$의 일반항을 구하시오.

Solution) $a_n=\cos\theta_n$이라 하고 대입하면 $\cos\theta_{n+1}=2\cos^2\theta_n-1=\cos 2\theta_n$이다.

그러면 $\theta_{n+1}=2\theta_n$, $\theta_1=\dfrac{\pi}{4}$이므로 $\theta_n=2^{n-3}\pi$이다.

따라서 $a_n=\cos(2^{n-3}\pi)$이다.

example 212 ★★★★★★★

$a_{n+1}=\dfrac{2}{a_n+1}$, $a_1=2$ $(n\geq 1)$이다. 이때 $\{a_n\}$의 일반항을 구하시오. (단, $a_n\neq 1$이다.)

example 213 ★★★★★★★

$a_{n+1}=\dfrac{1}{2}\left(a_n+\dfrac{1}{a_n}\right)$, $a_1=2$ $(n\geq 1)$이다. 이때 $\{a_n\}$의 일반항을 구하시오. (단, $a_n\neq 1$이다.)

example 214 ★★★★★★★

$a_{n+1}=2-\dfrac{1}{a_n}$ $(n\geq 1)$이다. 다음 물음에 답하시오.

1. $\{a_n\}$의 일반항을 a_1을 이용해 나타내시오.

2. $p_n=\displaystyle\prod_{k=1}^{n}\left(1+\frac{1}{k}\right)^{n+1-k}$라 하자. 이때 $\displaystyle\sum_{n=1}^{\infty}\frac{1}{p_n}\leq 1$임을 보이시오.

(단, $\displaystyle\prod_{k=1}^{n}x_k=x_1\times x_2\times\cdots\cdots\times x_n$이고, $\left\{\dfrac{1}{p_n}\right\}$의 급수는 수렴한다.)

example 215 ★★★★★★☆

$a_{n+1} = \sqrt{a_n + 2}$, $a_1 = 1$ $(n \geq 1)$이다. 다음 물음에 답하시오.

1. $\{a_n\}$의 일반항을 구하시오.

2. $\lim_{n \to \infty} a_n = L$이라고 하자. 이때 $\sum_{n=1}^{\infty}(L - a_n) \leq \frac{4}{27}\pi^2$ 임을 보이시오. (단, $\{L - a_n\}$의 급수는 수렴한다.)

example 216 ★★★★★☆☆

$a_{n+1} = \frac{a_n}{2} - \frac{2}{a_n}$, $a_1 = 2\sqrt{3}$ $(n \geq 1)$이다. 이때 $\{a_n\}$의 일반항을 구하시오.

마지막으로 이웃한 항이 3개 이상 존재하는 점화식을 일반항을 구하는 법을 알아보자.

우선 $x^2 = px + q$의 서로 다른 두 근을 α, β라고 하자.

그러면 $\alpha^2 = p\alpha + q$, $\beta^2 = p\beta + q$를 만족한다.

그리고 양변에 $s\alpha^n$, $t\beta^n$을 각각 곱해서 더해주면 다음과 같은 식을 얻는다.

$s\alpha^{n+2} + t\beta^{n+2} = p(s\alpha^{n+1} + t\beta^{n+1}) + q(s\alpha^n + t\beta^n)$

그리고 $a_n = s\alpha^n + t\beta^n$이라고 하면 $a_{n+2} = pa_{n+1} + qa_n$임을 알 수 있다.

즉, 정리하면 아래의 식과 같다.

> $a_{n+2} + pa_{n+1} + qa_n = 0$의 점화식에서 $\{a_n\}$의 일반항은 다음과 같다.
>
> $a_n = s\alpha^n + t\beta^n$ (단, α, β는 $x^2 + px + q = 0$의 서로 다른 두 근이다.)
>
> 만약 $x^2 + px + q = 0$이 중근을 갖는다면 $a_n = (s + tn)\left(-\frac{p}{2}\right)^n$이다.

추가적으로 이웃한 항이 4개 이상이라면 3차 이상의 방정식의 근을 구한 뒤 위와 같은 방식으로 점화식을 세워주면 된다.

example 217 ★★★★★★★

$a_{n+2} = a_{n+1} + a_n$, $a_1 = 1$, $a_2 = 2$ $(n \geq 1)$이다. 이때 $\{a_n\}$의 일반항을 구하시오.

example 218 ★★★★★★★

$a_{n+3} = 2a_{n+2} + 2a_{n+1} + 3a_n$, $a_1 = 0$, $a_2 = 2$, $a_3 = 11$ $(n \geq 1)$이다.

이때 $\sum_{n=1}^{10} a_n$의 값을 구하시오.

example 219 ★★★★★★★

$x + y + z = 2$, $x^2 + y^2 + z^2 = 8$, $xyz = 1$일 때 $x^6 + y^6 + z^6$의 값을 구하시오.

9.3 최대최소정리와 사잇값 정리

최대최소정리란 다음과 같다.
$[a, b]$에서 연속함수 $f(x)$는 최댓값 M과 최솟값 m을 가진다.

example 220 ★★★★★★★

$f(x)$가 $[a, b]$에서 연속이다. 그리고 $g(x)=\int_a^x f(t)dt$이라 하자. 이때 $g(x)$가 (a, b)에서 미분가능하고, $g'(x)=f(x)$임을 보이시오.

그리고 **사잇값 정리**란 다음과 같다.
연속함수 $f(x)$가 $[a, b]$에서 정의 되었을 때 $f(a)$, $f(b)$사이의 임의의 실수 k가 존재하여 $f(c)=k$를 만족하는 c가 (a, b)에 존재한다.

example 221 ★★★★★★★

$f(x)=(x-a_1)(x-a_2)\cdots\cdots(x-a_n)\left(\frac{1}{x-a_1}+\frac{1}{x-a_2}+\cdots\cdots+\frac{1}{x-a_n}\right)$이라 하자.
그리고 $a_1<a_2<\cdots\cdots<a_n$이다. 이때 $f(x)=0$의 서로 다른 실근 개수를 구하시오.

example 222 ★★★★★★★

연속함수 $f(x):[0,\ 1]\to[0,\ 1]$에 대해 $f(0)=0,\ f(1)=1,\ f(f(x))=x$이다.

1. $f(x)$가 일대일함수임을 보이시오.

2. $f(x)$가 순증가함수임을 보이시오.

3. $f(x)$를 구하시오.

example 223 ★★★★★★★

연속함수 $f(x), g(x):[0,\ 1]\to[0,\ 1]$에 대해 $f(g(x))=g(f(x))$이다.
(단, $f^{n}(x)=f'(f^{n-1}(x))$ $(n\geq 2)$이다.)

1. $f(x)-g(x)>m$이면 $f^{n}(x)-g^{n}(x)>nm$임을 보이시오.

2. $f(c)=g(c)$를 만족하는 c가 $(0,\ 1)$에 존재함을 보이시오.

9.4 평균값 정리

평균값 정리를 이해하기 전 롤의 정리를 알아보자.

롤의 정리란 다음과 같다.

$f(x)$가 $[a, b]$에서 연속이고, (a, b)에서 미분 가능하며, $f(a)=f(b)$일 때
$f'(c)=0$을 만족하는 c가 (a, b)에 존재한다.

이제 롤의 정리를 증명하자.

proof) $f'(c)=0$을 만족하는 c가 (a, b)에 존재하지 않는다고 가정하자.
그러면 (a, b)에서 $f'(x)>0$이거나 $f'(x)<0$이다.
첫 번째로 (a, b)에서 $f'(x)>0$이라 하자.
그러면 $f(x)$는 $[a, b]$에서 증가함수이므로 $f(b)>f(a)$이다.
이는 $f(a)=f(b)$라는 가정에 위배된다.
두 번째로 $f'(x)<0$라면 $f(x)$는 $[a, b]$에서 감소함수이므로 $f(a)>f(b)$이다.
마찬가지로 $f(a)=f(b)$라는 가정에 위배된다.
따라서 $f'(c)=0$을 만족하는 c가 (a, b)에 존재한다. ▨

example 224 ★★★★★★★

$f(x)=x^n(x-1)^n$이다. 또한 $f^n(x)=f'(f^{n-1}(x))$, $(n \geq 2)$이다.

1. $f^k(x)$는 $x^{n-k}(x-1)^{n-k}$를 인수로 가짐을 증명하시오. (단, k는 $0 \leq k \leq n$을 만족하는 정수이다.)

2. $f^n(x)=0$의 서로 다른 실근의 개수를 구하시오.

다음으로 **평균값 정리**란 다음과 같다.

$f(x)$가 $[a, b]$에서 연속이고, (a, b)에서 미분 가능할 때,

$\dfrac{f(b)-f(a)}{b-a}=f'(c)$를 만족하는 c가 (a, b)에 존재한다.

proof) $l(x)$를 $(a, f(a))$, $(b, f(b))$를 지나는 일차함수라 하자.

그리고 $g(x)=f(x)-l(x)$라 하자.

$g(a)=f(a)-l(a)=f(a)-f(a)=0$,

$g(b)=f(b)-l(b)=f(b)-f(b)=0$이므로 $g(a)=g(b)$이다.

$g(x)$가 $[a, b]$에서 연속이고, (a, b)에서 미분 가능하며, $g(a)=g(b)$이므로

롤의 정리에 의해 $g'(c)=0$인 c가 (a, b)에 존재한다.

$g'(c)=0$을 정리하면 $\dfrac{f(b)-f(a)}{b-a}=f'(c)$을 얻을 수 있다. ▨

example 225 ★★★★★★★

$\ln(x+1)-\ln(x)>\dfrac{1}{x+1}$임을 증명하고, 이를 이용하여 $x>0$일 때 $f(x)=\left(1+\dfrac{1}{x}\right)^x$가 증가함수임을 보이시오.

example 226 ★★★★★★★

$(0, 1)$에서 미분 가능한 함수 $f(x)$에 대해 $f(0)=0$, $f(1)=1$이다. $(0, 1)$에서 $f'(x)\leq 1$일 때 $f(x)$를 구하시오.

example 227 ★★★★★★★

$f(x)$가 $[0, \infty]$에서 연속이고, $(0, \infty)$에서 미분 가능하다. $f(0)=0$이고, $f'(x)$가 증가함수일 때 $\dfrac{f(x)}{x}$가 $(0, \infty)$에서 증가함수임을 보이시오.

example 228 ★★★★★★★

$f(x)$가 $[0,1]$에서 연속이고, $(0,1)$에서 미분 가능하다. $f(0)=1$이고, $x\in(0,1)$에서 $|f'(x)|\le|f(x)-1|$을 만족할 때 $f(x)$를 구하시오.

example 229 ★★★★★★★

1. $f(x)$가 $[a,\, b]$에서 연속일 때, $(b-a)f(c)=\int_a^b f(x)dx$를 만족하는 c가 $(a,\, b)$에 존재함을 증명하시오.

   (적분의 평균값 정리)

2. $f(x)$, $g(x)$가 $[a,\, b]$에서 연속이고, $g(x)\ge 0$일 때 다음을 증명하시오.

   $\int_a^b f(x)g(x)dx=f(c)\int_a^b g(x)dx$를 만족하는 c가 $(a,\, b)$에 존재한다.

example 230 ★★★★★★★

평균이 μ이고, 표준편차가 σ인 정규분포의 확률밀도함수는 다음과 같다.

$$f(x)=\frac{1}{\sigma\sqrt{2\pi}}e^{-\frac{(x-\mu)^2}{2\sigma^2}}$$

다음 물음에 답하시오.

1. $\lim_{n\to\infty}\sum_{k=n}^{3n}\left({}_{4n}C_k\times\frac{3^k}{16^n}\right)$의 값을 구하시오.

2. $a>0$일 때, $\lim_{x\to\infty}\sqrt{x}\,e^{-ax}$의 값을 구하시오.

3. $\lim_{n\to\infty}\sum_{k=n}^{2n}\left({}_{4n}C_k\times\frac{3^k}{16^n}\right)$의 값을 구하시오.

Advanced problem

Problem 01

${}_{100}C_0+{}_{100}C_5+{}_{100}C_{10}+\cdots\cdots\ {}_{100}C_{100}$를 3으로 나눈 나머지를 구하고자 한다.
다음의 소문항에 답하시오.

[1] $w^5=1$을 만족하는 w에 대해 $w+\dfrac{1}{w}$의 값을 구하시오.

(단, w는 실수가 아니고, $w+\dfrac{1}{w}$는 양수이다.)

[2] $(1+w)^{100}$, $(1+w^2)^{100}$, $(1+w^3)^{100}$, $(1+w^4)^{100}$을 구하시오.

[3] ${}_{100}C_0+{}_{100}C_5+{}_{100}C_{10}+\cdots\cdots\ {}_{100}C_{100}$을 3으로 나눈 나머지를 구하시오.

Problem 02

$(x^2+3x+1)^n=(x^2+x+1)Q_n(x)+a_nx+b_n$이다. $(x^2+3x+1)^n$을 x^2+x+1로 나눈 몫은 a_nx+b_n이다.
다음의 소문항에 답하시오.

[1] a_1, b_1, a_2, b_2를 구하시오.

[2] a_{n+2}를 a_{n+1}, a_n으로 나타내고, b_{n+2}를 b_{n+1}, b_n으로 나타내시오.

[3] $(x^2+3x+1)^{2025}$를 x^2+x+1로 나눈 나머지를 구하시오.

Problem 03

4차 이하의 방정식의 근의 공식은 구할 수 있지만, 5차 이상의 방정식은 구할 수 없다고 알려져 있다.
삼차방정식($ax^3+bx^2+cx+d=0$)의 근을 구하고자 한다.
다음의 소문항에 답하시오.

[1] x에 $y+k$를 넣어 y에 대한 내림차순으로 나타내었더니 $y^3+py+q=0$이다.
이때 k, p, q를 a, b, c, d로 나타내시오.

[2] $y^3+py+q=0$에서 $y=u+v$를 대입하였다. u^3, v^3을 구하시오. (단, $uv=-\dfrac{p}{3}$이다.)

[3] $w^2+w+1=0$이다. 이때 $y^3+py+q=0$의 세 근이
$y=uw^{a_1}+vw^{b_1}, uw^{a_2}+vw^{b_2}, uw^{a_3}+vw^{b_3}$이라고 한다. 이때 $a_i, b_i(i=1,2,3)$의 값을 구하고
$a_i, b_i(i=1,2,3)$를 대입한 $y=uw^{a_1}+vw^{b_1}, uw^{a_2}+vw^{b_2}, uw^{a_3}+vw^{b_3}$에 대입한 값이
$y^3+py+q=0$의 세근이 될 수 있음을 보이시오. (단, $a_i, b_i(i=1,2,3)$는 0이상 3미만의
자연수이고, $a_1 \le a_2 \le a_3$이다.)

[4] $\sqrt[3]{2}=r$이라 할 때 $x^3-3x^2+9x-5=0$의 근을 r을 이용해 나타내시오.

Problem 04

$x^{17}=1$은 오직 근호 $\sqrt{\ }$만을 이용해서 나타낼 수 있다. (단, $\sqrt{\ }$를 적절히 조합할 수 있다. ex) $\sqrt{5+\sqrt{4+2\sqrt{7}}}$) 그리고 $w^{17}=1$을 만족하는 w에 대해 $w+\frac{1}{w}=a$,

$b=w^2+\frac{1}{w^2}, c=w^4+\frac{1}{w^4}, d=w^8+\frac{1}{w^8}, e=a+c, f=e-\frac{1}{e}$이라 하자. (단, w는 1이 아니다.)

다음의 소문항에 답하시오.

[1] $b+d$를 e로 나타내시오.

[2] b^2+d^2, a^2+c^2을 e로 나타내시오.

[3] $(b-d)^2$, $(a-c)^2$를 e로 나타내고, 가능한 f의 값을 모두 구하시오. (이때 $f\neq 1$임을 이용하시오.)

[4] 가능한 e의 값을 모두 구하고, $x^{17}=1$는 $\sqrt{\ }$를 적절히 조합할 수 있음을 설명하시오.

Problem 05

$f_n(x), g_n(x)$: $[0,1]\to[0,1]$에 대해 다음의 두 관계식이 성립한다. (단, $n\in N\cup\{0\}$)

$$\begin{cases} f_{n+1}(x)f_n(x)+g_{n+1}(x)g_n(x)=x \\ \{f_n(x)\}^2+\{g_n(x)\}^2=1 \end{cases}$$

또한 다음의 조건들이 성립한다.

모든 $x\in[0,1]$에 대해 $f_0(x)=1$

모든 $n\in N\cup\{0\}$에 대해 $(f_{n+2}(x)-f_n(x))(g_{n+2}(x)-g_n(x))\neq 0$

다음의 소문항에 답하시오.

[1] $f_1(x)$, $g_1(x)$를 구하시오.

[2] $f_{n+2}(x)$를 $f_{n+1}(x)$, $f_n(x)$로 나타내시오. 또한 $g_{n+2}(x)$를 $g_{n+1}(x)$, $g_n(x)$로 나타내시오.

[3] $\theta\in\left[0, \frac{\pi}{2}\right]$일 때, $\cos n\theta=f_n(\cos\theta)$, $\sin n\theta=g_n(\cos\theta)$임을 증명하시오.

Problem 06

$f(x)=\tan x$이다.

또한 함수 $p(x), q(x)$에 대하여 $p(x)$, $g(x)$가 $[a, b]$에서 연속이고, $g(x)\geq 0$일 때 다음 조건을 만족하는 c가 $[a, b]$에 존재한다.

조건: $\int_a^b p(x)q(x)dx=p(c)\int_a^b q(x)dx$

[1] $g(x)=\sum_{n=0}^{\infty}\frac{1}{2^n}f\left(\frac{x}{2^n}\right)$를 간단히 나타내시오.

[2] $f(x)=f(0)+f'(0)x+\frac{f''(0)}{2}x^2+\int_0^x\frac{1}{2}f'''(t)(x-t)^2dt$가 성립함을 보이시오.

[3] $\lim_{x\to0}\frac{g(x)}{x}$의 값을 구하시오. (단, 로피탈 정리를 사용할 수 없음)

Problem 07

$f_n(x) = \left(\sum_{k=1}^{n} kx^k\right) - 1 = nx^n + (n-1)x^{n-1} \cdots\cdots + x - 1$이다.

또한 수열 $\{x_n\}$에 대해 자연수 N이 존재하여 $n > N$을 만족하는 모든 n에 대해
$x_n > x_{n+1}$이고 $x_n > L$이면 $\{x_n\}$은 수렴한다.

그리고 $|r| < 1$이면 $\lim_{n\to\infty} r^n \times n = 0$이다.

다음의 소문항에 답하시오.

[1] 모든 n에 대해 $x > 0$일 때 $f_n(x) = 0$을 만족하는 x가 유일하게 존재함을 보이시오.

[2] 모든 n에 대해 $a_n > a_{n+1}$임을 증명하시오.

[3] $x > 0$일 때 $f_n(x) = 0$를 만족하는 x의 값을 a_n이라고 하자. 모든 $n \geq 2$에 대해
$0 < a_n \leq \frac{1}{2}$이고, a_n이 수렴함을 보이시오.

[4] $\lim_{n\to\infty} a_n = \frac{3-\sqrt{5}}{2}$임을 보이시오.

Problem 08

함수 $f(x)$가 n차 이하의 다항식이라 하자. $f(x_1)=f(x_2)=\cdots\cdots f(x_{n+1})$이면 $f(x)=0$이다.

또한 $\prod_{\substack{i=1 \\ i\neq k}}^{n} a_k = a_1 \times a_2 \times \cdots\cdots \times a_{k-1} \times a_{k+1} \times \cdots\cdots \times a_n$이다.

다음의 소문항에 답하시오.

[1] $f(x)$, $g(x)$는 모두 n차 이하의 다항식이다. 또한 $g(x)$가 $(x_1, f(x_1)), (x_2, f(x_2)), \cdots\cdots, (x_{n+1}, f(x_{n+1}))$를 지날 때 $f(x)=g(x)$임을 보이시오.

[2] $L_k(x)=\prod_{\substack{i=1 \\ i\neq k}}^{n+1} \dfrac{x-x_i}{x_k-x_i}$일 때 $(x_1, f(x_1)), (x_2, f(x_2)), \cdots\cdots, (x_{n+1}, f(x_{n+1}))$를 지나는 n차 이하의 다항식 $L(x)$에 대해 $L(x)=\sum_{k=1}^{n+1} f(x_k)L_k(x)$임을 보이시오.

[3] $\{f(x)+2\}\{f(x)-2\}$는 x^2-1로 나누어 떨어지고 $\{f(x)+1\}\{f(x)-1\}$은 x^2-4로 나누어 떨어진다. $f(x)$가 3차함수일 때 $f(0)$의 최댓값을 구하시오.

Problem 09

$I_n=\int_0^{\frac{\pi}{4}} \tan^n x\,dx$이다.

다음의 소문항에 답하시오. (이때 $\sum_{n=1}^{\infty}(-1)^{n-1}I_{n-1}$는 값이 존재한다.)

[1] $I_0, I_1, \lim_{n\to\infty} I_n$의 값을 구하고, I_{n+2}와 I_n간의 관계식을 구하시오.

[2] $\sum_{n=1}^{\infty}\dfrac{(-1)^{n-1}}{2n-1}=1-\dfrac{1}{3}+\dfrac{1}{5}-\dfrac{1}{7}+\cdots\cdots$의 값을 구하시오.

[3] $\sum_{n=1}^{\infty}\dfrac{(-1)^{n-1}}{n}=1-\dfrac{1}{2}+\dfrac{1}{3}-\dfrac{1}{4}+\cdots\cdots$의 값을 구하시오.

Problem 10

$I_n = \int_0^1 e^{-kx} x^n \, dx$이다.

다음의 소문항에 답하시오.

[1] I_0의 값을 구하고, I_n와 I_{n-1}간의 관계식을 구하시오.

[2] 연속함수 $f(x)$, $g(x)$에 대하여 부등식 ①을 증명하고, $\lim_{n\to\infty} \frac{k^{n+1}}{n!} I_n$의 값을 구하시오.

부등식 ①

$$\left(\int_0^1 f(x)g(x)\,dx\right)^2 \le \left(\int_0^1 (f(x))^2\,dx\right)\left(\int_0^1 (g(x))^2\,dx\right)$$

[3] I_n의 일반항을 구하시오.

[4] $e^x = \sum_{n=0}^{\infty} \frac{x^n}{n!} = 1 + x + \frac{x^2}{2!} + \cdots + \frac{x^k}{k!} + \cdots$임을 보이시오.

Problem 11

$f(x) = \frac{x^4+1}{x^2+1}$, $g(x) = x^2 + ax + b$이다. (단, a, b는 실수이다.)

다음의 소문항에 답하시오.

[1] $x \in [-1, 1]$에서 $f(x)$의 최댓값은 M, 최솟값은 m이다. M, m의 값을 구하시오.

[2] $x \in [-1, 1]$에서 $m \le g(x) \le M$이다. 이때 $f(x) = g(x)$가 실근을 갖도록 하는 (a, b)의 순서쌍이 존재하지 않음을 보이시오.

Problem 12

A학급과 B학급의 확률밀도함수는 다음과 같다.

$$f_A(x) = k_A e^{-\frac{(x-m)^2}{2\sigma_A^2}}, \quad f_B(x) = \frac{1}{2}k_B e^{-\frac{(x-m_1)^2}{2\sigma_B^2}} + \frac{1}{2}k_B e^{-\frac{(x-m_2)^2}{2\sigma_B^2}}$$

또한 $\int_{-\infty}^{\infty} e^{-x^2}dx = \sqrt{\pi}$이고, A학급과 B학급 모두 $x \in (-\infty, \infty)$이다.

다음의 소문항에 답하시오.

[1] k_A, k_B의 값을 σ_A, σ_B로 나타내시오.

[2] A, B학급의 평균과 분산을 $\sigma_A, \sigma_B, m, m_1, m_2$로 나타내시오.

[3] A, B학급의 평균과 분산이 동일하기 위한 조건을 구하시오.
(단, $\sigma_A, \sigma_B, m, m_1, m_2$로 조건을 서술하시오.)

[4] $m = 0$, $m_2 = 1$, $\sigma_B = \sqrt{2}$일 때, $f_A(x), f_B(x)$의 개형을 그리시오.
그리고 $x = 1, 3$에서의 함수값의 대소를 판단하시오. (Hint: $2 < e < 2\sqrt{2}$)

[5] $m = 0$, $m_2 = 1$, $\sigma_B = \sqrt{2}$일 때, $P(X \geq 1)$의 값이 더 큰 학급과 $P(X \geq 3)$의 값이 더 큰 학급은 각각 어디인지 답하시오. 또한 이것이 시사하는 바가 무엇인지 서술하시오.

Problem 13

$m^n = n^m$이다. (단, m, n은 실수이고, $m \neq n$이다.)
다음의 소문항에 답하시오.

[1] $0 < m < 1$일 때 위의 식을 만족하는 (m, n)의 순서쌍이 존재하지 않음을 보이시오.

[2] m, n이 자연수일 때 (m, n)의 모든 순서쌍을 구하시오.

Problem 14

$x_n = (1+\sqrt{2})^n + r^n$이다.
다음의 소문항에 답하시오.

[1] 모든 $n \in N$에 대해 x_n의 값이 짝수가 되도록 하는 r의 값이 유일함을 보이고, r의 값을 구하시오.

[2] $(1+\sqrt{2})^n = a_n + b_n\sqrt{2}$일 때 a_{n+2}를 a_{n+1}, a_n으로 나타내고, b_{n+2}를 b_{n+1}, b_n으로 나타내시오.

[3] $\lim_{n \to \infty} \dfrac{b_n}{a_n}$의 값을 구하시오.

Problem 15

$n \in N$이고, $[x]$는 x의 정수부분이다.
다음의 소문항에 답하시오.

[1] $n \geq 2$일 때 $2(\sqrt{n+1}-\sqrt{n}) < \dfrac{1}{\sqrt{n}} < 2(\sqrt{n}-\sqrt{n-1})$이 성립함을 보이시오.

[2] $\left[\displaystyle\sum_{k=1}^{2025} \frac{1}{\sqrt{k}}\right]$의 값을 구하시오.

[3] $\left[\displaystyle\sum_{k=1}^{2024} \frac{1}{k}\right]$의 값을 구하시오. (단, $\ln 2 = 0.693, \ln 3 = 1.099, \ln 5 = 1.609$이다.)

Problem 16

x가 실수일 때 $e^x \geq 1+x$이다. 또한 $I_n = \displaystyle\int_0^{\frac{\pi}{2}} \cos^n x\, dx$이라 하자.

다음의 소문항에 답하시오.

[1] $\displaystyle\lim_{n\to\infty} \frac{I_{2n-1}}{I_{2n}}$의 값을 구하시오.

[2] $I_{2n-1} \times I_{2n}$과 $\displaystyle\lim_{n\to\infty} \sqrt{n}\, I_{2n}$의 값을 구하시오.

[3] $\displaystyle\int_0^{\infty} \sqrt{2n}\,(1-t^2)^{2n}\, dt \leq \int_0^{\infty} e^{-t^2} dt \leq \int_0^{\infty} \frac{\sqrt{2n}}{(1+t^2)^{2n}} dt$임을 보이시오.

[4] $\displaystyle\int_{-\infty}^{\infty} e^{-x^2} dx$의 값을 구하시오.

Problem 17

$X \sim B(n, p)$를 따른다. 또한 $\gamma = E\left[\left(\frac{X-m}{\sigma}\right)^3\right]$, $\delta = E\left[\left(\frac{X-m}{\sigma}\right)^4\right] - 3$이라고 했을 때 γ는 얼마나 비대칭인지, δ는 최빈값에 얼마나 많이 모여 있는지 나타내는 척도이다.
다음의 소문항에 답하시오.

[1] $E[X]$, $E[X^2]$의 값을 구하시오.

[2] $E[X^3]$, $E[X^4]$의 값을 구하시오.

[3] $\gamma = 0$이 되기 위한 조건을 구하시오. 또한 $\gamma > 0$일 때 최빈값과 중앙값을 대소를 비교하시오.

[4] $\delta = 0$이 되기 위한 조건을 구하시오.

Problem 18

함수 $f(x)$가 다음의 조건을 만족한다.

조건 1) $f : [0, \infty) \rightarrow [0, \infty)$
조건 2) $f(f(x)) = f(x) + x$
조건 3) 함수 $f(x)$는 $[0, \infty)$에서 연속이다.

또한 모든 정수 n에 대해 $\{t_n\}$은 $t_n = t_{n-1} + t_{n-2}$, $t_0 = 0, t_1 = 1$을 만족한다.
다음의 소문항에 답하시오.

[1] 모든 정수 n에 대해 $\{t_n\}$이 $t_n = \alpha\left(\frac{1-\sqrt{5}}{2}\right)^n + \beta\left(\frac{1+\sqrt{5}}{2}\right)^n$의 꼴로 나타날 수 있음을 보이고, α, β의 값을 구하시오.

[2] 함수 $f(x)$가 일대일함수임을 보이고, $f(0)$의 값을 구하시오.

[3] 임의의 $p \in [0, \infty)$에 대해 $f(p) = q$를 만족하는 $q \in [0, \infty)$가 존재한다. $a_n = pt_n + qt_{n+1}$이라고 정의했을 때 모든 정수 n에 대해 $a_{n+1} = f(a_n)$임을 보이시오.

[4] 함수 $f(x)$를 구하시오.

"모두가 틀릴 때, 나는 맞는다."

28일작전 수리논술

1. 수열

example solution 001

$a_5 = 15,\ a_{10} = 55$

example solution 002

$a_5 = 192,\ a_{10} = 11264$

example solution 003

$S_5 = 35$

example solution 004

$S_6 = 4 + 12 + 32 + 80 + 192 + 448 = 768$

example solution 005

우선 첫 번째로 $S_n = n^2 + n$이면,

$$a_n = S_n - S_{n-1} = n^2 + n - (n-1)^2 - (n-1) = 2n\ (n \geq 2)$$
$$a_1 = S_1 = 2$$

따라서 $a_n = 2n$이다.

다음으로 $S_n = n^2 + n + 7$이면,

$$a_n = S_n - S_{n-1} = n^2 + n + 7 - (n-1)^2 - (n-1) - 7 = 2n\ (n \geq 2)$$
$$a_1 = S_1 = 9$$

따라서 $a_n = \begin{cases} 2n\ (n > 1) \\ 9\quad (n = 1) \end{cases}$이다.

example solution 006

$$a_n = S_n - S_{n-1} = (3n+1)2^n - (3n-2)2^{n-1} = 2^{n-1}(3n+4)\ (n \geq 2)$$
$$a_1 = S_1 = 8$$

따라서 $a_n = \begin{cases} 2^{n-1}(3n+4) & (n > 1) \\ 8 & (n = 1) \end{cases}$이다.

example solution 007

$a_n=7\times2^{n-1}$이므로 $a_5=112$이다.

example solution 008

$r^3=\frac{a_8}{a_5}=\frac{81}{24}=\frac{27}{8}$이므로 주어진 등비수열의 공비는 $r=1.5$이다.

따라서 $a_{10}=a_8r^2=81\times1.5^2=182.25$이다.

example solution 009

1. $S_{10}=\frac{3\times(2^{10}-1)}{2-1}=3069$

2. $S_{10}=\frac{3\times(1-(-2)^{10})}{1-(-2)}=-1023$

3. $S_{10}=\frac{3\times(1-\frac{1}{4^{10}})}{1-\frac{1}{4}}=4(1-\frac{1}{4^{10}})$

4. $S_{10}=\frac{3\times(1-\frac{1}{4^{10}})}{1+\frac{1}{4}}=\frac{12}{5}(1-\frac{1}{4^{10}})$

example solution 010

$a_n=2n+5$이므로 $a_8=21$이다.

example solution 011

$a_5=a_1+4d=1$이고, $a_{100}=a_1+99d=6$이므로 이를 잘 연립해주면, $a_1=\frac{5}{19}, d=\frac{1}{19}$이다. 따라서

$a_{115}=a_1+114d=\frac{129}{19}$이다.

example solution 012

1. $S_{10}=\frac{10(6+9\times2)}{2}=120$

2. $S_{10}=\frac{10(6-\frac{9}{4})}{2}=\frac{75}{4}$

3. 100번째 항부터 200번째 항까지의 전체 항의 개수는 101개이다. 따라서 합은 다음과 같다.

$$a_{100}+a_{101}+\cdots\cdots+a_{200}=\frac{101\times(10+50)}{2}=3030$$

example solution 013

1. $S_n=\frac{n(210-4(n-1))}{2}=n(107-2n)$이다. 이를 완전제곱의 꼴로 나타내면

$S_n=-2\left(n-\frac{107}{4}\right)^2+\frac{107^2}{2}$이므로 $n=27$일 때 최소이다.

2. $a_8+a_9+\cdots\cdots a_{91}=\frac{91-8+1}{2}\times(a_{10}+a_{89})=42\times63=2646$

example solution 014

$$\sum_{k=1}^{10}k=55,\ \sum_{k=1}^{15}k^2=1240,\ \sum_{k=1}^{17}k^3=23409$$

example solution 015

$$\sum_{k=1}^{10}k^3+3k^2+2k+10=3025+3\times385+2\times55+100=4390$$

example solution 016

$$\sum_{k=2020}^{2040}\frac{(k-2020)^3}{20}+\frac{(k-2020)^2}{10}+\frac{k}{15}$$

$$=\sum_{k=0}^{20}\frac{k^3}{20}+\frac{k^2}{10}+\frac{k}{15}+\frac{2020}{15}$$

$$=\frac{1}{20}\times210^2+\frac{1}{10}\times2870+\frac{1}{15}\times210+\frac{2020}{15}\times21$$

$$=5334$$

2. 방정식과 부등식

example solution 017

차례대로 $x=2,\ -5$ // $x=\dfrac{-3\pm3\sqrt{5}}{2}$ // $x=\dfrac{7\pm\sqrt{11}\,i}{10}$

example solution 018

$ax^2+bx+c=0$

$4a^2x^2+4abx+4ac=0$

$4a^2x^2+4abx+b^2=b^2-4ac$

$(2ax+b)^2=b^2-4ac$

$2ax+b=\pm\sqrt{b^2-4ac}$

$x=\dfrac{-b\pm\sqrt{b^2-4ac}}{2a}$

example solution 019

1. $f(x)=x^2-8x-12<0$

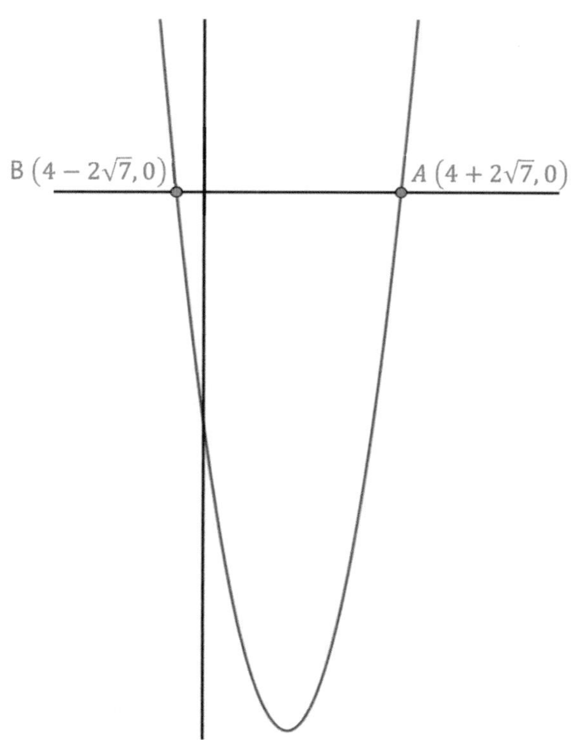

▲ fig.1. example solution 19-1의 그림

따라서 $4-2\sqrt{7}<x<4+2\sqrt{7}$ 이다.

2. $f(x) = 2x^2 + x - 6 > 0$

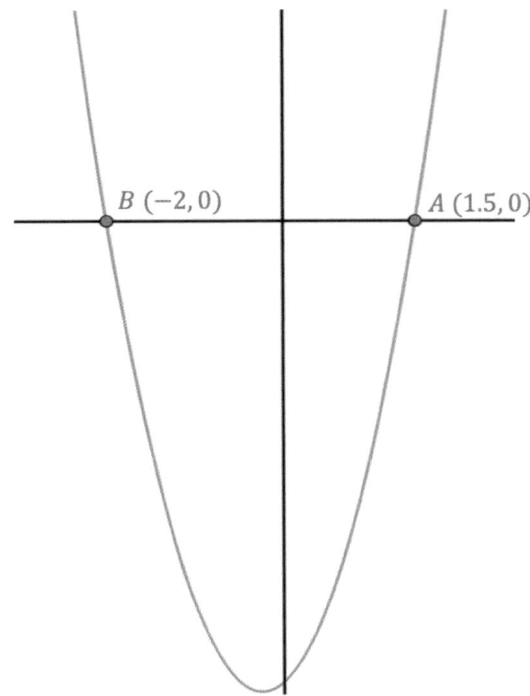

▲ fig.2. example solution 19-2의 그림

따라서 $x > \frac{3}{2}$, $x < -2$이다.

example solution 020

$x^3 + 3x^2 + 3x + 2 = (x+2)(x^2+x+1)$이므로 $x = -2$이다.

$2x^3 + x^2 - 3x + 1 = (2x-1)(x^2+x-1)$이므로 $x = \frac{1}{2}, \frac{-1 \pm \sqrt{5}}{2}$이다.

example solution 021

$f(x) = x^3 + 3x^2 + 3x + 2 > 0$

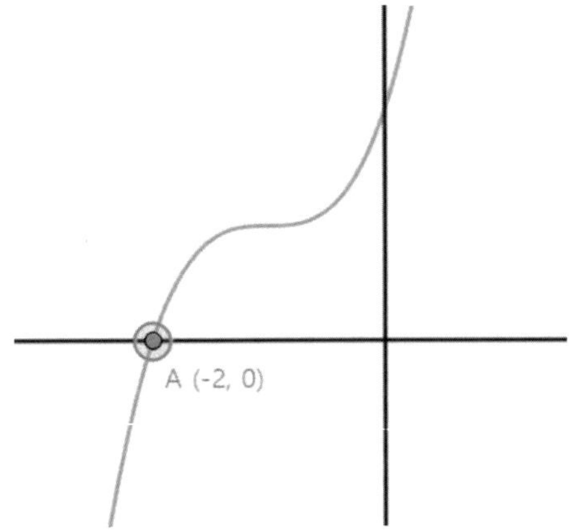

▲ fig.3. example solution 21-1의 그림

따라서 $x > -2$이다.

$f(x) = 2x^3 + x^2 - 3x + 1 < 0$

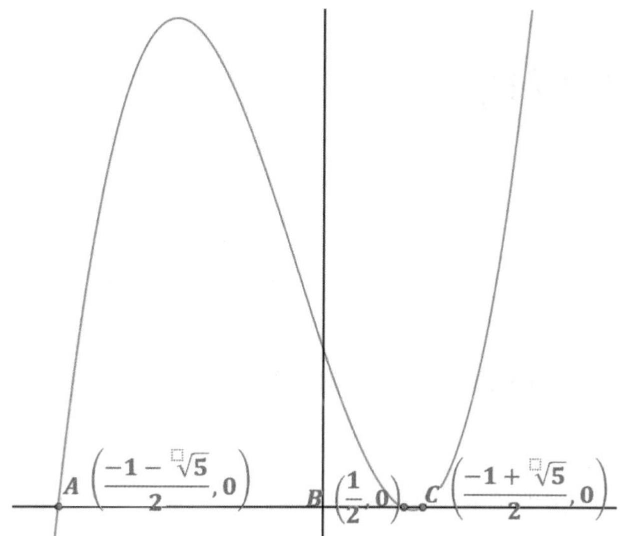

▲ fig.4. example solution 21-2의 그림

따라서 $\frac{-1-\sqrt{5}}{2} < x < \frac{1}{2}$, $x > \frac{-1+\sqrt{5}}{2}$이다.

3. 여러 가지 함수

example solution 022 [1)]

$f_2(x)=ax^2+bx+c$라고 하자. 그러면 다음과 같은 연립방정식을 세울 수 있다.

$\begin{cases} a+b+c=-2 \\ 25a+5b+c=58 \\ 4a-2b+c=-1 \end{cases}$ 이를 잘 연립해주면 $a=\dfrac{46}{21}, b=\dfrac{13}{7}, c=-\dfrac{127}{21}$이다. 따라서 주어진 세 점을 지나는

이차함수는 $f_2(x)=\dfrac{46}{21}x^2+\dfrac{13}{7}x-\dfrac{127}{21}$이다.

$f_3(x)=ax^3+bx^2+cx+d$라 하자. 그리고 네 점을 대입해주면 다음과 같은 연립방정식을 세울 수 있다.

$\begin{cases} -a+b-c+d=-3 \\ a+b+c+d=5 \\ 8a+4b+2c+d=15 \\ 27a+9b+3c+d=37 \end{cases}$ 이를 잘 연립해주면 $a=1, b=0, c=3, d=1$임을 알 수 있다.

따라서 주어진 네 점을 지나는 삼차함수는 $f_3(x)=x^3+3x+1$이다.

위의 문제를 라그랑주 보간 다항식을 이용해 풀면 다음과 같이 풀 수 있다.

$$\begin{aligned} f_2(x) &= \frac{(x-5)(x-(-2))}{(1-5)(1-(-2))}\times(-2)+\frac{(x-1)(x-5)}{(5-1)(5-(-2))}\times 58+\frac{(x-1)(x-5)}{(-2-1)(-2-5)}\times(-1) \\ &= \frac{1}{6}(x^2-3x-10)+\frac{29}{14}(x^2-6x+5)-\frac{1}{21}(x^2-6x+5) \\ &= \frac{46}{21}x^2+\frac{13}{7}x-\frac{127}{21} \end{aligned}$$

$f_3(x)$ 또한 라그랑주 보간 다항식을 이용해 해결해 보길 바란다.

example solution 023

$\max\{9, 6.5\}=9$, $\min\{0.5, 0.5\}=0.5$

1) $(x_0, y_0), (x_1, y_1), \cdots\cdots, (x_n, y_n)$을 지나는 n차 함수는 다음과 같다.

$$f_n(x)=\sum_{k=0}^{n}\frac{(x-x_0)\times\cdots\cdots\times(x-x_{k-1})\times(x-x_{k+1})\times\cdots\cdots\times(x-x_n)}{(x_k-x_0)\times\cdots\cdots\times(x_k-x_{k-1})\times(x_k-x_{k+1})\times\cdots\cdots\times(x_k-x_n)}y_k$$

예를 들어 $n=1$즉 $(x_0, y_0), (x_1, y_1)$을 지나는 1차 함수는 다음과 같다.

$$f_1(x)=\frac{(x-x_1)}{(x_0-x_1)}y_0+\frac{(x-x_0)}{(x_1-x_0)}y_1$$

또한 $(x_0, y_0), (x_1, y_1), (x_2, y_2)$를 지나는 2차 함수는 다음과 같다.

$$f_2(x)=\frac{(x-x_1)(x-x_2)}{(x_0-x_1)(x_0-x_2)}y_0+\frac{(x-x_0)(x-x_2)}{(x_1-x_0)(x_1-x_2)}y_1+\frac{(x-x_0)(x-x_1)}{(x_2-x_0)(x_2-x_1)}y_2$$

이를 "라그랑주 보간 다항식"이라고 부른다.

example solution 024

$f(x)=\max\{3x, 6-x\}=\begin{cases}6-x\ (x \leq 1.5)\\3x \quad (x > 1.5)\end{cases}$

$g(x)=\min\{2x+3, 24-x\}=\begin{cases}2x+3\ (x \leq 7)\\24-x\ (x > 7)\end{cases}$

이제 $x \leq 1.5 / 1.5 \leq x \leq 7 / 7 \leq x$ 3가지 경우에 대해 방정식을 풀어보자

$$\begin{cases} x \leq 1.5 & 6-x=2x+3 \Rightarrow x=1 \\ 1.5 \leq x \leq 7 & 3x=2x+3 \quad \Rightarrow x=3 \\ 7 \leq x & 3x=24-x \quad \Rightarrow x=6 \end{cases}$$

따라서 주어진 범위를 만족하는 $x=1, 3$이다.

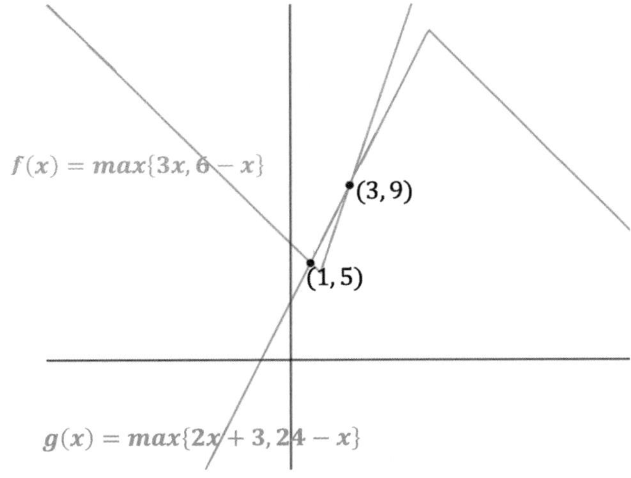

▲ fig.4. example solution 24의 그림

이에 대한 그림은 위와 같다.

example solution 025

$f(x)=\max\{x-1, 2, 2-2x\}=\begin{cases}2-2x \quad (x \leq 0)\\ \quad 2 \quad (0 \leq x \leq 3)\\ x-1 \quad (3 \leq x)\end{cases}$

$g(x)=\min\{x-1, 2, 2-2x\}=\begin{cases}x-1\ \ (x \leq 1)\\2-2x\ (1 \leq x)\end{cases}$

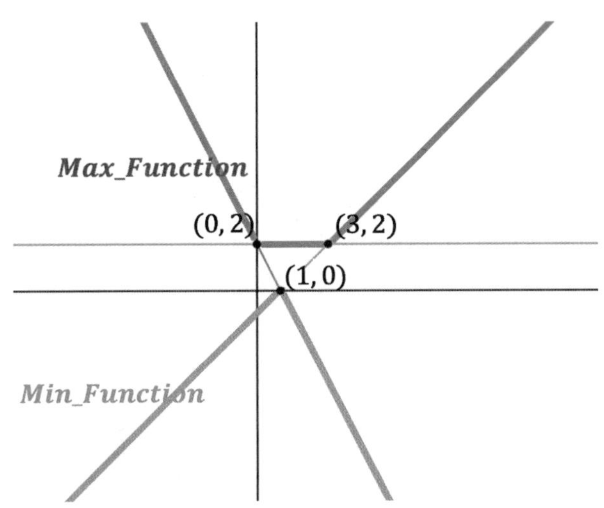

▲ fig.5. example solution 25의 그림

example solution 026

$f(x)=|x-2|+|2x+3|-|3x+6|$

$$f(x)=\begin{cases}-x+2-2x-3+3x+6 & (x\le -2)\\ -x+2-2x-3-3x-6 & (-2\le x\le -1.5)\\ -x+2+2x+3-3x-6 & (-1.5\le x\le 2)\\ x-2+2x+3-3x-6 & (2\le x)\end{cases}$$

이를 정리해주면 다음과 같다.

$$f(x)=\begin{cases}5 & (x\le -2)\\ -6x-7 & (-2\le x\le -1.5)\\ -2x-1 & (-1.5\le x\le 2)\\ -5 & (2\le x)\end{cases}$$

이를 이용해 함수 $f(x)$를 그리면 아래와 같다.

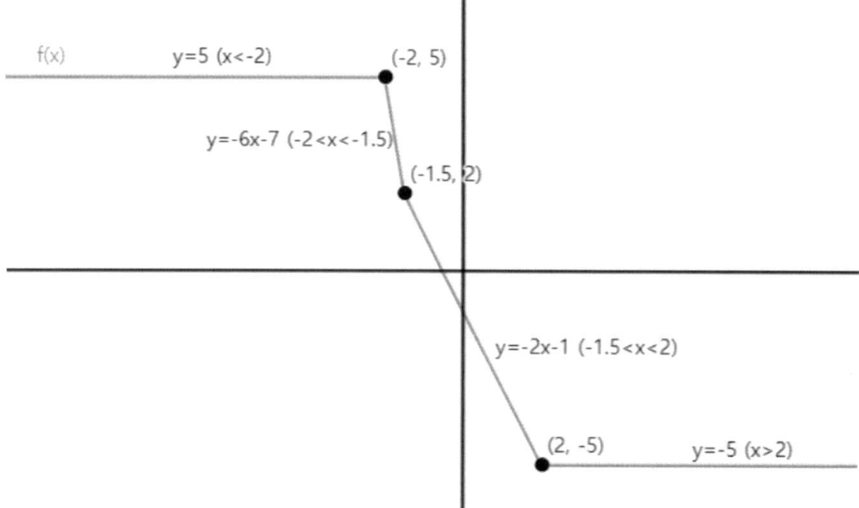

▲ fig.6. example solution 26의 그림

example solution 027

$f(x)=|x^2-2x-8|$, $g(x)=2x-8$의 그래프를 그리면 다음과 같다.

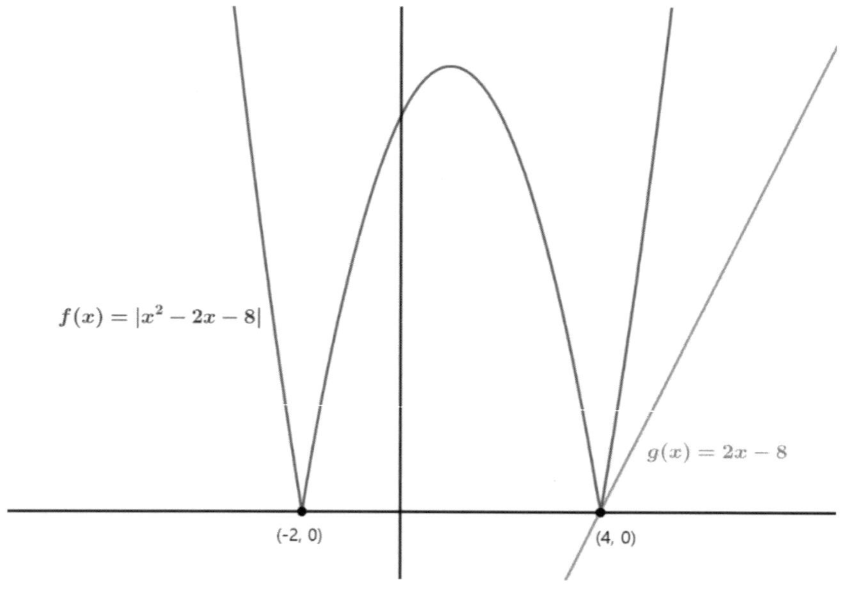

▲ fig.7. example solution 27의 그림

우선 $x<4$일 때는 $f(x)\ge 0$, $g(x)<0$이므로 $f(x)=g(x)$의 해는 존재하지 않는다.
다음으로 $x=4$일 때는 $f(4)=g(4)=0$이므로 $x=4$는 근이다.
$(4,0)$에서 f,g의 함수값은 각각 $f(4)=g(4)=0$이다.
또한 $x>4$인 범위에선 $f(x)$는 $g(x)$보다 훨씬 빨리 증가하므로[2] $f(x)>g(x)$임을 알 수 있다.
그러므로 $x>4$일 때 $f(x)=g(x)$의 해는 존재하지 않는다.
$x=4$뿐이므로 답은 $(4,0)$뿐이다.

example solution 028

따라서 우변 또한 실수이고 루트 안의 값이 0이상의 정수여야 한다.
$|2x-1|=\sqrt{x^2+4x-3}$의 양변을 제곱하면 $4x^2-4x+1=x^2+4x-3$이다. 이를 정리하면 $3x^2-8x+4=0$이다. 따라서 $x=2,\ \frac{2}{3}$이다. 다음으로 주어진 식의 좌변은 실수이다. (절대값 함수의 치역은 실수이다.) 따라서 우변 또한 실수이고 루트 안의 값이 0이상의 실수여야 한다. $x=2,\ \frac{2}{3}$에 대해서 루트 안의 값을 각각 계산해보면 $9,\ \frac{1}{9}$이므로 모두 양수이다. 따라서 주어진 식의 해는 $x=2,\ \frac{2}{3}$이다.

example solution 029

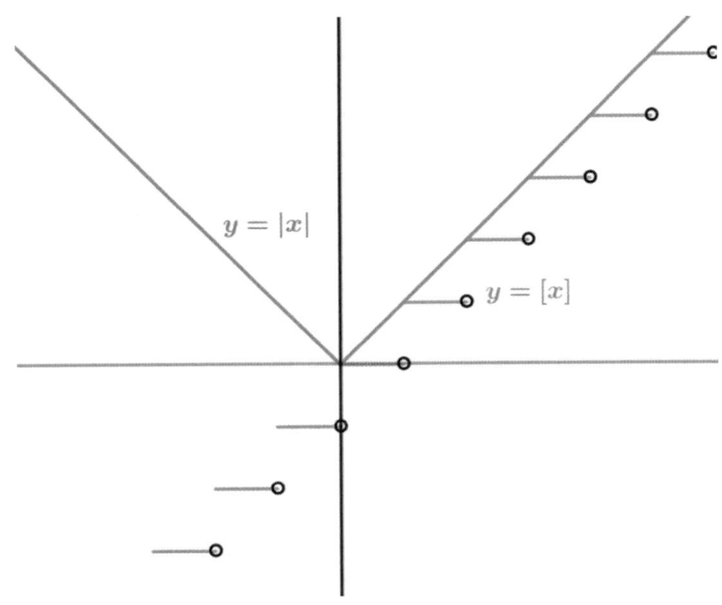

▲ fig.8. example solution 29의 그림

그래프를 그린 후 교점을 찾아보면 (a,a) (단, $a\in\{0\}\cup N$)임을 알 수 있다. 따라서 주어진 방정식의 근은 0이상의 모든 정수이다.

2) $g(x)$의 증가율은 2로 일정하지만, $f(x)$의 증가율은 $2x-2$로 모든 $x>4$에 대해 $2x-2>2$이므로 $f(x)$가 $g(x)$보다 빨리 증가한다.

example solution 030

$[100x]=[x]+1$에서 $x=n+\alpha$ (단, $n\in N, 0\le\alpha<1$)를 대입하면 다음과 같다.

$[100n+100\alpha]=n+1 \Leftrightarrow n=\dfrac{1-[100\alpha]}{99}$

$x-1\le[x]<x$이므로 $\dfrac{1-100\alpha}{99}\le n=\dfrac{1-[100\alpha]}{99}<\dfrac{2-100\alpha}{99}$이다.

또한 $0\le\alpha<1$이므로 $-1<\dfrac{1-100\alpha}{99}\le n=\dfrac{1-[100\alpha]}{99}<\dfrac{2-100\alpha}{99}\le\dfrac{2}{99}$이다. 따라서

$-1<n<\dfrac{2}{99}$이므로 $n=0$임을 알 수 있다. $n=0$을 대입하면 $[100\alpha]=1$이고,

$1\le100\alpha<2$이므로 $0.01\le\alpha<0.02$이다.

$x=n+\alpha=0+\alpha=\alpha$이므로 주어진 방정식의 해는 $0.01\le x<0.02$이다.

example solution 031

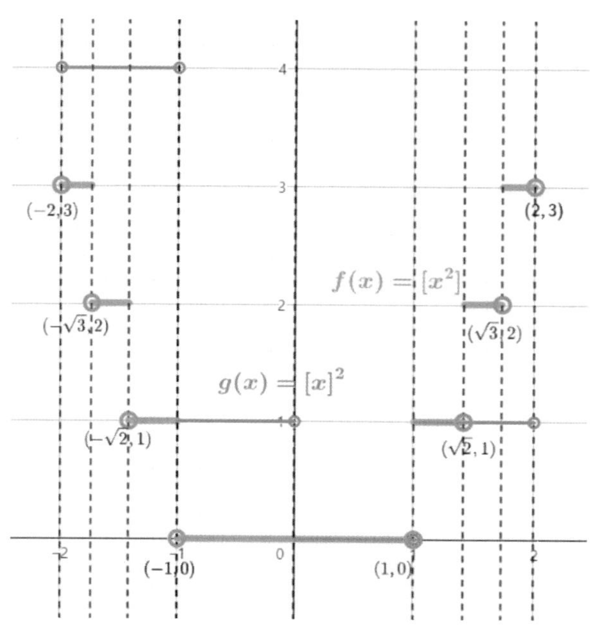

▲ fig.9. example solution 31의 그림

$f(x)=[x^2]$의 그래프는 파란색 선이고, $g(x)=[x]^2$의 그래프는 빨간색 선이다. 이를 기반으로 $f(x)=g(x)$의 해를 모두 찾아보면 $x=-1,\ 0\le x<\sqrt{2}$이다.

$x=n+\alpha$ (단, $n\in\{-2,-1,0,1\}$, $0\le\alpha<1$, $n=-2$일 때는 $\alpha\ne0$)를 대입하여 풀 수도 있다. 이를 대입하면 $[n^2+2n\alpha+\alpha^2]=n^2$이고 정리하면 $[2n\alpha+\alpha^2]=0$이다. 따라서 $0\le2n\alpha+\alpha^2<1$을 만족하는 α(단, $0\le\alpha<1$)의 범위를 찾아주면 된다.

i) $n=-2 \Rightarrow 0\le\alpha^2-4\alpha<1 \Rightarrow$ 없다.

ii) $n=-1 \Rightarrow 0\le\alpha^2-2\alpha<1 \Rightarrow \alpha=0 \Rightarrow x=-1$

iii) $n=0 \Rightarrow 0\le\alpha^2<1 \Rightarrow 0\le\alpha<1 \Rightarrow 0\le x<1$

iv) $n=1 \Rightarrow 0\le\alpha^2+2\alpha<1 \Rightarrow 0\le\alpha<\sqrt{2}-1 \Rightarrow 1\le x<\sqrt{2}$

따라서 주어진 방정식의 해는 $x=-1,\ 0\le x<\sqrt{2}$이다.

example solution 032

$f(g(x)) = [2x]$, $g(f(x)) = 2[x]$에서 $x = n + \alpha$ (단, $n \in N, 0 \le \alpha < 1$)를 대입하면 $[2n + 2\alpha] = 2n$이므로 $[2\alpha] = 0$이다. 이를 만족하는 α의 범위는 $0 \le \alpha < \frac{1}{2}$이다. 따라서 주어진 방정식의 해는 $x = n + \alpha$ (단, $n \in N, 0 \le \alpha < \frac{1}{2}$)이다.

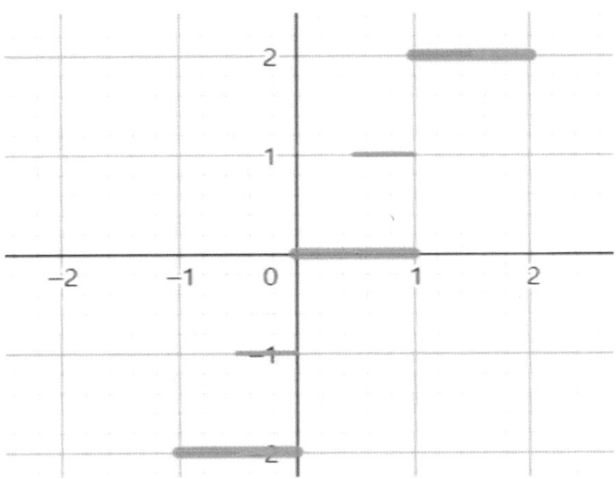

▲ fig.10. example solution 32의 그림

example solution 033

$f(g(x)) = |x^2 + 2x|$, $g(f(x)) = |x|^2 + 2|x|$

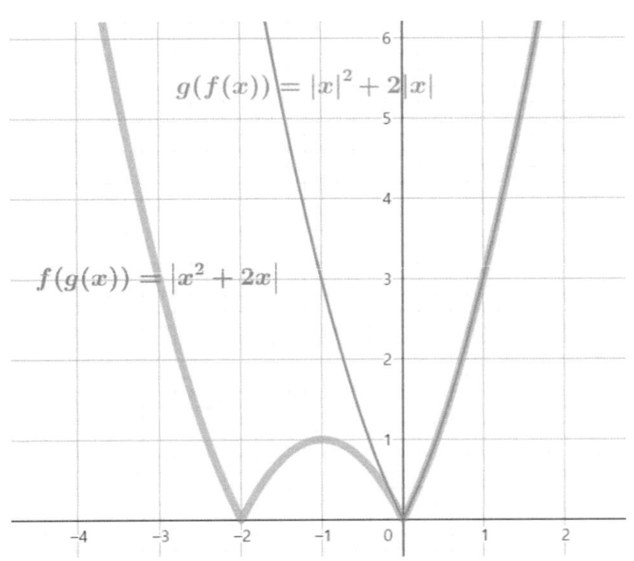

▲ fig.11. example solution 33의 그림

위의 그림을 참고해 해를 찾아주면 $x \ge 0$이다.

example solution 034

$f(x)=|2x+2|-|2x-2|$, $g(x)=|3x-6|+|x+2|-10$

$$f(x)=\begin{cases}-4 & (x\le -1)\\ 4x & (-1\le x\le 1)\\ 4 & (1\le x)\end{cases},\quad g(x)=\begin{cases}-4x-6 & (x\le -2)\\ -2x-2 & (-2\le x\le 2)\\ 4x-14 & (2\le x)\end{cases}$$

이를 기반으로 $f(x)$와 $g(x)$를 그려주면 다음과 같다.

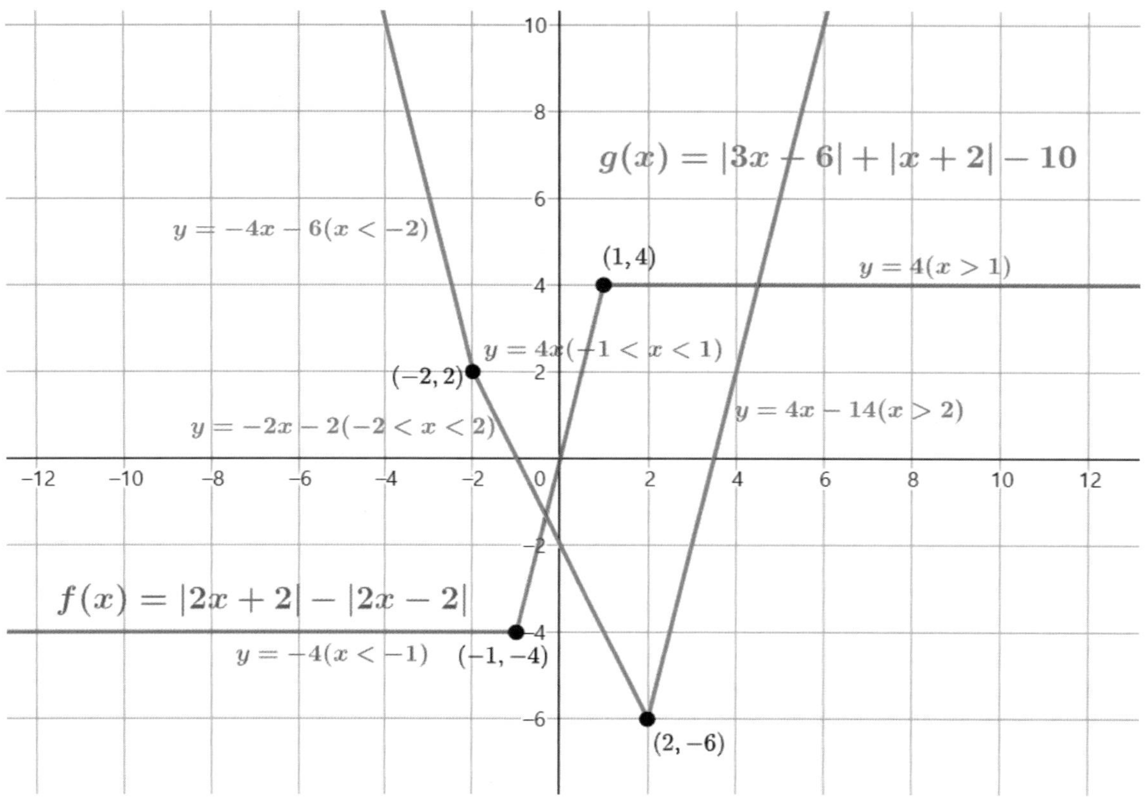

▲ fig.12. example solution 34의 y=f(x), y=g(x)의 그림

위의 그래프를 기반으로 $y=f(g(x)), y=g(f(x))$를 우선 구해주면 다음과 같다.

$$f(g(x))=\begin{cases}4 & (x\le -\frac{3}{2})\\ -8x-8 & (-\frac{3}{2}\le x\le -\frac{1}{2})\\ -4 & (-\frac{1}{2}\le x\le \frac{13}{4})\\ 16x-56 & (\frac{13}{4}\le x\le \frac{15}{4})\\ 4 & (x\ge \frac{15}{4})\end{cases},\quad g(f(x))=\begin{cases}10 & (x\le -1)\\ -16x-6 & (-1\le x\le -\frac{1}{2})\\ -8x-2 & (-\frac{1}{2}\le x\le \frac{1}{2})\\ 16x-14 & (\frac{1}{2}\le x\le 1)\\ 2 & (x\ge 1)\end{cases}$$

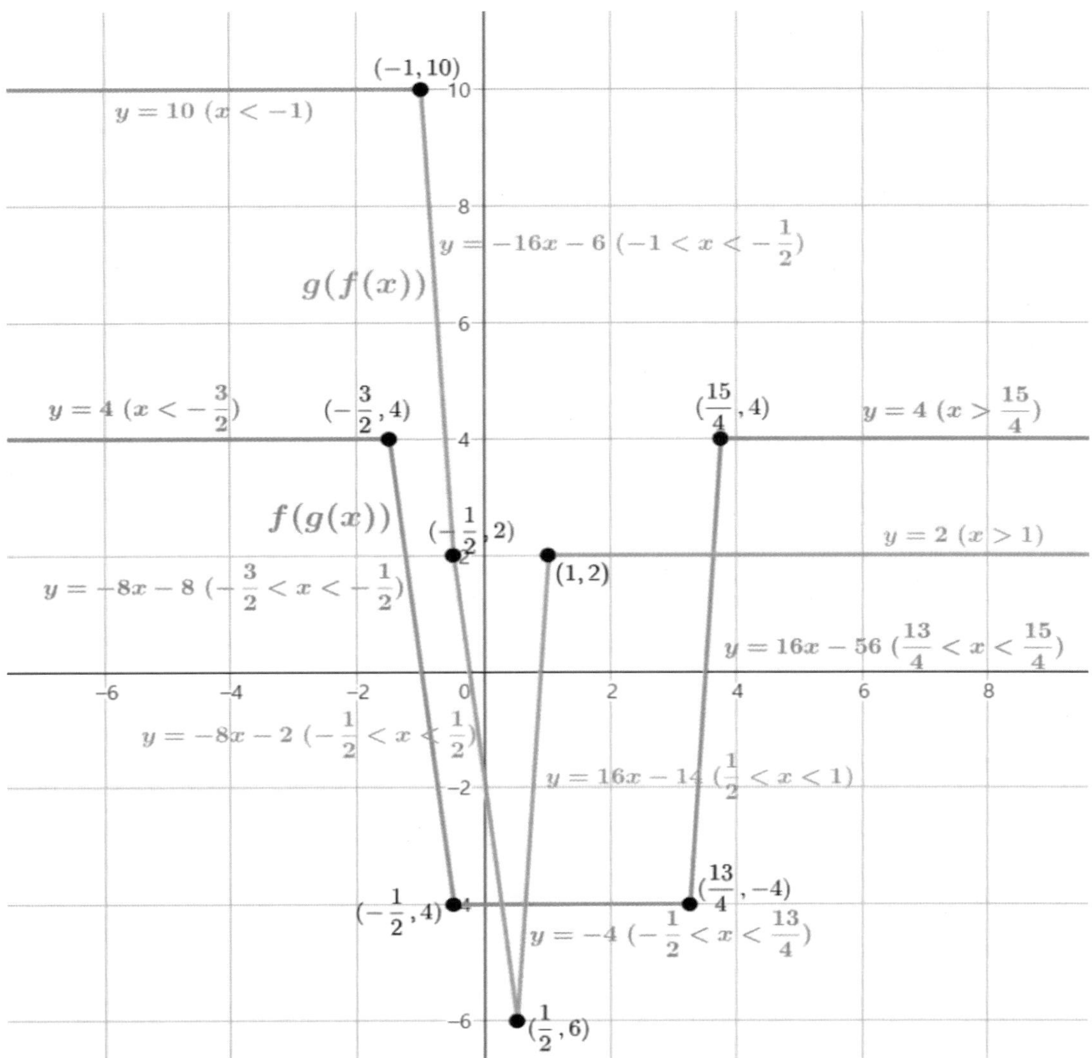

▲ fig.13. example solution 34의 y=f(g(x)), y=g(f(x))의 그림

이제 마지막으로 $y=f(g(x))$, $y=g(f(x))$의 그래프의 교점을 구하자.
우선 교점은 3개임을 알 수 있다.

i) $-8x-2=-4 \Rightarrow x=\dfrac{1}{4}$

ii) $16x-14=-4 \Rightarrow x=\dfrac{5}{8}$

iii) $16x-56=2 \Rightarrow x=\dfrac{29}{8}$

따라서 $y=f(g(x))$, $y=g(f(x))$의 교점은 $\left(\dfrac{1}{4}, -4\right)$, $\left(\dfrac{5}{8}, -4\right)$, $\left(\dfrac{29}{8}, 2\right)$이다.

4. 미분

example solution 035

1. 평균변화량$=\dfrac{16-10}{3-1}=3$

2. 평균변화량$=\dfrac{10-2}{3-1}=4$

example solution 036

$f'(1)=\lim\limits_{h\to 0}\dfrac{f(1+h)-f(1)}{h}=\lim\limits_{h\to 0}\dfrac{h^2+2h+1-1}{h}=\lim\limits_{h\to 0}h+2=2$

example solution 037

1. $f'(x)=4x^3+10x+12$
2. $g'(x)=5x^4+20x^3+30x^2+20x+5$
3. $h'(x)=5(x+1)^4=g'(x)$

example solution 038

1. $f(x)=x^3+3x^2-9x+2$, $f'(x)=3x^2+6x-9=3(x-1)(x+3)$, $f''(x)=6x+6$

i) $f'(x)>0 \Rightarrow x>1,\ x<-3$

ii) $f'(x)<0 \Rightarrow -3<x<1$

iii) $f'(x)=0$이 되는 x의 값은 $x=-3, 1$이다. $f'(x)$의 부호 변화는 $x=-3$에서 $+$에서 $-$으로 바뀌고, $x=1$에서 $-$에서 $+$으로 바뀌기 때문에 $x=-3$에서 극대($f(-3)=29$), $x=1$에서 극소($f(1)=-3$)이다.

iv) $f''(x)<0 \Rightarrow x<-1$

v) $f''(x)>0 \Rightarrow x>-1$

vi) $f''(x)=0$이 되는 x의 값은 $x=-1$이다. 또한 $x=-1$에서 $f''(x)$의 좌우극한의 부호가 다르므로 변곡점은 $(-1, 13)$이다.

2. $g(x)=x^3(x-2)^2$, $g'(x)=x^2(x-2)(5x-6)$, $g''(x)=4x(5x^2-12x+6)$

i) $g'(x)>0 \Rightarrow x>2,\ x<\dfrac{6}{5}$

ii) $g'(x)<0 \Rightarrow \dfrac{6}{5}<x<2$

iii) $g'(x)=0$이 되는 x의 값은 $x=0, \dfrac{6}{5}, 2$이다. $g'(x)$의 부호 변화는 $x=0$에서 $+$에서 $+$으로 바뀌고, $x=\dfrac{6}{5}$에서 $+$에서 $-$으로 바뀌고, $x=2$에서 $-$에서 $+$으로 바뀌기 때문에 $x=0$에서는 극대도 극소도 아니고, $x=\dfrac{6}{5}$에서는 극대($g\left(\dfrac{6}{5}\right)=\dfrac{3456}{3125}$), $x=2$에서는 극소($g(2)=0$)이다.

iv) $g''(x)<0 \Rightarrow x<0, \frac{6-\sqrt{6}}{5}<x<\frac{6+\sqrt{6}}{5}$

v) $g''(x)>0 \Rightarrow 0<x<\frac{6-\sqrt{6}}{5}, x>\frac{6+\sqrt{6}}{5}$

vi) $g''(x)=0$이 되는 x의 값은 $x=0, \frac{6\pm\sqrt{6}}{5}$이다. $x=0, \frac{6\pm\sqrt{6}}{5}$에서 모두 $g''(x)$의 좌우극한의 부호가 다르므로 변곡점은 $(0,0), \left(\frac{6-\sqrt{6}}{5}, \frac{1656+84\sqrt{6}}{3125}\right), \left(\frac{6+\sqrt{6}}{5}, \frac{1656-84\sqrt{6}}{3125}\right)$이다.

example solution 039

$f(x)=x^3-3(c^2-9)x$

1. 모든 x에 대해 $f'(x)=3(x^2-(c^2-9))\geq 0$을 만족하기 위해선 $c^2-9\leq 0$이어야 한다. 따라서 $-3\leq c\leq 3$이다.

2. $c=0 \Rightarrow f(x)=x^3+27x, f'(x)=3x^2+27, f''(x)=6x$

i) $f'(x)>0 \Rightarrow x\in R$

ii) $f'(x)<0 \Rightarrow x\in\phi$

iii) $f'(x)=0$이 되는 x의 값은 존재하지 않는다. 따라서 극대, 극소 모두 존재하지 않는다.

iv) $f''(x)<0 \Rightarrow x<0$

v) $f''(x)>0 \Rightarrow x>0$

vi) $f''(x)=0$이 되는 x의 값은 $x=0$이다. 또한 $x=0$에서 $f''(x)$의 좌우극한의 부호가 다르므로 변곡점은 $(0,0)$이다.

3. $c=3 \Rightarrow f(x)=x^3, f'(x)=3x^2, f''(x)=6x$

i) $f'(x)>0 \Rightarrow x\in R-\{0\}$

ii) $f'(x)<0 \Rightarrow x\in\phi$

iii) $f'(x)=0$이 되는 x의 값은 $x=0$이다. $x=0$에서 $f'(x)$의 부호변화가 $+$에서 $+$으로 바뀌므로 극대, 극소 모두 존재하지 않는다.

iv) $f''(x)<0 \Rightarrow x<0$

v) $f''(x)>0 \Rightarrow x>0$

vi) $f''(x)=0$이 되는 x의 값은 $x=0$이다. 또한 $x=0$에서 $f''(x)$의 좌우극한의 부호가 다르므로 변곡점은 $(0,0)$이다.

4. $c=5 \Rightarrow f(x)=x^3-48x, f'(x)=3x^2-48, f''(x)=6x$

i) $f'(x)>0 \Rightarrow x>4, x<-4$

ii) $f'(x)<0 \Rightarrow -4<x<4$

iii) $f'(x)=0$이 되는 x의 값은 $x=-4, 4$이다. $f'(x)$의 부호 변화는 $x=-4$에서 $+$에서 $-$으로 바뀌고, $x=4$에서 $-$에서 $+$으로 바뀌기 때문에 $x=-4$에서 극대($f(-4)=128$), $x=4$에서 극소($f(4)=-128$)이다.

iv) $f''(x)<0 \Rightarrow x<0$

v) $f''(x)>0 \Rightarrow x>0$

vi) $f''(x)=0$이 되는 x의 값은 $x=0$이다. 또한 $x=0$에서 $f''(x)$의 좌우극한의 부호가 다르므로 변곡점은 $(0,0)$이다.

example solution 040

1. $f(x) = x^3 + 3x^2 - 9x + 2$

		-3		-1		1	
$f(x)$	↱	29	⤵	13	↳	-3	⤴
$f'(x)$	$+$	0		$-$		0	$+$
$f''(x)$		$-$		0		$+$	

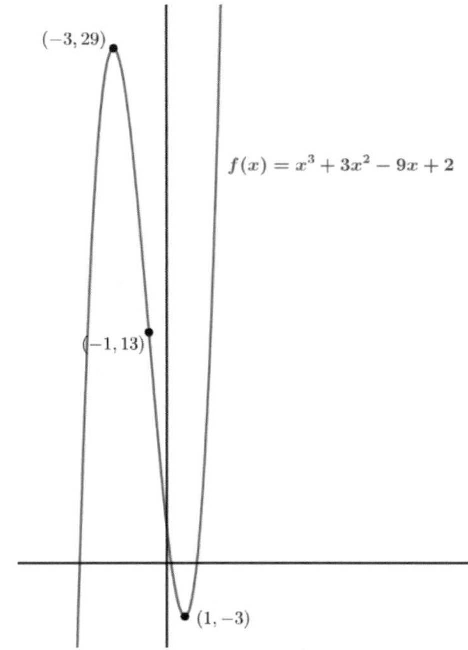

▲ fig.14. example solution 40의 y=f(x)의 그림

2. $g(x) = x^3(x-2)^2$

		0		$\frac{6-\sqrt{6}}{5}$		$\frac{6}{5}$		$\frac{6+\sqrt{6}}{5}$		2	
$f(x)$	↱	0	⤴	$\frac{1656+84\sqrt{6}}{3125}$	↱	$\frac{3456}{3125}$	⤵	$\frac{1656-84\sqrt{6}}{3125}$	↳	0	⤴
$f'(x)$	$+$	0		$+$		0		$-$		0	$+$
$f''(x)$	$-$	0	$+$	0		$-$		0		$+$	

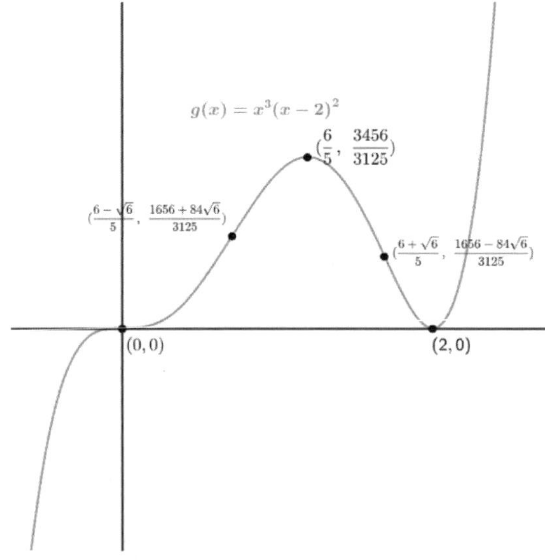

▲ fig.15. example solution 40의 y=g(x)의 그림

example solution 041

$f(x)=x^3+3x^2-9x+2\ (-5 \le x \le 2)$

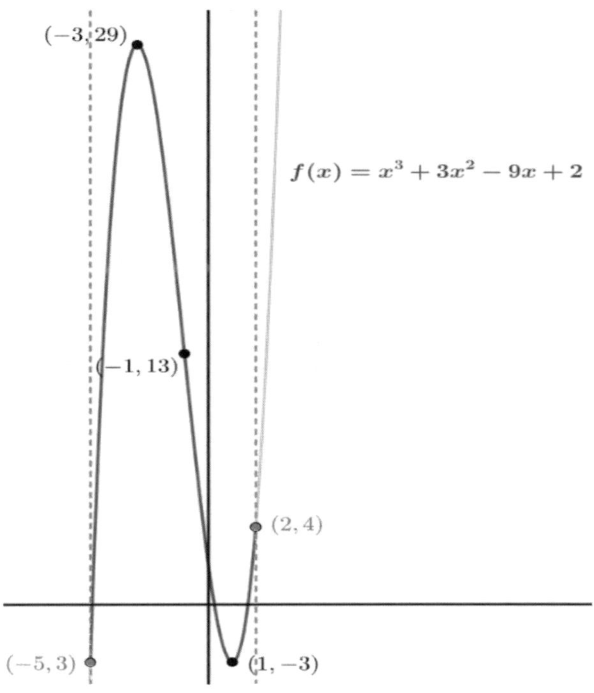

▲ fig.16. example solution 41의 그림

최댓값은 $x=-3$에서 29이고, 최솟값은 $x=-5$ 또는 $x=1$에서 -3이다.

example solution 042

$f(x)=x^3(x-2)^2\ (-\frac{1}{2} \le x \le \frac{8}{3})$

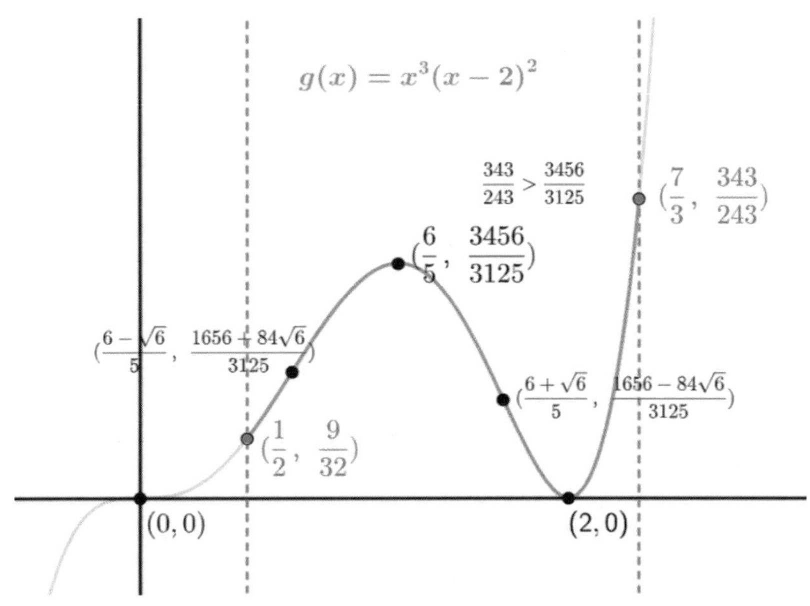

▲ fig.17. example solution 42의 그림

최댓값은 $x=\frac{7}{3}$에서 $\frac{343}{243}$이고, 최솟값은 $x=2$에서 0이다.

example solution 043

$2x+y=9$에서 $y=9-2x$를 대입하자. 그러면 사람들이 느끼는 만족감은 $x^2y=x^2(9-2x)$이다. 이를 x로 미분했을 때 0이 되는 양수 x의 값을 찾으면 $x=3$이다. 또한 $y=9-2x$에 대입하면 $y=3$이다. 따라서 사람들의 만족감을 최대화 시키는 $(x,y)=(3,3)$이다.

example solution 044

$f(x)=x^3+3x^2-9x+2$, $f'(x)=3x^2+6x-9$에서 $f(2)=4$, $f'(2)=15$이므로 접선의 방정식은 $y=15(x-2)+4$이므로 답은 $y=15x-26$이다.

5. 적분

example solution 045

$$\int f(x)\,dx = \int x^3+3x^2-9x+2\,dx = \frac{1}{4}x^4+x^3-\frac{9}{2}x^2+2x+C$$

example solution 046

$$\int_1^3 x^3+3x^2-9x+2\,dx = \left[\frac{1}{4}x^4+x^3-\frac{9}{2}x^2+2x\right]_1^3 = 14$$

example solution 047

구해야 하는 면적은 $y=g(x), y=0$과 둘러싸인 면적이다. 그리고 이에 대한 면적은 0부터 2까지 정적분 해준 값이다.

$$Area = \int_0^2 g(x)\,dx = \int_0^2 x^3(x-2)^2\,dx = \left[\frac{1}{6}x^6-\frac{4}{5}x^5+x^4\right]_0^2 = \frac{16}{15}$$ [3)]

example solution 048

$h(x)=x(x-1)(x-3)$의 그래프를 그리면 다음과 같다.

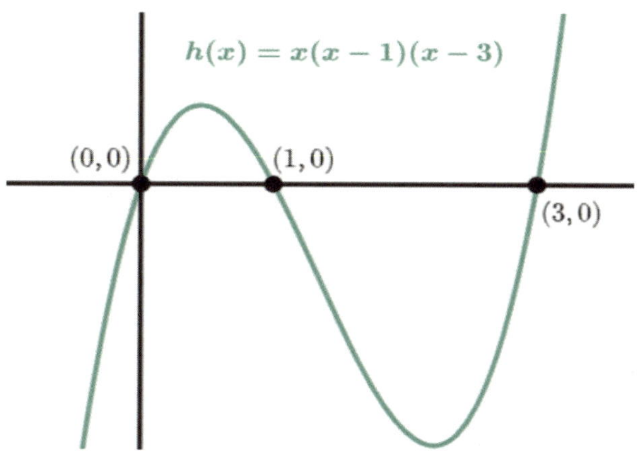

▲ fig.18. example solution 48의 그림

3) $f(x)=(x-\alpha)^n(x-\beta)^m$일 때 $\int_\alpha^\beta |(x-\alpha)^n(x-\beta)^m|\,dx = \frac{n!m!}{(n+m+1)!}(\beta-\alpha)^{m+n+1}$이다. 이를 이용해 계산하면 $\frac{3!2!}{6!}\times 2^6 = \frac{16}{15}$이다.

$$
\begin{aligned}
Area &= \int_0^1 h(x)\,dx - \int_1^3 h(x)\,dx \\
&= \left[\frac{1}{4}x^4 - \frac{4}{3}x^3 + \frac{3}{2}x^2\right]_0^1 - \left[\frac{1}{4}x^4 - \frac{4}{3}x^3 + \frac{3}{2}x^2\right]_1^3 \\
&= \left(\frac{5}{12} - 0\right) - \left(-\frac{9}{4} - \frac{5}{12}\right) = \frac{37}{12}
\end{aligned}
$$

example solution 049

$g(x) = x^3(x-2)^2$에서 $g'(x) = x^2(x-2)(5x-6)$이다. 이를 기반으로 $g'(x)$의 그래프를 그려보면 다음과 같다.

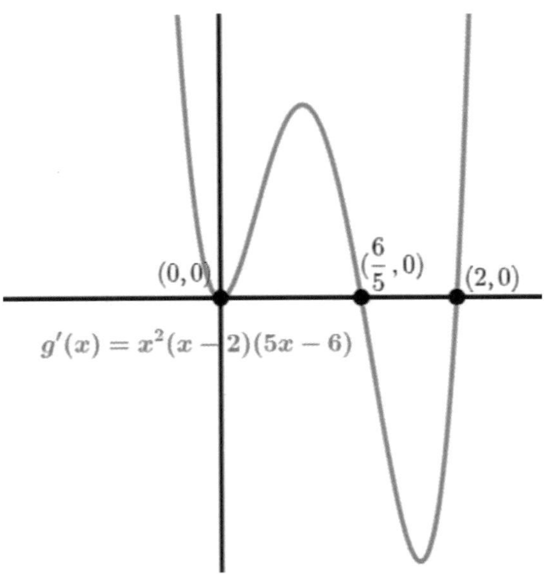

▲ fig.19. example solution 49의 그림

$$
\begin{aligned}
Area &= \int_0^{\frac{6}{5}} g'(x)\,dx - \int_{\frac{6}{5}}^2 g'(x)\,dx \\
&= \left(g\left(\frac{6}{5}\right) - g(0)\right) - \left(g(2) - g\left(\frac{6}{5}\right)\right) = 2g\left(\frac{6}{5}\right) - g(0) - g(2) = 2g\left(\frac{6}{5}\right) = \frac{6912}{3456}
\end{aligned}
$$

example solution 050

$P(X=x) = ax^2,\ 0 \le X \le 2$

$\int_{-\infty}^{\infty} P(X=x)\,dx = \int_0^2 P(X=x)\,dx = \int_0^2 ax^2\,dx = \left[\frac{ax^3}{3}\right]_0^2 = \frac{8a}{3} = 1$이므로 $a = \frac{3}{8}$이다. 따라서

$P(X=x) = \frac{3}{8}x$이다.

$P(0.5 \le X \le 1.5) = \int_{0.5}^{1.5} P(X=x)\,dx = \int_{0.5}^{1.5} \frac{3}{8}x\,dx = \left[\frac{3x^2}{16}\right]_{0.5}^{1.5} = \frac{3}{8}$이다.

6. 확률과 통계

example solution 051

${}_8P_4=1680$, ${}_8C_4=70$
${}_8\Pi_4=4096$, ${}_8H_4=330$

example solution 052

1. cheerup!!에는 "c", "h", "r", "u", "p"가 각각 1개씩, "e", "!"가 각각 2개씩 있다. 따라서 이를 일렬로 배열하는 경우의 수는 $\frac{9!}{2!2!}=90720$이다.
2. 전체 경우의 수에서 "e" 또는 "!"가 이웃한 경우의 수를 빼주자. 그러면 경우의 수는 $n(\text{전체})-n(e\text{끼리 이웃})-n(!\text{끼리 이웃})+n(e\text{끼리 이웃하고}, !\text{끼리 이웃})$이므로 대입해주면 $9!-\frac{8!}{2!}-\frac{8!}{2!}+7!=327600$이다.
3. "u"가 "p"앞에 있는 사건을 A, "p"가 "u"앞에 있는 사건을 B라 하면 $A\cap B=\phi$, $A\cup B=S$이므로 $n(A)+n(B)=n(A\cup B)=n(S)$이고, A가 일어날 경우의 수와 B가 일어날 경우의 수가 같기 때문에 $n(A)=n(B)$이다. 따라서 "u"가 "p"앞에 있을 경우의 수인 $n(A)=\frac{n(S)}{2}=\frac{\frac{9!}{2!2!}}{2}=45360$이다.

example solution 053

A에서 B에 도달하기 위해선 →방향으로 4번, ↗방향으로 3번, ↑방향으로 3번 움직여야 한다. 따라서 A에서 B로 가는 경우의 수는 →→→→↗↗↗↑↑↑를 배열하는 경우의 수와 동치이다. 답은 $\frac{10!}{4!3!3!}=4200$이다.

example solution 054

1. →방향으로 a번, ←방향으로 b번, ↑방향으로 c번, ↓방향으로 d번 움직인다고 하자. 그러면 $a+b+c+d=7$, $a-b=1$, $c-d=2$(단, $a,b,c,d\geq 0$)이다. $a=b+1$, $c=d+2$를 $a+b+c+d=7$에 대입해주면 $b+d=2$이다. 따라서 가능한 (a, b, c, d)의 순서쌍은 $(3, 2, 2, 0)$, $(2, 1, 3, 1)$, $(1, 0, 4, 2)$이다. 그러므로 답은
   $\frac{7!}{3!2!2!}+\frac{7!}{3!2!}+\frac{7!}{4!2!}=210+420+105=735$이다.
2. n번 움직여서 (1,2)에 위치하는 사건을 N_n이라 하자. 그리고 n번째에 처음 (1,2)에 도달하는 사건을 F_n, m번째 걸음만에 제자리로 돌아오는 사건을 R_m이라고 하자. 우선 짝수 번만큼 움직여서 (1, 2)에 도달할 수 없고, 한번만 움직여서도 (1, 2)에 도달할 수 없기 때문에 $n(F_1)=n(F_2)=n(F_4)=n(F_6)=0$이다. 따라서 $n(F_7)=n(N_7)-(n(F_3)n(R_4)+n(F_5)n(R_2))$임을 알 수 있다. 우선 $n(F_3)$은 →↑↑을 배열하는 경우의 수이므로 $n(F_3)=3$이다.

다음으로 $n(R_2)$는 상하좌우 중 하나의 경로로 움직이고 되돌아오면 되므로 $n(R_2)=4$이다. 그리고 $n(R_4)$는 → → ← ← 또는 ↑ ↑ ↓ ↑ 또는 →↑←↓을 배열하는 경우의 수이므로

$n(R_4)=\frac{4!}{2!2!}+\frac{4!}{2!2!}+4!=36$이다. 마지막으로 비슷한 원리를 적용해주면

$n(F_5)=n(N_5)-n(F_3)n(R_2)$이 성립한다. 이때 $n(N_5)$는 →↑ ↑ ↑ ↓ 또는 →→ ←↑ ↑를 배열하는

경우의 수이므로 계산해주면 $n(N_5)=\frac{5!}{3!}+\frac{5!}{2!2!}=50$이다. 따라서 $n(F_5)=50-3\times4=38$이다.

최종적으로 $n(F_7)$를 구해주면, $n(F_7)=735-(3\times36+38\times4)=475$이다.

example solution 055

$f(1)>f(3)>f(5)$이므로 $f(1),f(3),f(5)$를 택하는 경우의 수는 ${}_7C_3$이다. 다음으로 $f(2)\le f(4)\le f(6)$이므로 $f(2),f(4),f(6)$를 택하는 경우의 수는 ${}_7H_3$이다. 나머지 $f(7),f(8),f(9),f(10)$를 선택해주는 경우의 수는 ${}_7\Pi_4$이다. 따라서 전체 경우의 수는 ${}_7C_3\times{}_7H_3\times{}_7\Pi_4=35\times84\times2401=7058940$이다

example solution 056

$$f(1)>\begin{matrix} f(2)>\begin{matrix} f(4)\\ f(5)\end{matrix} \\ f(3)>\begin{matrix} f(6)\\ f(7)\end{matrix}\end{matrix}$$

의 관계가 만족한다. $f(1)$이 나머지 4개보다 크므로 $f(1)=5\,\mathrm{or}\,6\,\mathrm{or}\,7$이다.

그리고 $f(1)=m$이라고 하고, $f(2)=n(2\le n\le m-1)$라고 하면, $f(4),f(5)$는 $1\sim n-1$이 가능하다. 따라서 $f(2),f(4),f(5)$를 택하는 경우의 수는 $\sum_{m=5}^{7}\left(\sum_{n=2}^{m-1}(n-1)^2\right)=99$이고 $f(3),f(6),f(7)$를 택하는 경우의 수 또한 99가지이다. 나머지 $f(8),f(9),f(10)$를 선택해주는 경우의 수는 ${}_7\Pi_3$이므로 답은 $99^2\times{}_7\Pi_3=3361743$이다.

example solution 057

풀이1) $1,2,3,4,5,6$을 3개의 쌍으로 나누자. 우선 (1개, 1개, 4개), (1개, 2개, 3개), (2개, 2개, 2개)가 가능하다. 따라서 전체 분할의 경우의 수는

${}_6C_1\times{}_5C_1\times\frac{1}{2!}+{}_6C_1\times{}_5C_2+{}_6C_2\times{}_4C_2\times\frac{1}{3!}=15+60+15=90$이다. 이를 Y에 대응 해주는 경우의 수는 $3!=6$이므로 전체 경우의 수는 $90\times6=540$이다.

풀이2) 치역의 원소개수가 2이상인 사건을 A, 치역의 원소개수가 1인 사건을 B라고 하자. 그러면 포함과 배제의 원리에 의해 전체 경우의 수는 $n(S)-{}_3C_1\times n(A)+{}_3C_2\times n(B)$이다. 이를 계산하면 $3^6-3\times2^6+3\times1^6=540$이다.

example solution 058

1. 우선 중앙의 원에 칠할 색깔을 고르는 경우의 수는 ${}_{13}C_1$이다. 다음으로 중앙의 원을 감싸는 4개에 칸에 칠할 색깔을 고르는 경우의 수는 ${}_{12}C_4$이다. 그리고 이를 배열하는 경우의 수는 회전 가능한 상태이므로 $(4-1)!=3!$이다. 마지막으로 남은 8개의 색깔을 바깥쪽 테두리에 칠해주면 되는데 현재는 회전 불가이므로 8!이다. 따라서 전체 경우의 수는
   ${}_{13}C_1 \times {}_{12}C_4 \times 3! \times 8! = 13 \times \dfrac{12\times11\times10\times9}{4!} \times 3! \times 8! = \dfrac{13}{4} \times 12!$이다. 그러므로 정답은 $\dfrac{13}{4}$이다.
2. 우선 철수에게 남은 물감의 종류는 12개이므로 하나의 물감은 두 칸에 칠해야하고, 이를 고르는 경우의 수는 ${}_{12}C_1$이다. 이제 초록색을 2번 칠한다고 하자. 그리고 중앙의 원 영역을 ❶, 그 주위 4칸의 영역을 ❷, 가장 바깥쪽 영역의 8칸을 ❸이라 하자. 초록색 2개를 칠하는 방법으로는 (❶, ❷), (❶, ❸), (❷, ❸), (❷, ❷), (❸, ❸)이다.

I) (❶, ❷)에 초록 2개를 칠하는 경우
❷영역에 추가로 3개의 색을 칠해야하므로 이를 선택해주고, ❷영역과 ❸영역 모두 서로 다른 색깔이므로 안쪽부터 배열해주면 ${}_{11}C_3 \times (4-1)! \times 8!$이다.

II) (❶, ❸)에 초록 2개를 칠하는 경우
❷영역에 칠할 4개의 색을 선택해주고, ❷영역과 ❸영역 모두 서로 다른 색깔이므로 안쪽부터 배열해주면 ${}_{11}C_4 \times (4-1)! \times 8!$이다.

III) (❷, ❸)에 초록 2개를 칠하는 경우
❶영역에 칠할 색 1개를 먼저 고르고 ❷영역에 칠할 3개의 색을 추가로 고른다. 그 뒤 ❷영역과 ❸영역 모두 서로 다른 색깔이므로 안쪽부터 배열해주면 ${}_{11}C_1 \times {}_{10}C_3 \times (4-1)! \times 8!$이다.

IV) (❷, ❷)에 초록 2개를 칠하는 경우
우선 ❷영역에 초록 2개, X, Y를 칠해야 한다. 회전 가능한 것을 고려할 때 서로 다른 케이스는 초록 2개가 이웃하면 X, Y를 칠하는 경우의 수는 2, 초록 2개가 이웃하지 않으면 X, Y를 칠하는 경우의 수는 1이다. 따라서 총 3이다. 다음으로 ❶영역에 칠할 색 1개를 고르고 ❷영역에 칠할 2개의 색을 추가로 고른다. 마지막으로 ❸영역에는 배열해준다. 그러면 경우의 수는 $3 \times {}_{11}C_1 \times {}_{10}C_2 \times 8!$이다.

V) (❸, ❸)에 초록 2개를 칠하는 경우(아래의 그림을 참고하자.)
우선 ❸영역에 초록 2개, A, B, C, D, E, F를 칠해야 한다. 먼저 초록 1개를 "ㄱ"에 고정시키자. 이제 남은 초록이 "ㄴ"에 위치한다면 A~F를 배열하는 경우의 수는 6!이다. 또한 남은 초록이 "ㅇ"에 위치해도 "ㄴ"과 동일하게 6!이다. 다음으로 남은 초록이 "ㄷ"에 위치해 있다면 "ㄱ"과 "ㄷ" 사이에 들어갈 색을 고른 뒤 나머지를 배열하면 ${}_6C_1 \times 5! = 6!$이다. 마찬가지로 남은 초록이 "ㅅ"에 위치해도 "ㄷ"과 동일하게 ${}_6C_1 \times 5! = 6!$이다. 비슷하게 남은 초록이 "ㅂ", "ㄷ"에 위치해도 모두 경우의 수는 6!일 것이다. 남은 초록이 "ㅁ"에 위치한다면 A~F를 3개씩 2개의 그룹으로 나눈 후 임의로 한 그룹을 "ㅇ, ㅅ, ㅂ"쪽에 넣은 후 생각하면 된다.(회전 고려해야하기 때문에 넣어서 고정시킴) 그리고 각각 3개를 "ㅇ, ㅅ, ㅂ", "ㄴ, ㄷ, ㄹ"에 배열해주면 된다. 따라서 경우의 수는

$6!+6!+6!+6!+6!+6!+{}_6C_3 \times \dfrac{1}{2!} \times (3!)^2 = 6! \times 6 + 360 = 4680$이다.

마지막으로 A~F를 골라주고, ❶영역에 칠할 색깔을 고른 뒤 배열해 주면 $4680 \times {}_{11}C_6 \times {}_5C_1 \times 4!$ 이다.

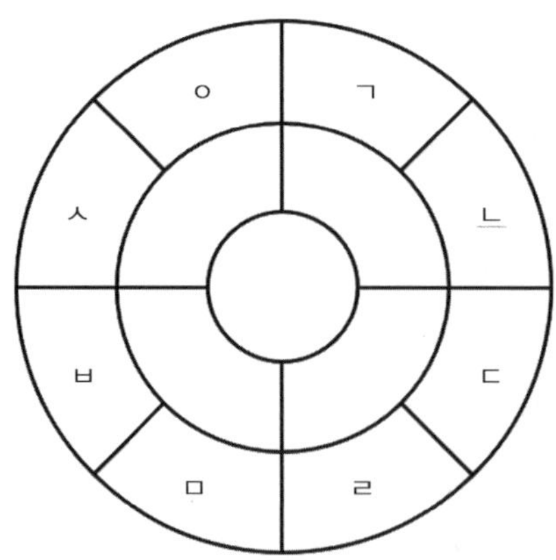

▲ fig.28. example solution 58-2에서 V경우의 그림

따라서 전체 경우의 수는 다음과 같다.

${}_{12}C_1 \times ({}_{11}C_3 \times (4-1)! \times 8! + {}_{11}C_4 \times (4-1)! \times 8! + {}_{11}C_1 \times {}_{10}C_3 \times (4-1)! \times 8! + 3 \times {}_{11}C_1 \times {}_{10}C_2 \times 8! + 4680 \times {}_{11}C_6 \times {}_5C_1 \times 4!)$

$= {}_{12}C_1 \times 8! \times (990 + 1980 + 7920 + 1485 + 6435)$

$= {}_{12}C_1 \times 8! \times 18810 = 12 \times 8! \times 11 \times 10 \times 9 \times 19 = 19 \times 12!$

그러므로 정답은 19이다.

example solution 059

1. ${}_4H_{12} = 455$
2. $x_i{}' = x_i - 1 (i = 1, 2, 3, 4)$를 대입해주면 $x_1{}' + x_2{}' + x_3{}' + x_4{}' \leq 8$이고 부등호를 없애기 위해 좌변에 적절히 x_5(단, x_5는 0이상의 정수)를 넣어주면 $x_1{}' + x_2{}' + x_3{}' + x_4{}' + x_5 = 8$이다. 이에 대한 경우의 수는 ${}_5H_8 = 495$이다.
3. $x_i(i = 1,2,3,4)$중 1개 이상이 6이상의 정수인 사건을 A, 2개 이상이 6이상의 정수인 사건을 B라 하자. 그러면 전체 경우의 수는 $n(S) - {}_4C_1 \times n(A) + {}_4C_2 \times n(B)$이다. A의 경우 예를 들어 x_1이 6이상의 정수라면 $x_1{}' = x_1 - 6$으로 치환하여 경우의 수를 구해주면 ${}_4H_6$이고, B의 경우 예를 들어 x_1, x_2가 6이상의 정수라면 $x_1{}' = x_1 - 6, x_2{}' = x_2 - 6$으로 치환하여 경우의 수를 구해주면 ${}_4H_0$이다. 이를 대입해주면 ${}_4H_{12} - {}_4C_1 \times {}_4H_6 + {}_4C_2 \times {}_4H_0 = 125$이다.

example solution 060

1. $\dfrac{15!}{5!10!} = 3003$
2. 15!
3. 여자 5명을 일렬로 세워놓고, 여자 사이에 남자가 적어도 한명씩 들어가고, 양 끝에는 0명 이상 들어간다고 식을 세우자. $x_1 + x_2 + x_3 + x_4 + x_5 + x_6 = 10$ (단, $x_2, x_3, x_4, x_5 \geq 1$, $x_1, x_6 \geq 0$) 이제 $x_i{}' = x_i - 1 (i = 2, 3, 4, 5)$로 치환해주면 $x_1 + x_2{}' + x_3{}' + x_4{}' + x_5{}' + x_6 = 6$이다. 이에 대한 경우의 수는 ${}_6H_6 = 462$이다.

4.

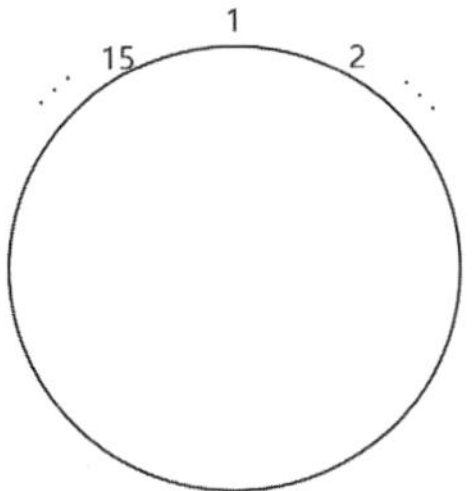

▲ fig.29. example solution 60-4-1의 그림

여자가 1번 자리에 앉는 경우와 1번 자리에 앉지 않는 경우로 나누어 생각하자.

I) 여자가 1번 자리에 앉는 경우

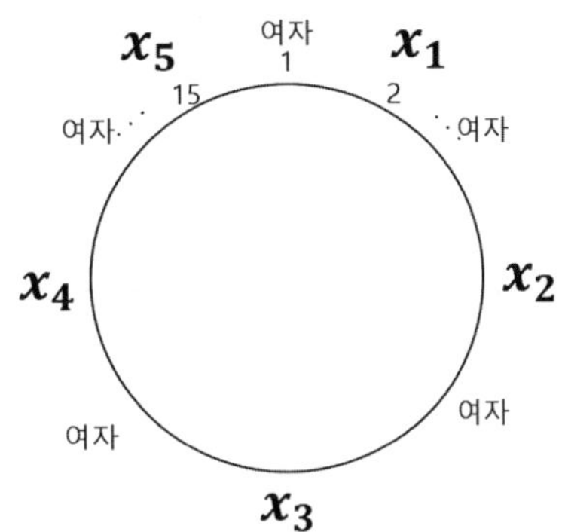

▲ fig.30. example solution 60-4-2의 그림

$x_1+x_2+x_3+x_4+x_5=10$ (단, $x_i \geq 1\,(i=1,2,3,4,5)$)이므로 이에 대한 경우의 수는 ${}_5H_5$이다.

II) 여자가 1번 자리에 앉지 않는 경우

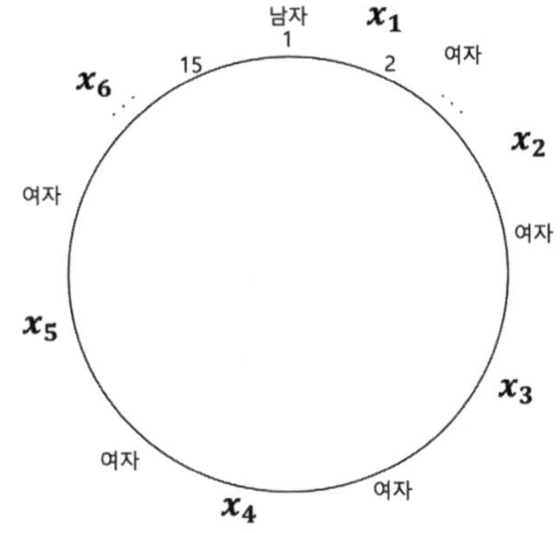

▲ fig.31. example solution 60-4-3의 그림

1번 자리엔 남자가 앉아야 하므로 $x_1+x_2+x_3+x_4+x_5+x_6=9$

(단, $x_i \geq 1\,(i=2,3,4,5), x_1 \geq 0, x_6 \geq 0$)이므로 이에 대한 경우의 수는 ${}_6H_5$이다.

따라서 답은 ${}_5H_5+{}_6H_5={}_9C_5+{}_{10}C_5=378$이다.

example solution 061

1. 한 개 또는 두 개의 계단을 오를 수 있을 때 n개의 계단을 오르는 경우의 수를 a_n이라고 하자. 맨 처음에 한 개의 계단을 오르면 $n-1$개의 계단을 더 올라야 하므로 경우의 수는 a_{n-1}, 맨 처음에 두 개의 계단을 오르면 $n-2$개의 계단을 더 올라야 하므로 경우의 수는 a_{n-2}이다. 따라서 $a_n = a_{n-1} + a_{n-2}$이다. $a_1 = 1, a_2 = 2$이므로 $a_{10} = 89$이다.
2. 한 개 또는 두 개 또는 세 개의 계단을 오를 수 있을 때 n개의 계단을 오르는 경우의 수를 b_n이라고 하자. 그러면 1의 방법과 똑같은 논리로 $b_n = b_{n-1} + b_{n-2} + b_{n-3}$이다. $b_1 = 1, b_2 = 2, b_3 = 4$이므로 $b_{10} = 274$이다.

example solution 062

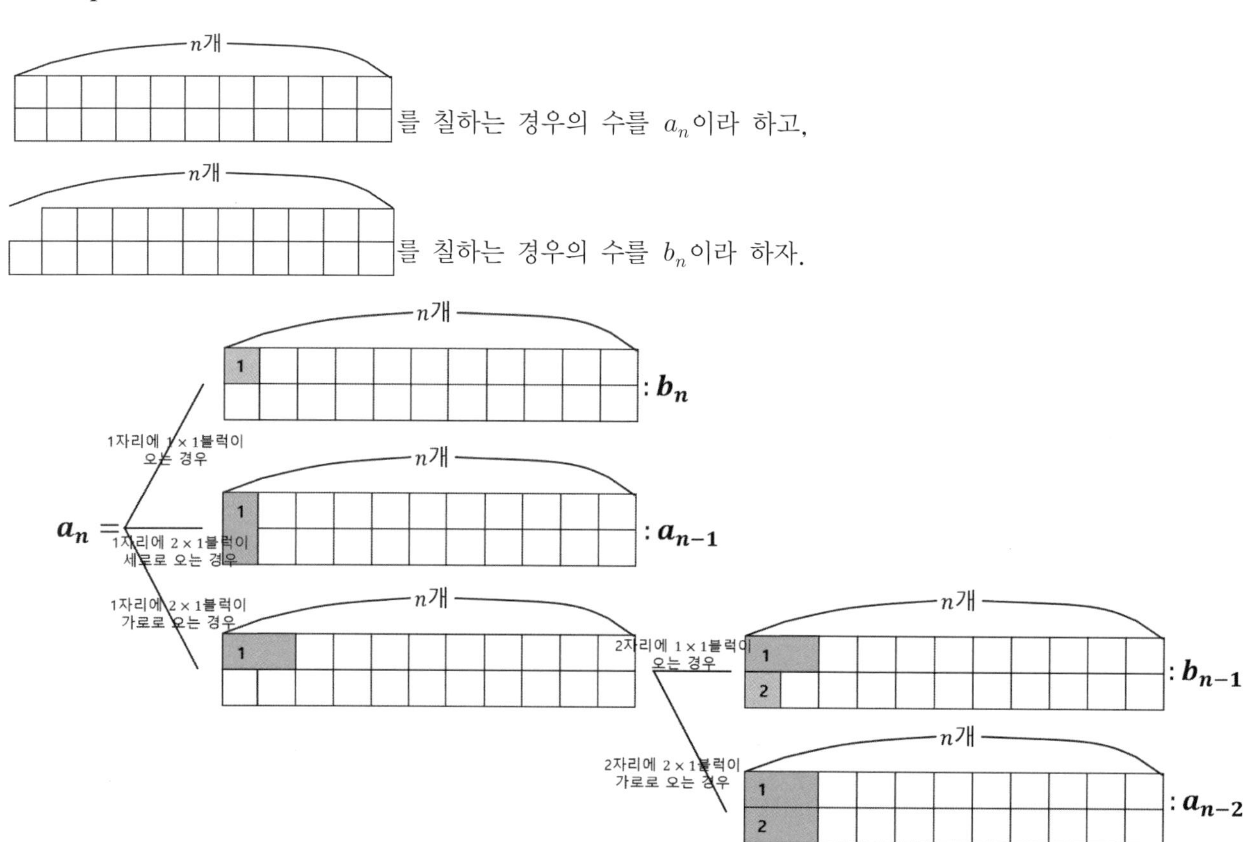

▲ fig.32. example solution 62에서 a_n의 그림

그러면 a_n은 fig.32.과 같이 분해할 수 있다. 따라서 $a_n = b_n + a_{n-1} + b_{n-1} + a_{n-2}$이다.

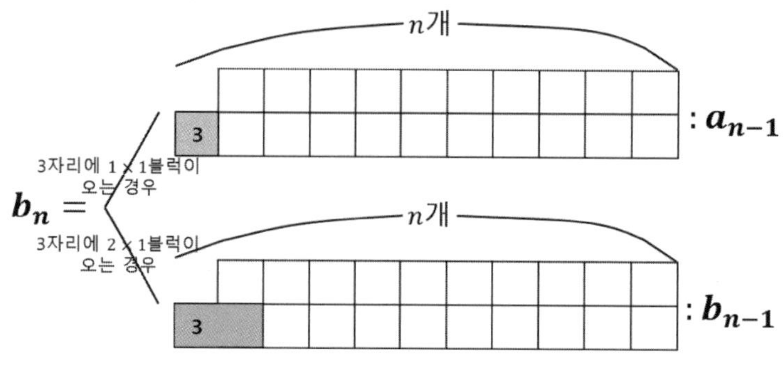

▲ fig.33. example solution 62에서 b_n의 그림

그러면 b_n은 fig.33.과 같이 분해할 수 있다. 따라서 $b_n = a_{n-1} + b_{n-1}$이다.

$b_n = a_{n-1} + b_{n-1}$에서 $a_n = b_{n+1} - b_n$을 $a_n = b_n + a_{n-1} + b_{n-1} + a_{n-2}$에 대입해주면

$b_{n+1} - b_n = b_n + b_n - b_{n-1} + b_{n-1} + b_{n-1} - b_{n-2}$이다.

따라서 $b_{n+1} = 3b_n + b_{n-1} - b_{n-2}$이다.

$$\begin{array}{rl} a_n = & b_n + a_{n-1} + b_{n-1} + a_{n-2} \\ - \quad a_{n-1} = & b_{n-1} + a_{n-2} + b_{n-2} + a_{n-3} \end{array}$$
에서 위의 식에서 아래의 식을 빼주면

$a_n - a_{n-1} = a_{n-1} + a_{n-1} - a_{n-2} + a_{n-2} + a_{n-2} - a_{n-3}$이다.

이를 정리하면 $a_n = 3a_{n-1} + a_{n-2} - a_{n-3}$이다. 마지막으로 a_1, a_2, a_3을 구해주자.

우선 $a_1 = 2, b_1 = 1$이다. 그러면 $b_2 = a_1 + b_1 = 3$이다.

그리고 fig.32.를 참고하면 $a_2 = b_2 + a_1 + 2 = 7$임을 알 수 있다. 또한 $b_3 = a_2 + b_2 = 10$이다. 마지막으로 $a_3 = b_3 + a_2 + b_2 + a_1 = 22$이다.

$a_n = 3a_{n-1} + a_{n-2} - a_{n-3}$, $a_1 = 2, a_2 = 7, a_3 = 22$임을 이용해 a_{10}을 구하면

$\underline{a_{10} = 78243}$이다.

example solution 063

1. $3^3 \times 2^4 \times {}_7C_3 = 15120$
2. x^2이 a번, x가 b번, 상수항이 c번 뽑힌다고 하면, $a+b+c=5, 2a+b=3$이다. 이를 만족하는 자연수 (a, b, c)의 순서쌍은 $(0, 3, 2)$ or $(1, 1, 3)$이다. 이제 x^3의 계수를 계산해주면 다음과 같다.

   $2^0 \times 3^3 \times (-4)^2 \times \dfrac{5!}{3!\,2!} + 2^1 \times 3^1 \times (-4)^3 \times \dfrac{5!}{3!} = -3360$

example solution 064

$a_k = {}_{100}C_k \times 3^k \times 2^{100-k}$이다. 또한 a_k가 최대가 되기 위해선 $\dfrac{a_k}{a_{k-1}} \geq 1$, $\dfrac{a_{k+1}}{a_k} \leq 1$이 성립해야 한다.

$\dfrac{a_k}{a_{k-1}} = \dfrac{3(101-k)}{2k} \geq 1$, $\dfrac{a_{k+1}}{a_k} = \dfrac{3(100-k)}{2(k+1)} \leq 1$에서 $298 \leq 5k \leq 303$에서 $k = 60$이다.

example solution 065

$w^3 = 1$을 만족하는 3개의 w를 주어진 항등식에 대입하자.

$x = 1$ 대입: $(1+1)^{100} = a_0 + a_1 + a_2 + a_3 + \cdots\cdots + a_{100}$

$x = w$ 대입: $(1+w)^{100} = a_0 + a_1 w + a_2 w^2 + a_3 w^3 + \cdots\cdots + a_{100} w^{100}$

$x = w^2$ 대입: $(1+w^2)^{100} = a_0 + a_1 w^2 + a_2 w^4 + a_3 w^6 + \cdots\cdots + a_{100} w^{200}$

한편, $1 + w^{3k+1} + w^{6k+2} = 1 + w + w^2 = 0$, $1 + w^{3k+2} + w^{6k+4} = 1 + w + w^2 = 0$이므로 위의 세 식을 더해주면 다음과 같다.

$3(a_0 + a_3 + a_6 + \cdots\cdots) = 2^{100} + (1+w)^{100} + (1+w^2)^{100}$

$2^{100} + (1+w)^{100} + (1+w^2)^{100} = 2^{100} + w^{200} + (-w)^{100} = 2^{100} + w^2 + w = 2^{100} - 1$이므로

$a_0 + a_3 + a_6 + \cdots\cdots = \dfrac{2^{100} - 1}{3}$이다.

example solution 066

1. ${}_{n}C_{r}-{}_{n-1}C_{r}={}_{n-1}C_{r-1}$에서 $\sum_{n=r+1}^{m}({}_{n}C_{r}-{}_{n-1}C_{r})=\sum_{n=r+1}^{m}{}_{n-1}C_{r-1}$이므로 이를 정리해주면

   ${}_{m}C_{r}-{}_{r}C_{r}={}_{r}C_{r-1}+{}_{r+1}C_{r-1}+\cdots\cdots+{}_{m-1}C_{r-1}$이다.

   마지막으로 ${}_{r}C_{r}(={}_{r-1}C_{r-1})$을 이항 시킨 후 r에 $r+1$을 대입해주면 다음과 같다.

   ${}_{r}C_{r}+{}_{r+1}C_{r}+{}_{r+2}C_{r}+\cdots\cdots+{}_{m-1}C_{r}={}_{m}C_{r+1}$ ▨

2. ${}_{r}C_{r}+{}_{r+1}C_{r}+{}_{r+2}C_{r}+\cdots\cdots+{}_{m-1}C_{r}={}_{m}C_{r+1}$은 ${}_{n}C_{r}={}_{n}C_{n-r}$이라는 사실을 통해 정리해 주면

   ${}_{r}C_{0}+{}_{r+1}C_{1}+{}_{r+2}C_{2}+\cdots\cdots+{}_{m-1}C_{m-1-r}={}_{m}C_{m-r-1}$으로 바꿔줄 수 있다. 마지막으로 편의상 m에 $m+r+1$을 대입해주면 다음과 같다.

   ${}_{r}C_{0}+{}_{r+1}C_{1}+{}_{r+2}C_{2}+\cdots\cdots+{}_{m+r}C_{m}={}_{m+r+1}C_{m}$ ▨

example solution 067

1. 하키스틱 공식을 이용하면 ${}_{3}C_{3}+{}_{4}C_{3}+\cdots\cdots+{}_{9}C_{3}={}_{10}C_{4}=210$이다.

2. $\sum_{r=0}^{m}\left(\sum_{k=0}^{m-r}{}_{r+k}C_{k}\right)$에서 $\sum_{k=0}^{m-r}{}_{r+k}C_{k}={}_{r}C_{0}+{}_{r+1}C_{1}+\cdots\cdots+{}_{m}C_{m-r}={}_{m+1}C_{m-r}$이다.

   따라서 준식의 값은 다음과 같다.

   $\sum_{r=0}^{m}{}_{m+1}C_{m-r}={}_{m+1}C_{m}+{}_{m+1}C_{m-1}+\cdots\cdots+{}_{m+1}C_{1}+{}_{m+1}C_{0}=\underline{2^{m+1}-1}$

example solution 068

1. ϕ와 S는 서로 배반사건이므로 확률의 공리 ③에 의해 $P(\phi)+P(S)=P(\phi\cup S)=P(S)$이다. 따라서 $P(\phi)=0$이다. ▨
2. A와 $B-A$는 서로 배반사건이므로 확률의 공리 ③에
   의해$P(A)+P(B-A)=P(A\cup(B-A))=P(B)$이다. 따라서 $P(B-A)=P(B)-P(A)$이다. 한편 확률의 공리 ②에 의해 $P(B-A)\geq 0$이므로 $P(B)\geq P(A)$이다. ▨
3. $A\cap B$와 $B-A$는 서로 배반사건이므로 확률의 공리 ③에
   의해$P(A\cap B)+P(B-A)=P((A\cap B)\cup(B-A))=P(B)$이다. 따라서
   $P(B)-P(A\cap B)=P(B-A)$이다. 또한 A와 $B-A$는 서로 배반사건이므로 확률의 공리 ③에
   의해$P(A)+P(B-A)=P(A\cup(B-A))=P(A\cup B)$이다.
   $P(B)-P(A\cap B)=P(B-A)$, $P(A)+P(B-A)=P(A\cup B)$이므로 $P(B-A)$를 소거해주면
   $P(A\cup B)=P(A)+P(B)-P(A\cap B)$이다. ▨

example solution 069

$P(A\cap B)=P(A)\times P(B)$에서 양변을 $P(A)$로 나누어주면 $\frac{P(A\cap B)}{P(A)}=\frac{P(B)}{1}$이다. 가비의 리에 의해

$\frac{b}{a}=\frac{d}{c}=\frac{b-d}{a-c}$이므로 $\frac{P(B)}{1}=\frac{P(A\cap B)}{P(A)}=\frac{P(B)-P(A\cap B)}{1-P(A)}$이고, $1-P(A)=P(A^{C})$,

$P(B)-P(A\cap B)=P(B-A)$이다. 따라서 $\frac{P(B)}{1}=\frac{P(B-A)}{P(A^{C})}=\frac{P(B\cap A^{C})}{P(A^{C})}$이므로

$\dfrac{P(B\cap A)}{P(A)}=\dfrac{P(B\cap A^C)}{P(A^C)}$이다. 이는 $P(B|A)=P(B|A^C)$이므로 A, B는 서로 독립이다. ▨

example solution 070

1. $\displaystyle\sum_{i=1}^{n}P(X=x_i)=\sum_{x=1}^{n}\frac{x}{a}=\frac{n(n+1)}{2a}=1$이므로 $a=\dfrac{n(n+1)}{2}$이다.

2. $E[X]=\displaystyle\sum_{x=1}^{n}x\times P(X=x)=\sum_{x=1}^{n}\frac{x^2}{a}=\frac{n(n+1)(2n+1)}{6}\times\frac{2}{n(n+1)}=\frac{2n+1}{3}$

   $E[X^2]=\displaystyle\sum_{x=1}^{n}x^2\times P(X=x)=\sum_{x=1}^{n}\frac{x^3}{a}=\frac{n^2(n+1)}{4}\times\frac{2}{n(n+1)}=\frac{n(n+1)}{2}$

3. $V[X]=E[X^2]-(E[X])^2=\dfrac{n(n+1)}{2}-\dfrac{(2n+1)^2}{9}=\dfrac{n^2+n-2}{18}$

   $\sigma[X]=\sqrt{V[X]}=\sqrt{\dfrac{(n-1)(n+2)}{18}}$

example solution 071

$Y=3X+2$, $E[Y]=1, E[Y^2]=3$이다. $E[Y]=E[3X+2]=3E[X]+2=1$이므로 $E[X]=-\dfrac{1}{3}$이다.

$E[Y^2]=E[9X^2+12X+4]=9E[X^2]+12E[X]+4=9E[X^2]=3$이므로 $E[X^2]=\dfrac{1}{3}$이다.

$V[X]=E[X^2]-(E[X])^2=\dfrac{1}{3}-\dfrac{1}{9}=\dfrac{2}{9}$이고, $\sigma[X]=\dfrac{\sqrt{2}}{3}$이다.

따라서 기댓값은 $-\dfrac{1}{3}$, 분산은 $\dfrac{2}{9}$, 표준편차는 $\dfrac{\sqrt{2}}{3}$이다.

example solution 072

$E[X]=np$, $\sigma[X]=\sqrt{npq}$이므로 $E[X]=240$, $\sigma[X]=12$이다.

example solution 073

1. $\displaystyle\int_0^n P(X=x)\,dx=\int_0^n\frac{x}{a}\,dx=\frac{n^2}{2a}=1$이므로 $a=\dfrac{n^2}{2}$이다.

2. $E[X]=\displaystyle\int_0^n x\times P(X=x)\,dx=\int_0^n\frac{x^2}{a}\,dx=\frac{n^3}{3}\times\frac{2}{n^2}=\frac{2n}{3}$

   $E[X^2]=\displaystyle\int_0^n x^2\times P(X=x)\,dx=\int_0^n\frac{x^3}{a}\,dx=\frac{n^4}{4}\times\frac{2}{n^2}=\frac{n^2}{2}$

3. $V[X]=E[X^2]-(E[X])^2=\dfrac{n^2}{2}-\dfrac{4n^2}{9}=\dfrac{n^2}{18}$

   $\sigma[X]=\sqrt{V[X]}=\dfrac{\sqrt{2}}{6}n$

example solution 074

$X \sim B(600, \frac{2}{5}) \sim N(240, 12)$이므로 $P(228 \le X \le 258) = P(-1 \le Z \le 1.5)$이다.

$P(-1 \le Z \le 1.5) = P(0 \le Z \le 1.5) + P(0 \le Z \le 1) = 0.4332 + 0.3413 = 0.7745$

따라서 $P(228 \le X \le 258) = 0.7745$이다.

example solution 075

모집단: 서울시 사람들

표본집단: 서울시에서 전화를 받은 500명

example solution 076

$$\overline{X} = \frac{1}{n}\sum_{i=1}^{n} X_i = \frac{1}{64}\sum_{i=1}^{64} X_i = \frac{80}{64} = \frac{5}{4}$$

$$S^2 = \frac{1}{n-1}\sum_{i=1}^{n}(X_i - \overline{X})^2 = \frac{1}{n-1}\sum_{i=1}^{n}\left(X_i^2 - 2\overline{X}X_i + \overline{X}^2\right)$$

$$= \frac{1}{n-1}\sum_{i=1}^{n} X_i^2 - \frac{2\overline{X}}{n-1}\sum_{i=1}^{n} X_i + \frac{1}{n-1}\sum_{i=1}^{n}\overline{X}^2$$

$$= \frac{1}{n-1}\sum_{i=1}^{n} X_i^2 - \frac{2n\overline{X}^2}{n-1} + \frac{n\overline{X}^2}{n-1}$$

$$= \frac{1}{n-1}\sum_{i=1}^{n} X_i^2 - \frac{n}{n-1}\overline{X}^2$$

$$= \frac{128}{63} - \frac{64 \times 1.25^2}{63} = \frac{28}{63} = \frac{4}{9}$$

$$S = \sqrt{S^2} = \frac{2}{3}$$

따라서 표본평균은 $\frac{5}{4}$, 표본분산은 $\frac{4}{9}$, 표본표준편차는 $\frac{2}{3}$이다.

example solution 077

$n_{서울} = 500$, $n_{부산} = 100$이므로 $\overline{X_{서울}} \sim N(30000, \frac{8000^2}{500})$, $\overline{X_{부산}} \sim N(29000, \frac{6400^2}{100})$이다. 이를 정리하면 $\overline{X_{서울}} \sim N(30000, (160\sqrt{5})^2)$, $\overline{X_{부산}} \sim N(29000, 640^2)$이다.

$P(X_{서울} \ge 31000) = P(Z \ge \frac{5\sqrt{5}}{4})$, $P(X_{부산} \ge 31000) = P(Z \ge \frac{25}{8})$이다.

$\frac{5\sqrt{5}}{4} < \frac{25}{8}$이므로 표본의 평균임금이 31000$보다 클 확률이 높은 표본집단은 서울이다.

example solution 078

$\overline{X} \sim N\left(10, \left(\frac{4}{\sqrt{n}}\right)^2\right)$이다. $P(0 \le Z \le 2) = 0.4772$이므로 $P(Z \ge 2) = 0.0228$이다. 따라서 $z_0 = \dfrac{X - m}{\dfrac{\sigma}{\sqrt{n}}} \ge 2$이어야 한다. 이를 정리하면 $\dfrac{11.5 - 10}{\dfrac{4}{\sqrt{n}}} \ge 2$이므로 $n \ge \dfrac{256}{9}$이므로 n의 최솟값은 29이다.

example solution 079

$\overline{X} \sim N\left(30000, \frac{8000^2}{400}\right)$이다. 따라서 모평균 m에 대한 95% 신뢰구간은 다음과 같다.

$$\left[30000 - 1.96\frac{8000}{\sqrt{400}}, 30000 + 1.96\frac{8000}{\sqrt{400}}\right]$$

이를 정리하면 $[29216, 30784]$이다.

example solution 080

$\overline{X} \sim N\left(m, \frac{2^2}{n}\right)$이다. 모평균의 99% 신뢰구간의 길이가 $2 \times 2.58\dfrac{\sigma}{\sqrt{n}} \le 0.1$이므로 $n \ge \left(\dfrac{2 \times 2.58 \times 2}{0.1}\right)^2 = 15650.24$이므로 n의 최솟값은 15651이다.

7. 미적분

example solution 081

1. $n \to \infty$일 때 $\frac{1}{n}$이 0에 가까워지므로 a_n은 수렴하고 수렴하는 값은 0이다.
2. $b_n = \cos n\pi = (-1)^n$이므로 b_n은 진동한다. 따라서 b_n은 발산한다.
3. $c_n = \sin n\pi = 0$이므로 c_n은 수렴하고 수렴하는 값은 0이다.

example solution 082

$a_n = \sin n$이 L에 수렴한다고 가정하자. 그러면 $\lim_{n\to\infty} \sin 2n = \lim_{n\to\infty} \sin n = L$이다. 또한 $1-\sin^2 n = \cos^2 n = \left(\frac{\sin 2n}{\sin n}\right)^2$이므로 양변에 $n \to \infty$를 취해주면 $1-L^2 = \left(\frac{L}{L}\right)^2 = 1$이다. 따라서 $L=0$이고, $\lim_{n\to\infty} \cos n = 1 \text{ or } -1$이다. 이제 $\sin(n+1) = \sin n \cos 1 + \cos n \sin 1$에서 양변에 $n \to \infty$를 취해주면 $L = L\cos 1 + (\pm 1)\sin 1$이고 $L=0$을 대입해주면 $(\pm 1)\sin 1 = 0$이므로 모순이다. 따라서 $\{a_n\}$은 발산한다. ▨

example solution 083

1. $a_n = \sqrt{2} \times (-1)^n$이면 $\{a_n\}$은 발산하므로 거짓이다.
2. 주어진 부등식에서 $n \to \infty$를 취해주면
   $\lim_{n\to\infty} \sqrt{4n^2+8n-3} - 2n = \lim_{n\to\infty} \frac{8n-3}{\sqrt{4n^2+8n-3}+2n} = 2$이고, $\lim_{n\to\infty} \frac{3n}{\sqrt{n^2+100}} = 3$이므로
   $2 \le \lim_{n\to\infty} a_n \le 3$이다. $\{a_n\}$의 극한값이 자연수이므로 가능한 값으로는 2 또는 3이므로 가능한 것은 2개다. 따라서 거짓이다.
3. $\lim_{n\to\infty} b_n = 0$일 때 $\lim_{n\to\infty} a_n = 0$이 성립하지 않는다고 가정하자. 그러면 $\lim_{n\to\infty} a_n$은 0이 아닌 상수 c로 수렴하거나 발산한다. 한편 $\left\{\frac{a_n}{b_n}\right\}$에서 $n \to \infty$일 때 분모는 0으로 가는 상황에서 분자인 a_n이 상수 c 혹은 발산한다면 $\frac{a_n}{b_n}$은 $+\infty$ 혹은 $-\infty$으로 발산하므로 모순이다. 따라서 $\lim_{n\to\infty} a_n = 0$이고 참이다.

example solution 084

$0 \le |\sin n| \le 1$이므로 $0 \le \left|\frac{\sin n}{n}\right| \le \frac{1}{n}$이다. $\lim_{n\to\infty} \frac{1}{n} = 0$이므로 샌드위치 정리에 의해 $\lim_{n\to\infty} \left|\frac{\sin n}{n}\right| = 0$이다. 또한 모든 실수 x에 대해 $-|x| \le x \le |x|$이므로 $-\left|\frac{\sin n}{n}\right| \le \frac{\sin n}{n} \le \left|\frac{\sin n}{n}\right|$이 성립한다. 마지막으로 부등식에 $n \to \infty$를 취해주면 $\lim_{n\to\infty} \frac{\sin n}{n} = 0$임을 알 수 있다.

example solution 085

우선 $f(x)$의 정의역을 구해보자. $f(x)$가 수렴하기 위해선 $x \neq -3$이면 된다.

❶ $|x|>3$: 극한 안의 식을 $g(x)$라 할 때 $g(x)=\dfrac{x-1+\left(\dfrac{3}{x}\right)^n \times 3\sin x}{1+\left(\dfrac{3}{x}\right)^n}$이다. $n\to\infty$일 때 분모에서

$\lim\limits_{n\to\infty} 1+\left(\dfrac{3}{x}\right)^n=1$ 이고, 분자에서 $\lim\limits_{n\to\infty} x-1+\dfrac{\sin x}{x^n}=x-1$이므로 $f(x)=x-1$이다.

❷ $|x|<3$: 극한 안의 식을 $g(x)$라 할 때 $g(x)=\dfrac{3\times\left(\dfrac{x}{3}\right)^{n+1}-\left(\dfrac{x}{3}\right)^n+3\sin x}{\left(\dfrac{x}{3}\right)^n+1}$이다. $n\to\infty$일 때

분모에서 $\lim\limits_{n\to\infty}\left(\dfrac{x}{3}\right)^n+1=1$ 이고, 분자에서 $\lim\limits_{n\to\infty} 3\times\left(\dfrac{x}{3}\right)^{n+1}-\left(\dfrac{x}{3}\right)^n+3\sin x=3\sin x$이므로

$f(x)=3\sin x$이다.

❸ $x=3$: 극한 안의 식을 $g(x)$라 할 때 $g(3)=\dfrac{3-1+3\sin 3}{1+1}=1+\dfrac{3\sin 3}{2}$이다. 따라서

$f(3)=1+\dfrac{3\sin 3}{2}$이다.

따라서 $f(x)=\begin{cases} x-1 & (|x|>3) \\ 3\sin x & (|x|<3) \\ 1+\dfrac{3\sin 3}{2} & (x=3) \end{cases}$이다. 이제 $f(x)>0$인 x를 찾아주면 $\underline{x>0}$이다.

example solution 086

$-1<\dfrac{x^2+1}{x+1}\leq 1$을 만족하는 x를 찾아주자.

❶ $x>-1$: $-x-1<x^2+1\leq x+1$이므로 $x^2\leq x$(왼쪽 부등식은 자명)이다. 따라서 $0\leq x\leq 1$이다.

❷ $x<-1$: $-x-1>x^2+1\geq x+1$이므로 왼쪽 부등식이 성립하지 않는다. 따라서 $x<-1$에는 부등식을 만족하는 x가 없다.

$\underline{\therefore\ 0\leq x\leq 1}$

example solution 087

1. 올바른 표기가 아니다. $\sum\limits_{n=1}^{\infty} a_n$이 수렴하는지 알아보기 위해선 부분합 $S_n=\sum\limits_{k=1}^{n} a_n$의 수렴여부를 판단해야 한다. 두 번째 줄을 "$S_n=\sqrt{n+1}-1$에서 $\lim\limits_{n\to\infty} S_n=\infty$이므로 $\sum\limits_{n=1}^{\infty} a_n$는 발산 한다"라고 고쳐야 한다.

2. 우선 $\sum\limits_{n=1}^{\infty} b_n$이 수렴하는지 모르기 때문에 합, 차를 적용할 수 없다. 즉 $S=1-S$라고 할 수 없다.

   마찬가지로 두 번째 줄을 "$S_n=\sum\limits_{k=1}^{n} b_n=\begin{cases}1 & n\text{홀수}\\ 0 & n\text{짝수}\end{cases}$에서 S_n이 진동하므로 $\sum\limits_{n=1}^{\infty} b_n$은 발산 한다."라고 고쳐야 한다.

example solution 088

1. $S_n = \sum_{i=1}^{n} \frac{1}{i}$, $T_n = \sum_{i=1}^{n} \frac{1}{i^2}$이라 하자.

❶ $S_{2^k} = 1 + \left(\frac{1}{2}\right) + \left(\frac{1}{3} + \frac{1}{4}\right) + \left(\frac{1}{5} + \frac{1}{6} + \frac{1}{7} + \frac{1}{8}\right) + \cdots\cdots + \left(\frac{1}{2^{k-1}+1} + \cdots\cdots + \frac{1}{2^k}\right)$이고,

$S_{2^k} > 1 + \left(\frac{1}{2}\right) + \left(\frac{1}{4} + \frac{1}{4}\right) + \left(\frac{1}{8} + \frac{1}{8} + \frac{1}{8} + \frac{1}{8}\right) + \cdots\cdots + \left(\frac{1}{2^k} + \cdots\cdots + \frac{1}{2^k}\right) = 1 + \frac{k}{2}$이다. 따라서

$S_{2^k} > 1 + \frac{k}{2}$이고, $k \to \infty$일 때 $2^k \to \infty, 1 + \frac{k}{2} \to \infty$이므로 $n \to \infty$일 때 $S_n \to \infty$이다. 따라서

$\sum_{n=1}^{\infty} \frac{1}{n}$은 발산한다.

❷ 우선 $T_n < T_{n+1}$이다. 또한 자연수 i에 대해서 $i \ge 2$일 때 $\frac{1}{i^2} < \frac{1}{i(i-1)} = \frac{1}{i-1} - \frac{1}{i}$이므로

$T_n = \sum_{i=1}^{n} \frac{1}{i^2} < 1 + \sum_{i=2}^{n} \left(\frac{1}{i-1} - \frac{1}{i}\right) = 2 - \frac{1}{n} < 2$이다. 따라서 단조수렴정리[4)]에 의해서 T_n은

수렴하므로 $\sum_{n=1}^{\infty} \frac{1}{n^2}$은 수렴한다.

2. $\sum_{n=1}^{\infty} \frac{n^k}{\sqrt{n^3+1}}$이 수렴할 조건과 $\sum_{n=1}^{\infty} \frac{n^k}{\sqrt{n^3}}$이 수렴할 조건이 필요충분조건임을 보이자.

$n \ge 1$일 때 $\frac{1}{4} \le \frac{n^3}{1+n^3} \le 1$이므로 $\frac{n^k}{2\sqrt{n^3}} \le \frac{n^k}{\sqrt{1+n^3}} \le \frac{n^k}{\sqrt{n^3}}$이다.

그리고 $S_n = \sum_{i=1}^{n} \frac{i^k}{\sqrt{1+i^3}}$, $T_n = \sum_{i=1}^{n} \frac{i^k}{\sqrt{i^3}}$라 하자. 그러면 $\frac{S_n}{2} \le T_n \le S_n$임을 알 수 있따.

이제 서로 필요충분조건임을 보이자.

(S_n 수렴 $\Rightarrow$ T_n 수렴) 우선 S_n이 S로 수렴한다고 하자. S_n은 증가수열이므로 $S_n \le S$이다. 이제 $T_n < T_{n+1}$이고, $T_n \le S_n \le S$이므로 단조수렴정리에 의해 T_n도 수렴한다. ▨

(T_n 수렴 $\Rightarrow$ S_n 수렴) 우선 T_n이 T로 수렴한다고 하자. T_n은 증가수열이므로 $T_n \le T$이다. 이제 $S_n < S_{n+1}$이고, $S_n \le 2T_n \le 2T$이므로 단조수렴정리에 의해 S_n도 수렴한다. ▨

따라서 $\sum_{n=1}^{\infty} \frac{n^k}{\sqrt{n^3+1}}$이 수렴할 조건과 $\sum_{n=1}^{\infty} \frac{n^k}{\sqrt{n^3}}$이 수렴할 조건이 필요충분조건이다.

한편 $\sum_{n=1}^{\infty} \frac{1}{n^p}$이 수렴하기 위한 조건이 $p > 1$이므로 $\sum_{n=1}^{\infty} \frac{n^k}{\sqrt{n^3}}$가 수렴하기 위한 k의 조건은

$\frac{3}{2} - k > 1$이다. 그러므로 $k < \frac{1}{2}$이면 $\sum_{n=1}^{\infty} \frac{n^k}{\sqrt{n^3}}$가 수렴하고, $\sum_{n=1}^{\infty} \frac{n^k}{\sqrt{n^3+1}}$도 수렴한다. 따라서

답은 $k < \frac{1}{2}$이다.

4) 단조수렴정리란 실수 M이 존재하여 모든 자연수 n에 대해 $x_n < x_{n+1}$, $x_n < M$이면 $\{x_n\}$은 수렴한다. 또한 실수 L이 존재하여 모든 자연수 n에 대해 $y_n > y_{n+1}$, $y_n > L$이면 $\{y_n\}$은 수렴한다. 교육과정은 아니다. 하지만 제시문으로 주어질 수도 있다.

example solution 089

1. $\frac{A}{n(n+1)\cdots\cdots(n+m-1)}+\frac{B}{(n+1)(n+2)\cdots\cdots(n+m)}=\frac{A(n+m)+Bn}{n(n+1)\cdots\cdots(n+m)}$ 이므로 모든 n에 대해 $(A+B)n+Am=m(m-1)$이다. 따라서 n에 대한 항등식을 풀면 $\underline{A=m-1, B=-(m-1)}$이다.

2. $\frac{m(m-1)}{n(n+1)\cdots\cdots(n+m)}=\frac{m-1}{n(n+1)\cdots\cdots(n+m-1)}-\frac{m-1}{(n+1)(n+2)\cdots\cdots(n+m)}$ 이므로 $S_n=\sum_{k=1}^{n}\frac{m(m-1)}{k(k+1)\cdots\cdots(k+m)}=\frac{m-1}{m!}-\frac{m-1}{(n+1)\cdots\cdots(n+m)}$이고, $n\to\infty$이면 S_n은 $\frac{m-1}{m!}$에 수렴한다. 이제 $T_n=\sum_{m=1}^{n}\frac{m-1}{m!}=\sum_{m=1}^{n}\frac{1}{(m-1)!}-\frac{1}{m!}=1-\frac{1}{n!}$이고, $k\to\infty$이면 T_k은 1에 수렴한다. 따라서 주어진 식의 값은 $\underline{1}$이다.

example solution 090

$$\frac{\frac{2}{5}}{1-\frac{2}{5}}+\frac{\frac{3}{5}}{1-\frac{3}{5}}=\underline{\frac{13}{6}}$$

example solution 091

I) $x\neq 0$

$|1-x^2|<1$이면 주어진 등비급수가 수렴한다. 따라서 수렴하는 x의 범위는 $0<|x|<\sqrt{2}$이다.

그리고 이때 수렴하는 값은 $\frac{x}{1-(1-x^2)}=\frac{1}{x}$이다.

II) $x=0$

주어진 급수는 0으로 수렴한다.

따라서 수렴하는 x의 범위와 값은 $\underline{\begin{cases}\frac{1}{x} & (0<x<\sqrt{2})\\ 0 & (x=0)\end{cases}}$이다.

example solution 092

$\cos^2 15^\circ=\frac{1+\cos 30^\circ}{2}=\frac{2+\sqrt{3}}{4}=\left(\frac{1+\sqrt{3}}{2\sqrt{2}}\right)^2$이고, $\cos 15^\circ>0$이므로

$\underline{\cos 15^\circ=\frac{\sqrt{2}+\sqrt{6}}{4}}$이다. $\sin 15^\circ>0$, $\sin^2 15^\circ=1-\cos^2 15^\circ$ 임을 고려하면

$\underline{\sin 15^\circ=\frac{-\sqrt{2}+\sqrt{6}}{4}}$이다.

example solution 093

$\triangle ABC$에 대해서 $\overline{AB}=\overline{AC}=1, \overline{BC}=x$, $\angle BAC=108^\circ$ 인 이등변삼각형을 생각하자.

제 2코사인 법칙에 의해 $\cos 108^\circ = 1-\dfrac{x^2}{2}$이 성립한다. 그리고 $\angle B$에 대해서 코사인을 적용해주면

$\cos 36^\circ = \dfrac{x}{2}$이다. 또한 합 공식을 적절히 사용하면 $\cos 108^\circ = 4(\cos 36^\circ)^3 - 3\cos 36^\circ$ 이다. 따라서

이를 대입 후 정리하면 $x^3+x^2-3x-2=(x+2)(x^2-x-1)=0$이다.

$x>0$이므로 $x=\dfrac{1+\sqrt{5}}{2}$이다. 따라서 $\cos 36^\circ = \dfrac{x}{2} = \underline{\dfrac{1+\sqrt{5}}{4}}$이다.

example solution 094

$\cos 3\theta + i\sin 3\theta = (\cos\theta + i\sin\theta)^3 = (\cos^3\theta - 3\cos\theta sin^2\theta) + i(3\cos^2\theta\sin\theta - \sin^3\theta)$

$= (4\cos^3\theta - 3\cos\theta) + i(3\sin\theta - 4\sin^3\theta)$

$\therefore$ $\underline{\cos 3\theta = 4\cos^3\theta - 3\cos\theta, \sin 3\theta = 3\sin\theta - 4\sin^3\theta}$이다.

example solution 095

1. $f(x)=\sec x$ 정의역: $\left\{x \mid x \neq \left(n+\dfrac{1}{2}\right)\pi\right\}$, 치역: $\{y \mid |y| \geq 1\}$

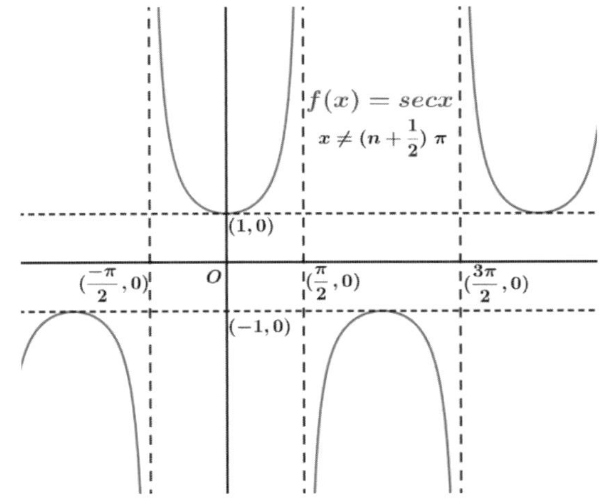

▲ fig.38. example solution 95의 $y=\sec x$ 그림

2. $g(x)=\csc x$ 정의역: $\{x \mid x \neq n\pi\}$, 치역: $\{y \mid |y| \geq 1\}$

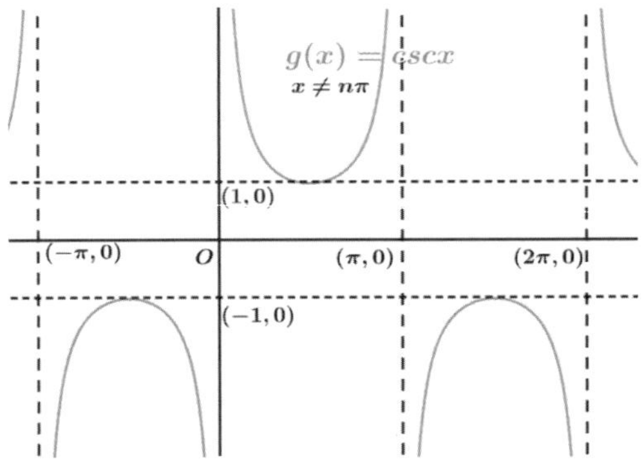

▲ fig.39. example solution 95의 $y=\csc x$ 그림

3. $h(x)=\cot x$ 　정의역: $\{x|x\neq n\pi\}$, 치역: $\{y|y\in R\}$

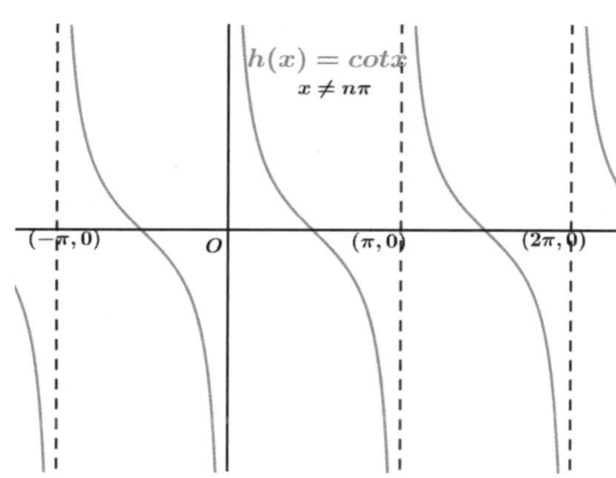

▲ fig.40. example solution 95의 $y=\cot x$ 그림

example solution 096

$\sec\frac{\pi}{6}=\frac{2}{\sqrt{3}}$, $\csc\frac{7\pi}{4}=-\sqrt{2}$, $\cot\frac{\pi}{12}=2+\sqrt{3}$

example solution 097

1. $\lim_{x\to0}\frac{\tan2x}{\sin5x}=\lim_{x\to0}\frac{\frac{\tan2x}{2x}}{\frac{\sin5x}{5x}}\times\frac{2x}{5x}=\frac{2}{5}$

2. $x-\frac{\pi}{2}=t$ $\lim_{x\to\frac{\pi}{2}}\left(x-\frac{\pi}{2}\right)\tan x=\lim_{t\to0}t\times tan\left(t+\frac{\pi}{2}\right)=\lim_{t\to0}-\frac{t}{\tan t}=-1$

example solution 098

1. $0\leq\left|x\sin\frac{1}{x}\right|\leq|x|$이므로 $\lim_{x\to0}x\sin\frac{1}{x}=0$

2. $\lim_{x\to0}\frac{\cos x-1}{xsin(\sin x)}=\lim_{x\to0}-\frac{\frac{1-\cos x}{x^2}}{\frac{\sin(\sin x)}{\sin x}}\times\frac{x^2}{xsinx}=-\frac{1}{2}$

3. $x\geq0$일 때 $-\frac{x^3}{6}\leq\sin x-x\leq-\frac{x^3}{6}+\frac{x^5}{120}$ 5)이므로 $\lim_{x\to0+}\frac{\sin x-x}{x^3}=-\frac{1}{6}$이다.

$$\lim_{x\to0+}\frac{x(\cos x-1)}{\sin x-x}=\lim_{x\to0+}-\frac{\frac{1-\cos x}{x^2}}{\frac{\sin x-x}{x^3}}\times\frac{x^3}{x^3}=3$$

4. $\lim_{x\to0+}x^{\tan2x}=\lim_{x\to0+}(x^x)^{\frac{\tan2x}{x}}=1^2=1$

5) 부등식의 증명은 $f'>0$이면 $f\geq f(0)$임을 이용하면 된다.

example solution 099

해당문제는 쉽기에 답만 적도록 하겠다.

1. 발산 / 2. 발산

3. -1 / 4. 발산

5. 0 / 6. 발산

7. 1 / 8. 0

example solution 100

1. $A(x)=(1+5x)^{\frac{1}{x}}$라 하자. $\lim\limits_{x\to\infty}\ln A(x)=\lim\limits_{x\to\infty}\dfrac{\ln(1+5x)}{x}=0$[6]이다.

따라서 $\lim\limits_{x\to\infty}A(x)=e^0=\underline{1}$

2. $\lim\limits_{x\to 0}(1+2x)^{\frac{1}{x}}=\lim\limits_{x\to 0}\left((1+2x)^{\frac{1}{2x}}\right)^2=\underline{e^2}$

3. $$\lim_{x\to 0}(\cos x)^{\frac{\cot 3x}{x}}=\lim_{x\to 0}\left(\left(1-2\sin^2\frac{x}{2}\right)^{-\frac{1}{2\sin^2\frac{x}{2}}}\right)^{\frac{-2\times\frac{\sin^2\frac{x}{2}}{\left(\frac{x}{2}\right)^2}}{\frac{\tan 3x}{3x}}\times\frac{\frac{x^2}{4}}{3x^2}}=e^{-2\times\frac{\frac{1}{4}}{3}}=\underline{e^{-\frac{1}{6}}}$$

4. $$\lim_{x\to 0+}(1+\log_2 x)^{\frac{1}{\sin x}}=\lim_{x\to 0+}\left((1+\log_2 x)^{\frac{1}{\log_2 x}}\right)^{\frac{x}{\sin x}\times\frac{\log_2 x}{x}}=e^{1\times 0}=\underline{1}$$

5. $$\lim_{x\to 0}(\cos x-\sin x)^{\frac{1}{x}}=\lim_{x\to 0}\left(1-2\sin^2\frac{x}{2}-\sin x\right)^{\frac{1}{x}}$$

$$=\lim_{x\to 0}\left(\left(1-2\sin^2\frac{x}{2}-\sin x\right)^{-\frac{1}{2\sin^2\frac{x}{2}+\sin x}}\right)^{-\frac{2\sin^2\frac{x}{2}+\sin x}{x}}=e^{-0-1}=\underline{e^{-1}}$$

example solution 101

1. $$a_n=\left(1+\frac{1}{n}\right)^n=\sum_{k=0}^{n}\frac{{}_nC_k}{n^k}=\sum_{k=0}^{n}\frac{1}{k!}\times\frac{n(n-1)\cdots\cdots(n-k+1)}{n^k}$$

$$=\sum_{k=0}^{n}\frac{1}{k!}\times\left(1-\frac{1}{n}\right)\left(1-\frac{2}{n}\right)\cdots\cdots\left(1-\frac{k-1}{n}\right)$$

$$<\sum_{k=0}^{n}\frac{1}{k!}$$

한편 $k!=k\times(k-1)\times\cdots\cdots\times 3\times 2\times 1$ 이므로

$>2\times(\ \ 2\ \ )\times\cdots\cdots\times 2\times 2\times 1=2^{k\ \ 1}$

6) 분모의 증가속도가 더 크다. $x>\ln x$에서 x대신 $\sqrt{x}$를 넣으면 $\dfrac{\ln x}{x}<\dfrac{2}{\sqrt{x}}$이다. 이제 x 대신에 $1+5x$를 넣으면 $0<\dfrac{\ln(1+5x)}{1+5x}<\dfrac{2}{\sqrt{1+5x}}$이고 샌드위치 정리에 의해 극한값은 0이다.

$\sum_{k=0}^{n}\frac{1}{k!}=1+\sum_{k=1}^{n}\frac{1}{k!}<1+\sum_{k=1}^{n}\frac{1}{2^{k-1}}=3-\frac{1}{2^n}<3$이다. 따라서 $a_n<3$이다.

또한 $n\geq 2$일 때 $a_n=\left(1+\frac{1}{n}\right)^n=\sum_{k=0}^{n}\frac{{}_nC_k}{n^k}=1+1+\sum_{k=2}^{n}\frac{{}_nC_k}{n^k}>2$이고, $a_1=2$이므로 $a_n\geq 2$이다.

이를 정리하면 $2\leq a_n<3$이다. ▨

2. $f(x)=\left(1+\frac{1}{x}\right)^x$라 하자. $\ln f(x)=x\ln(1+x)-x\ln x$에서 양변을 미분해주면

$\frac{f'(x)}{f(x)}=\ln(x+1)-\ln x-\frac{1}{1+x}$이고, $\ln(x+1)-\ln x-\frac{1}{1+x}=\frac{1}{c}-\frac{1}{1+x}$인 c가 평균값 정리에 의해 $(x, x+1)$에 존재한다. $\frac{1}{c}-\frac{1}{1+x}>0$이므로 $f'(x)>0$이다. 따라서 $f(x)$는 증가함수이다. 결국 $a_n<a_{n+1}$임이 증명되었다. ▨

3. 모든 자연수 n에 대해 $a_n<a_{n+1}$이고, $a_n<3$이므로 문제조건(단조수렴정리)에 의해 $\{a_n\}$은 수렴한다. ▨

example solution 102

1. $\lim_{x\to 0}\frac{x\ln(x+1)}{1-\cos x}=\lim_{x\to 0}\frac{\frac{\ln(x+1)}{x}}{\frac{1-\cos x}{x^2}}\times\frac{x^2}{x^2}=\underline{2}$

2. $\lim_{x\to 0}\frac{x\ln(1+x)}{3^{x^2}-2^{x^2}}=\lim_{x\to 0}\frac{\frac{\ln(1+x)}{x}}{\frac{(3^{x^2}-1)-(2^{x^2}-1)}{x^2}}\times\frac{x^2}{x^2}=\frac{1}{\ln 3-\ln 2}=\underline{\frac{1}{\ln\left(\frac{3}{2}\right)}}$

example solution 103

1. $\ln x<x$에서 x 대신에 $x^{\frac{k}{2}}$를 대입하자.

그러면 $\frac{k}{2}\ln x<x^{\frac{k}{2}}$이고, 양변에 $\frac{kx^k}{2}$를 나누어주면 $0<\frac{\ln x}{x^k}<\frac{2}{kx^{\frac{k}{2}}}$이다.

이제 $x\to\infty$ 취해주면 샌드위치 정리에 의해 $\lim_{x\to\infty}\frac{\ln x}{x^k}=\underline{0}$이다.

2. $A(x)=\frac{x^k}{e^x}$라 하자. 그러면 $\ln A(x)=k\ln x-x=x\left(k\frac{\ln x}{x}-1\right)$이다.

이제 $x\to\infty$ 취해주면 $\lim_{x\to\infty}\frac{\ln x}{x}=0$이므로 $\lim_{x\to\infty}A(x)$는 $-\infty$로 발산함을 알 수 있다.

따라서 $\lim_{x\to\infty}\frac{x^k}{e^x}=\lim_{t\to-\infty}e^t=\underline{0}$이다.

example solution 104

1. $A(x)=x^{\frac{1}{x}}$라 하자. $\ln A(x)=\dfrac{\ln x}{x}$에서 $x\to 0+$일 때 $\dfrac{\ln x}{x}$가 $-\infty$로 발산하므로

$\displaystyle\lim_{x\to 0+} x^{\frac{1}{x}}=\lim_{t\to -\infty} e^t=\underline{0}$이다.

2. $A(x)=(\sin x)^{\frac{1}{\ln x}}$라 하자. 그러면 $\displaystyle\lim_{x\to 0+}\ln A(x)=\lim_{x\to 0+}\frac{\ln\sin x}{\ln x}=\lim_{x\to 0+}1+\frac{\ln\frac{\sin x}{x}}{\ln x}$이다. 이때

$x\to 0+$일 때 $\ln x$가 $-\infty$로 발산하고, $\ln\dfrac{\sin x}{x}$가 0으로 수렴하므로 $\ln A(x)$는 1로 수렴한다. 따라서

$\displaystyle\lim_{x\to 0+}(\sin x)^{\frac{1}{\ln x}}=e^1=\underline{e}$이다.

example solution 105

해당 문제의 경우 공식 대입에 불과하기 때문에 답만 적도록 하겠다.

1. $\tan x$ / 2. $\dfrac{1}{\ln 3}\times\dfrac{1}{x\ln x}$ / 3. $e^{x^2+2x}(2x+2)$ / 4. $x^{x^x}(x^x(\ln x+1)+x^{x-1})$

5. $e^{2x}(2\sin 3x+3\cos 3x)$ / 6. $16(2x+3)^7$ / 7. $\sec^2(\sin x)\times\cos x$

8. $\dfrac{5}{6\sqrt[6]{x}}$ / 9. $\dfrac{x^2+12x}{(x+6)^2}$ / 10. $3^{x^2}\left(2x\log_2 x+\dfrac{1}{x\ln 2}\right)$

example solution 106

1. $\left(x+\dfrac{1}{x^2}\right)^{\sqrt{5}-1}\times\left(1-\dfrac{2}{x^3}\right)$

2. $\ln|f(x)|=\ln|x-1|+4\ln|x-4|-2\ln|x-2|-3\ln|x-3|$에서 양변을 x로 미분해주면

$\dfrac{f'(x)}{f(x)}=\dfrac{1}{x-1}+\dfrac{4}{x-4}-\dfrac{2}{x-2}-\dfrac{3}{x-3}$이다.

따라서 $\underline{f'(x)=\dfrac{(x-1)(x-4)^4}{(x-2)^2(x-3)^3}\times\left(\dfrac{1}{x-1}+\dfrac{4}{x-4}-\dfrac{2}{x-2}-\dfrac{3}{x-3}\right)}$이다.

3. $-\dfrac{\cos^3 x}{\sin^2 x(1+\cos x)^2}$

4. $\dfrac{4(1-x^3)(x+1)^3}{(x^4+1)^2}$

5. $5x^4(1-x^6)^{-\frac{11}{6}}$

6. $-\cos(\csc x)\times\csc x\cot x$

example solution 107

$f'(x)=1+f(x)^2>0$에서 $f(x)$는 단순 증가함수이므로 $f(x)$는 일대일함수이다. 따라서 $f(x)$는 역함수 $f^{-1}(x)$를 가진다. ▨

$f^{-1}(f(x))=x$에서 양변을 x로 미분해주면 $(f^{-1}(f(x)))' \times f'(x)=1$이다. 따라서

$(f^{-1}(f(x)))' = \dfrac{1}{1+f(x)^2}$이고 마지막으로 x대신에 $f^{-1}(x)$를 대입해주면 된다.

$\therefore (f^{-1}(x))' = \dfrac{1}{1+x^2}$

example solution 108

$x=\cos^3 t,\ y=\sin^3 t$라 하자. 그러면 $(1,0)$에 대응되는 $t=0$이다.

$$\frac{dy}{dx}\Big|_{(x,\,y)=(1,\,0)} = \frac{\frac{dy}{dt}}{\frac{dx}{dt}}\Big|_{t=0} = -\frac{3\sin^2 t\cos t}{3\cos^2 t\sin t}\Big|_{t=0} = -\tan t|_{t=0} = 0$$

따라서 접선의 기울기는 0이다.

example solution 109

$\sin^2 x+\cos^2 x=1$에서 양변을 제곱해주고 2배각 공식을 적절히 사용하면,

$\sin^4 x+\cos^4 x = 1-2\sin^2 x\cos^2 x = 1-\dfrac{\sin^2 2x}{2} = 1-\dfrac{1}{2}\left(\dfrac{1-\cos 4x}{2}\right) = \dfrac{3+\cos 4x}{4}$이다. 따라서

$a_n = \dfrac{d^n}{dx^n}\left(\dfrac{3+\cos 4x}{4}\right)$이다.

$(\sin ax)'' = -a^2\sin ax,\ (\cos ax)'' = -a^2(\cos ax)$임을 이용하면 $a_{n+2} = -16a_n$임을 알 수 있다. 또한

$a_1 = -\sin 4x,\ a_2 = -4\cos 4x$이다.

$$\therefore\ f(x) = \sum_{n=1}^{\infty}\frac{1}{a_n} = \frac{1}{1-\left(-\frac{1}{16}\right)}\left(\frac{1}{a_1}+\frac{1}{a_2}\right) = -\frac{4}{17}\left(\frac{4}{\sin 4x}+\frac{1}{\cos 4x}\right)$$

이제 $f'(x)=0$이 되도록 하는 x의 값을 구하자.

$$f'(x) = \frac{16(4\cos^3 4x-\sin^3 4x)}{17\sin^2 4x\cos^2 4x} = 0$$

$\Leftrightarrow\ \sqrt[3]{4}\cos 4x = \sin 4x$

$\Leftrightarrow\ (\cos 4x, \sin 4x) = \left(\dfrac{1}{1+\sqrt[3]{16}}, \dfrac{\sqrt[3]{4}}{1+\sqrt[3]{16}}\right) \text{or} \left(\dfrac{-1}{1+\sqrt[3]{16}}, \dfrac{-\sqrt[3]{4}}{1+\sqrt[3]{16}}\right)$

이를 $f(x)$에 대입해주면 극값은 $\pm\dfrac{4}{17}(1+\sqrt[3]{16})^2$이다.

example solution 110

우선 $f(x)$가 연속이어야 한다. $x \neq 0$일 때는 $f(x)$가 자명하게 연속이니 $x=0$에서 $f(x)$가 연속이기 위한 k의 조건을 찾아보자. 이에 대한 해답은 쉽다.

$k>0$이면 $\lim\limits_{x\to 0} x^k\sin\dfrac{1}{x} = 0 = f(0)$이고, $k \leq 0$이면 진동 발산한다. 따라서 $f(x)$가 연속이기 위해선 우선 $k>0$이어야 한다.

다음으로 $k>0$인 상황에서 $f(x)$가 미분가능하기 위한 조건을 찾아보자.

마찬가지로 $x \neq 0$에서는 $f(x)$가 미분 가능하니 $x=0$일 때를 보자.

우선 $f'(0)$이 존재해야하므로 $f'(0)$이 존재하기 위한 조건을 먼저 찾자.

$$f'(0)=\lim_{h\to 0}\frac{h^k\sin\frac{1}{h}}{h}=\lim_{h\to 0}h^{k-1}\sin\frac{1}{h}=\begin{cases}0 & (k>1)\\ \text{발산} & (k\le 1)\end{cases}$$ 이므로

$k>1$이면 $f'(0)=0$으로 존재한다. 마지막으로 $k>1$인 상황에서 $0=f'(0)=\lim_{x\to 0}f'(x)$ 인 k를 찾자.

$x\ne 0$일 때 $f'(x)=kx^{k-1}\sin\frac{1}{x}-x^{k-2}\cos\frac{1}{x}$이고, $\lim_{x\to 0}f'(x)=0$이 성립하기 위해선 위와 같은 이유로 $k>2$이어야 한다.

따라서 $f(x)$가 미분가능하기 위한 조건은 $\underline{k>2}$이다.

example solution 111

$f^{-1}(x)=g(x)$라 하자. 그러면 $f(0)=1$이므로 $g(1)=0$이다.

$g(f(x))=x$에서 양변을 x로 미분하자.

$g'(f(x))f'(x)=1$이므로 $g'(f(x))=\dfrac{1}{f'(x)}$이다. 이를 또 x로 미분하자.

$g''(f(x))f'(x)=-\dfrac{f''(x)}{(f'(x))^2}$이다. 따라서 $g''(f(x))=-\dfrac{f''(x)}{(f'(x))^3}$이다.

이를 한 번 더 x로 미분하자.

$g'''(f(x))f'(x)=-\dfrac{f'''(x)(f'(x))^3-3f''(x)(f'(x))^2}{(f'(x))^6}$이므로 이를 정리하면

$g'''(f(x))=\dfrac{3f''(x)-f'''(x)f'(x)}{(f'(x))^5}$이다.

$\therefore\ g'(f(x))=\dfrac{1}{f'(x)},\ g''(f(x))=-\dfrac{f''(x)}{(f'(x))^3},\ g'''(f(x))=\dfrac{3f''(x)-f'''(x)f'(x)}{(f'(x))^5}$

$f(x)=x^3+3x+1$에서 $f(0)=1, f'(0)=3, f''(0)=0, f'''(0)=6$이다.

$x=0$을 대입하면 $\underline{g'(1)=\frac{1}{3},\ g''(1)=0,\ g'''(1)=-\frac{2}{27}}$이다.

example solution 112

– $f^{(n)}(x)=e^{-x}(a_n\cos px+b_n\sin px)$라 하자.

그러면 $f^{(n+1)}(x)=e^{-x}((-a_n+pb_n)\cos px+(-b_n-pa_n)\sin px)$이다.

따라서 $a_{n+1}=-a_n+pb_n,\ b_{n+1}=-b_n-pa_n$의 점화관계를 얻을 수 있다.

이제 $pb_n=-a_{n+1}-a_n$을 $pb_{n+1}=-pb_n-pa_n$에 대입하여 b_{n+1}, b_n을 소거해주면,

$a_{n+2}+2a_{n+1}+(1+p^2)a_n=0$을 얻을 수 있다.

비슷하게 $b_{n+2}+2b_{n+1}+(1+p^2)b_n=0$을 얻을 수 있다.

한편 $ax^2+bx+c=0$의 서로 다른 두 근이 α,β일 때 $ax_{n+2}+bx_{n+1}+cx_n=0$에서

$x_n=s\alpha^n+t\beta^n$이다.[7] $f^{(n)}(0)=a_n$이므로 a_n의 일반항을 구하자.

$a_n=s(-1+ai)^n+t(-1-ai)^n$이라 하자.

7) $x_n=s\alpha^n+t\beta^n$을 $ax_{n+2}+bx_{n+1}+cx_n=0$에 대입해보면 $a\alpha^2+b\alpha+c=a\beta^2+b\beta+c=0$이므로 $s\alpha^n(a\alpha^2+b\alpha+c)+t\beta^n(a\beta^2+b\beta+c)=0$이다. 따라서 성립한다.

$f^{(0)}(x)=e^{-x}\cos px$, $f^{(1)}(x)=e^{-x}(-\cos px - a\sin px)$이므로 $a_0=1, a_1=-1$이다.

이를 대입해주면 $s=t=\dfrac{1}{2}$이므로 $a_n=\dfrac{1}{2}((-1+pi)^n+(-1-pi)^n)$이다.

따라서 $\underline{f^{(n)}(0)=\dfrac{1}{2}((-1+pi)^n+(-1-pi)^n)}$이다.

\- $g^{(n)}(x)=e^{-x}(c_n\cos px+d_n\sin px)$라 하자.

그러면 $f^{(n+1)}(x)=e^{-x}((-c_n+pd_n)\cos px+(-c_n-pd_n)\sin px)$이다.

따라서 $c_{n+1}=-c_n+pd_n$, $d_{n+1}=-d_n-pc_n$의 점화관계를 얻을 수 있다.

이제 $pd_n=-c_{n+1}-c_n$을 $pd_{n+1}=-pd_n-pc_n$에 대입하여 d_{n+1}, d_n을 소거해주면,

$c_{n+2}+2c_{n+1}+(1+p^2)c_n=0$을 얻을 수 있다.

비슷하게 $d_{n+2}+2d_{n+1}+(1+p^2)d_n=0$을 얻을 수 있다.

$g^{(n)}(0)=c_n$이므로 c_n의 일반항을 구하자.

$c_n=s(-1+pi)^n+t(-1-pi)^n$이라 하자.

$f^{(0)}(x)=e^{-x}\sin px$, $f^{(1)}(x)=e^{-x}(p\cos px-\sin px)$이므로 $a_0=, a_1=p$이다.

이를 대입해주면 $s=-\dfrac{i}{2}, t=\dfrac{i}{2}$이므로 $a_n=\dfrac{i}{2}(-(-1+pi)^n+(-1-pi)^n)$이다.

따라서 $\underline{g^{(n)}(0)=\dfrac{i}{2}(-(-1+pi)^n+(-1-pi)^n)}$이다.

이제 $f^{(n)}(0)+ig^{(n)}(0)=(-1+pi)^n$, $f^{(n)}(0)-ig^{(n)}(0)=(-1-pi)^n$임을 이용하여 $h(p)$를 구해주면 다음과 같다.

$$h(p)=\sum_{n=1}^{\infty}\frac{1}{(-1+pi)^n}+\frac{1}{(-1-pi)^n}$$

$$=\frac{\frac{1}{-1+pi}}{1-\frac{1}{-1+pi}}+\frac{\frac{1}{-1-pi}}{1-\frac{1}{-1-pi}}=\frac{1}{pi-2}+\frac{1}{-pi-2}=-\frac{4}{p^2+4}$$ [8)]

따라서 $\underline{\lim_{p\to 0}h(p)=\lim_{p\to 0}-\dfrac{4}{p^2+4}=-1}$이다.

example solution 113

$f(x)=e^{-x^2}$, $f'(x)=e^{-x^2}(-2x)$, $f''(x)=e^{-x^2}(4x^2-2)$이므로

변곡점의 좌표는 $\left(\dfrac{1}{\sqrt{2}}, e^{-\frac{1}{2}}\right), \left(-\dfrac{1}{\sqrt{2}}, e^{-\frac{1}{2}}\right)$이다.

이때 접선의 방정식은 $\underline{y=-\sqrt{\dfrac{2}{e}}(x-\sqrt{2}), y=\sqrt{\dfrac{2}{e}}(x+\sqrt{2})}$이다.

8) 복소수 z에 대해서 $|z|<1$이면 $z^n=|z|^n\times\left(\dfrac{z}{|z|}\right)^n$에서 $n\to\infty$이면 $|z|^n\to 0$이므로 $z^n\to 0$임을 알 수 있다.

현재 $z=\dfrac{1}{-1+pi}$ or $\dfrac{1}{-1-pi}$이고, $|z|<1$이다.

example solution 114

$f(x)=e^{-x}(x^2+x+2)$, $f'(x)=e^{-x}(-x^2+x-1)$, $f''(x)=e^{-x}(x^2-3x+2)$이므로

변곡점의 좌표는 $\left(1, \frac{4}{e}\right), \left(2, \frac{8}{e^2}\right)$이다.

이때 접선의 방정식은 $\underline{y=\frac{-x+5}{e},\ y=\frac{-3x+14}{e^2}}$이다.

example solution 115

$f(x)=\frac{x^2+x+1}{x-1}$에서 정의역이 $\{x|x\neq 1\}$이므로 수직 점근선 $x=1$이 존재한다.

다음으로 $\lim_{x\to\pm\infty} f(x)-x=\lim_{x\to\pm\infty}\frac{2x+1}{x-1}=2$이므로 $y=x+2$ 또한 점근선이다.

따라서 모든 점근선은 $\underline{x=1,\ y=x+2}$이다.

example solution 116

$f(x)=\frac{1}{1-e^{-x}}$에서 정의역이 $\{x|x\in R\}$이므로 수직 점근선은 존재하지 않는다.

다음으로 $\lim_{x\to\infty} f(x)=\lim_{x\to\infty}\frac{1}{1-e^{-x}}=1$, $\lim_{x\to-\infty} f(x)=\lim_{x\to-\infty}\frac{1}{1-e^{-x}}=0$이므로

$y=0, y=1$은 점근선이다. 따라서 모든 점근선은 $\underline{y=0,\ y=1}$이다.

example solution 117

$f(x)=\sqrt{x^2+x+1}$에서 정의역이 $\{x|x\in R\}$이므로 수직 점근선은 존재하지 않는다.

다음으로 $\lim_{x\to\infty} f(x)-x=\lim_{x\to\infty}\sqrt{x^2+x+1}-x=\lim_{x\to\infty}\frac{x+1}{\sqrt{x^2+x+1}+x}=\frac{1}{2}$이고,

$\lim_{x\to-\infty} f(x)+x=\lim_{x\to-\infty}\sqrt{x^2+x+1}+x=\lim_{t\to\infty}\sqrt{t^2-t+1}-t=\lim_{t\to\infty}\frac{-t+1}{\sqrt{t^2-t+1}+t}=-\frac{1}{2}$이므로

$y=x+\frac{1}{2}$, $y=-x-\frac{1}{2}$는 점근선이다.

따라서 모든 점근선은 $\underline{y=x+\frac{1}{2},\ y=-x-\frac{1}{2}}$이다.

example solution 118

단순 계산이니 답안만 작성해 두었다.

$f(x)=\frac{\ln x}{x}$, $f'(x)=\frac{1-\ln x}{x^2}$, $f''(x)=\frac{2\ln x-3}{x^3}$

i) 정의역: $\{x|x>0\}$, 치역: $\left\{y|y\leq\frac{1}{e}\right\}$

ii) x축 교점: $(1, 0)$, y축 교점: 없음

iii) $x=0$

ⅳ) 증가구간: $0 < x < e$, 감소구간: $x > e$, 극댓값: $f(e) = \frac{1}{e}$

ⅴ) 위로 볼록: $0 < x < e^{\frac{3}{2}}$, 아래로 볼록: $x > e^{\frac{3}{2}}$, 변곡점: $\left(e^{\frac{3}{2}}, \frac{3}{2}e^{-\frac{3}{2}}\right)$

ⅵ) fig.41. 참고

example solution 119

단순 계산이니 답안만 작성해 두었다.

$f(x) = \frac{x^2+3x}{x-1}$, $f'(x) = \frac{(x-3)(x+1)}{(x-1)^2}$, $f''(x) = \frac{8}{(x-1)^3}$

ⅰ) 정의역: $\{x|x \neq 1\}$, 치역: $\{y|y \leq 1, y \geq 9\}$

ⅱ) x축 교점: $(0,0)$, $(-3,0)$, y축 교점: $(0,0)$

ⅲ) $x=1, y=x+4$

ⅳ) 증가구간: $x < -1, x > 3$, 감소구간: $-1 < x < 1, 1 < x < 3$, 극댓값: $f(-1)=1$, 극솟값: $f(3)=9$

ⅴ) 위로 볼록: $x < 1$, 아래로 볼록: $x > 1$, 변곡점: 없음

ⅵ) fig.42. 참고

example solution 120

단순 계산이니 답안만 작성해 두었다.

$f(x) = e^x x^3$, $f'(x) = e^x(x^3+3x^2)$, $f''(x) = e^x(x^3+6x^2+6x)$

ⅰ) 정의역: $\{x|x \in R\}$, 치역: $\{y|y \geq -27e^{-3}\}$

ⅱ) x축 교점: $(0,0)$, y축 교점: $(0,0)$

ⅲ) $y=0$

ⅳ) 증가구간: $-3 < x < 0, x > 0$, 감소구간: $x < -3$, 극솟값: $f(-3) = -27e^{-3}$

ⅴ) 위로 볼록: $x < -3-\sqrt{3}$, $-3+\sqrt{3} < x < 0$,
아래로 볼록: $-3-\sqrt{3} < x < 3+\sqrt{3}$, $x > 0$,
변곡점: $(-3-\sqrt{3}, -e^{-3-\sqrt{3}}(54+30\sqrt{3}))$, $(-3+\sqrt{3}, -e^{-3+\sqrt{3}}(54-30\sqrt{3}))$, $(0,0)$

ⅵ) fig.43. 참고

example solution 121

단순 계산이니 답안만 작성해 두었다.

$f(x) = e^{-x}\sin x$, $f'(x) = e^{-x}(-\sin x + \cos x)$, $f''(x) = -2e^{-x}\cos x$

ⅰ) 정의역: $\{x|x \in R\}$, 치역: $\{y|y \in R\}$

ⅱ) x축 교점: $(n\pi, 0)$ (단, n은 정수), y축 교점: $(0,0)$

ⅲ) 없음

ⅳ) 증가구간: $\left(2n-\frac{3}{4}\right)\pi < x < \left(2n+\frac{1}{4}\right)\pi$, 감소구간: $\left(2n+\frac{1}{4}\right)\pi < x < \left(2n+\frac{5}{4}\right)\pi$,
극댓값: $f\left(\left(2n+\frac{1}{4}\right)\pi\right) = \frac{1}{\sqrt{2}e^{\left(2n+\frac{1}{4}\right)\pi}}$, 극솟값: $f\left(\left(2n-\frac{3}{4}\right)\pi\right) = -\frac{1}{\sqrt{2}e^{\left(2n-\frac{3}{4}\right)\pi}}$ (단, n은 정수)

v) 위로 볼록: $\left(2n-\frac{1}{2}\right)\pi < x < \left(2n+\frac{1}{2}\right)\pi$, 아래로 볼록: $\left(2n+\frac{1}{2}\right)\pi < x < \left(2n+\frac{3}{2}\right)\pi$,

변곡점: $\left(\left(n+\frac{1}{2}\right)\pi, \frac{(-1)^n}{e^{\left(n+\frac{1}{2}\right)\pi}}\right)$

vi) fig.44. 참고

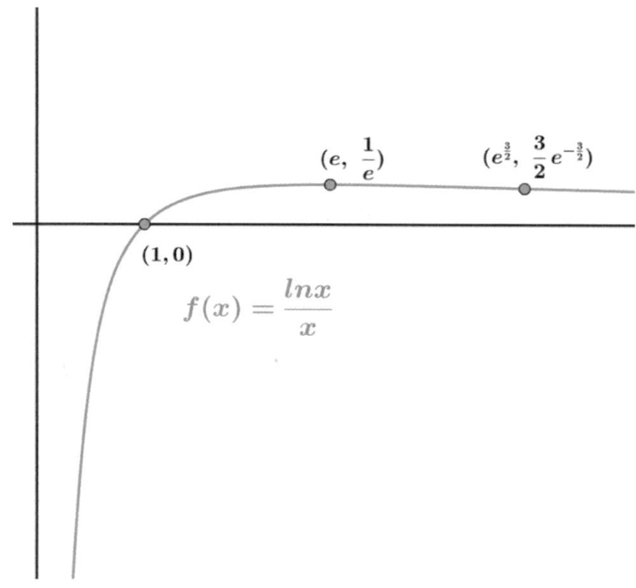

▲ fig.41. example solution 121에서 $f(x)=\frac{\ln x}{x}$의 그림

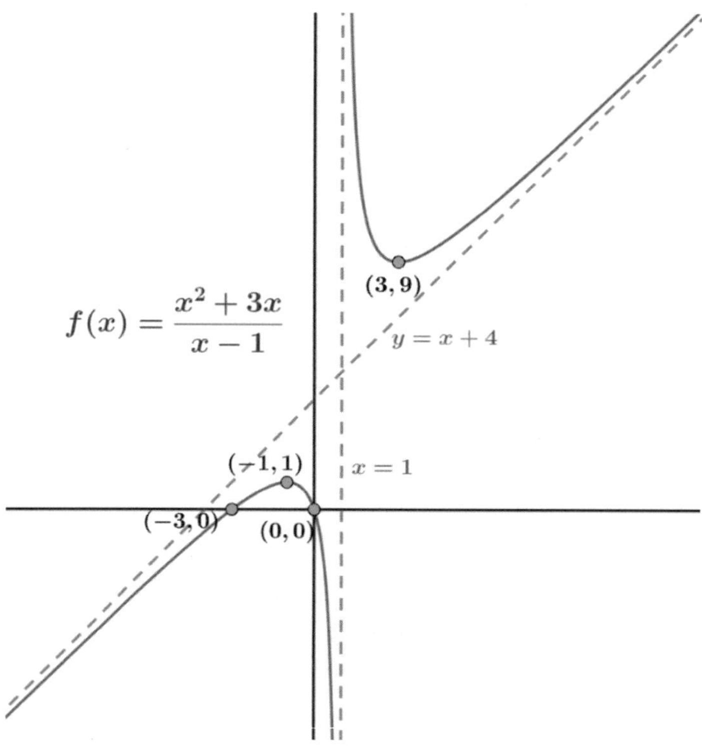

▲ fig.42. example solution 121에서 $f(x)=\frac{x^2+3x}{x-1}$의 그림

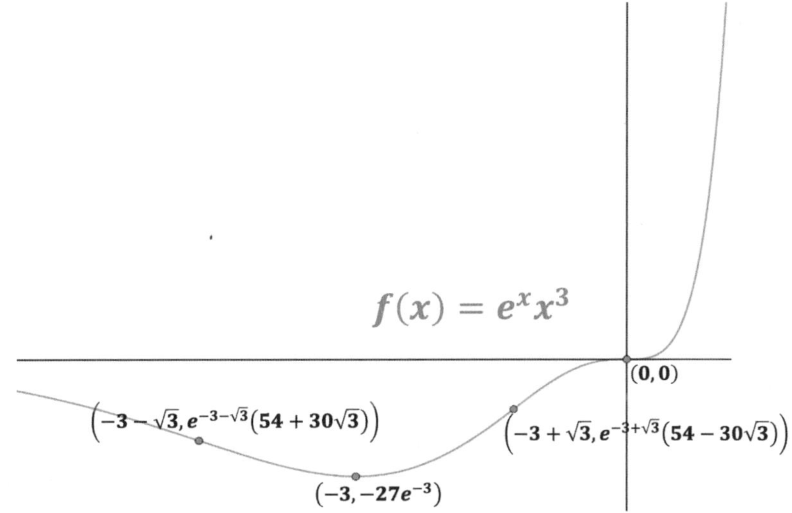

▲ fig.43. example solution 121에서 $f(x)=e^x x^3$의 그림

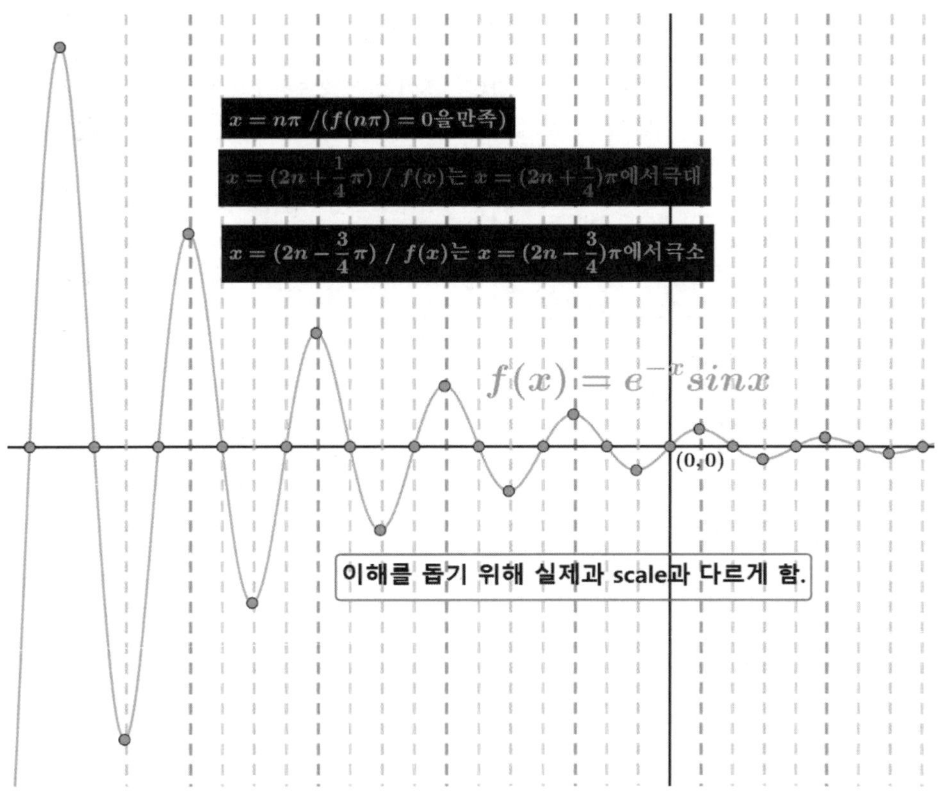

▲ fig.44. example solution 121에서 $f(x)=e^{-x}\sin x$의 그림

example solution 122

$f(x)=e^x-x$라 하자. $f'(x)=e^x-1$이므로 $f(x)$는 $x=0$에서 극소이다.

따라서 $f(x) \geq f(0)=1>0$이므로 $e^x>x$이다.

$g(x)=x-\ln x$라 하자. $g'(x)=1-\dfrac{1}{x}$이므로 $g(x)$는 $x=0$에서 극소이다.

따라서 $g(x) \geq g(0)=1>0$이므로 $x>\ln x$이다.

이를 종합하면 $e^x>x>\ln x$이다. ▨

example solution 123

1. $f(x)=\dfrac{x^4+2}{x^2+2x}$을 미분해주면 아래와 같다.

$$f'(x)=\frac{2x^5+6x^4-4x-4}{(x^2+2x)^2}=\frac{2(x-1)(x^4+4x^3+4x^2+4x+2)}{(x^2+2x)^2}$$

2. $g(x)=x^4+4x^3+4x^2+4x+2$

$g'(x)=4(x^3+3x^2+2x+1)$이고, $g''(x)=4(3x^2+6x+2)$이다. 이때 $g''(x)=0$을 만족하는 x의 값은 $x=-1\pm\dfrac{\sqrt{3}}{3}$인데, $g'\left(-1+\dfrac{\sqrt{3}}{3}\right)=4-\dfrac{8\sqrt{3}}{9}>0$이므로 삼차함수 $g'(x)$는 하나의 근만 갖는다. 따라서 $g'(k)=0$을 만족하는 k가 유일하게 존재하는 것을 알 수 있다. ▨
또한 $g'(x)$의 부호관계에 의해 $g(x)$는 $x=k$에서 극소임을 확인할 수 있다.
다음으로 $g'(-2)=1>0$, $g'(-3)=-5<0$이므로 사잇값 정리에 의해 $-3<k<-2$이다. ▨
마지막으로 $g(k)=k^4+4k^3+4k^2+4k+2=(k^3+3k^2+2k+1)(k+1)-k^2+k+1$이고,
$k^3+3k^2+2k+1=0$이므로 $g(k)=-k^2+k+1$이다. $-3<k<-2$의 범위 내에선
$-k^2+k+1<0$가 성립하므로 $g(k)<0$이 증명된다. ▨
마지막으로 $g(x)$의 개형을 그려주면 fig.45.와 같다. 추가적으로 $h(x)=\dfrac{g'(x)}{4}$의 개형도 함께 그려두었다.

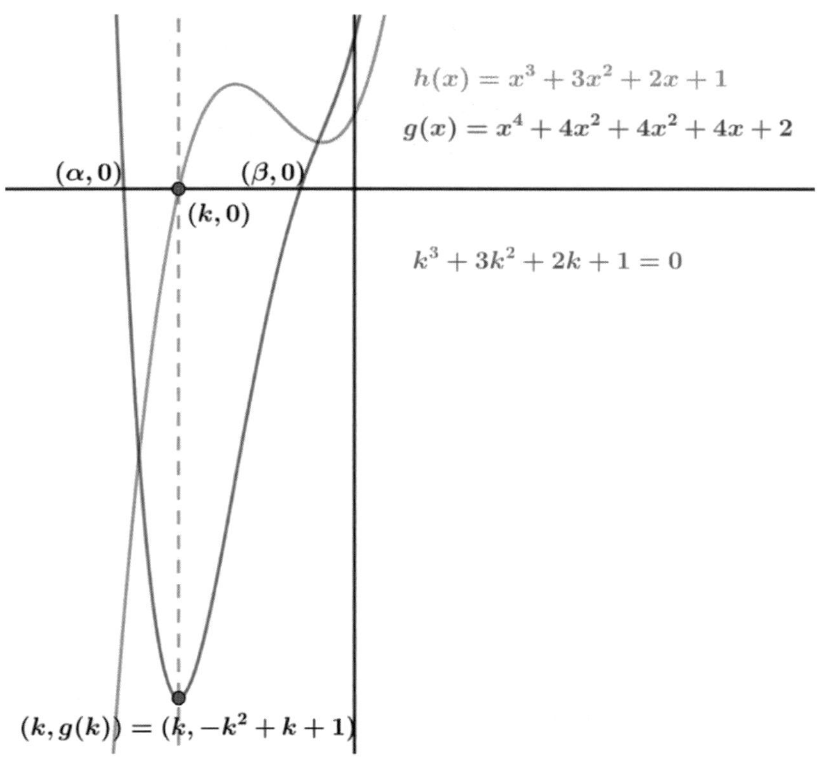

▲ fig.45. example solution 123에서 $y=g(x)$, $y=h(x)$의 그림

3. 위와 같은 과정들을 통해 $g(x)=x^4+4x^3+4x^2+4x+2$는 서로 다른 두 실근 α, β를 가짐을 알 수 있다. 그리고 $\alpha<\beta$라고 하자.

이제 α, β의 값을 대략적으로 추론 해보자.

$g(x)=\left((x+1)^2-1\right)^2+4x+2$에 대입을 해주면,

$g(-3.1)=3.41^2-10.4=1.2281$ / $g(-3)=3^2-10=-1$

$g(-0.8)=0.96^2-1.2=-0.2784$ / $g(-0.7)=0.91^2-0.8=0.0281$

사잇값 정리에 의해 $-3.1<\alpha<-3$, $-0.8<\beta<-0.7$임을 알 수 있다.

이제 $y=f(x)$의 그래프를 그려보자.

$f'(x)=\dfrac{2(x-\alpha)(x-\beta)(x-1)(x^2+px+q)}{(x^2+2x)^2}$ (단, $p^2-4q<0$)에서

$f'(\alpha)=f'(\beta)=f'(1)=0$, $\alpha<-2<\beta<0<1$임을 이용하자.

또한 $f(x)=\dfrac{x^4+2}{x^2+2x}$은 $x=-2$, $x=0$을 점근선으로 가진다.

우선 $\alpha^4+4\alpha^3+4\alpha^2+4\alpha+2=\beta^4+4\beta^3+4\beta^2+4\beta+2=0$임을 이용하여 $f(\alpha), f(\beta)$를 간단히 나타내자.

$$f(\alpha)=\frac{\alpha^4+2}{\alpha^2+2\alpha}=-\frac{4\alpha^3+4\alpha^2+4\alpha}{\alpha^2+2\alpha}=-\frac{4(\alpha^2+\alpha+1)}{\alpha+2}=-\frac{4\left\{(\alpha+2)^2-3(\alpha+2)+3\right\}}{\alpha+2}$$
$$=12-4\left(\alpha+2+\frac{3}{\alpha+2}\right)$$

마찬가지 방법으로 $f(\beta)=12-4\left(\beta+2+\dfrac{3}{\beta+2}\right)$이다.

다음으로 $-1.1<\alpha+2<-1$ / $1.2<\beta+2<1.3$임을 이용하자.

$r(x)=x+\dfrac{3}{x}$라고 하면 $r(x)$는 $x=\pm\sqrt{3}$에서 극값을 갖고 fig.46.과 같이 생겼다.

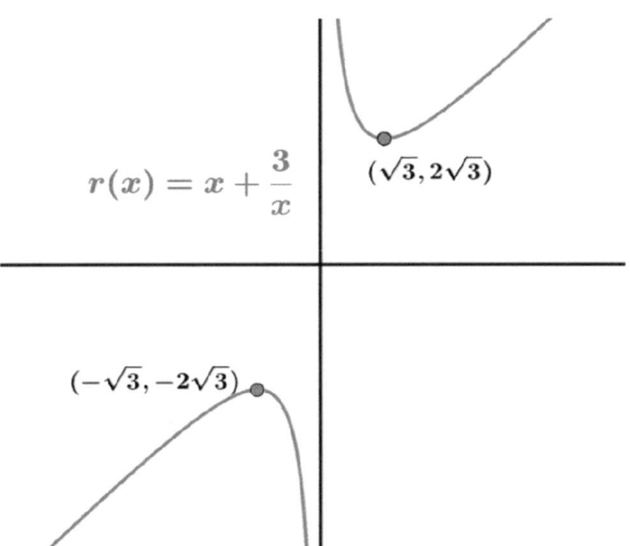

▲ fig.46. example solution 123에서 $y=r(x)$의 그림

$\sqrt{3}\simeq1.732$임을 이용하면 $f(\alpha), f(\beta)$의 대략적인 범위는 다음과 같다.

$12-4\times r(-1.1)<f(\alpha)<12-4\times r(-1) \Rightarrow 27.309<f(\alpha)<28$

$12-4\times r(1.2)<f(\beta)<12-4\times r(1.3) \Rightarrow -2.8<f(\beta)<-2.431$

따라서 $f(x)$의 극값은 대략적으로 다음과 같다.

$f(\alpha)=27.\times\times$, $f(\beta)=-2.\times\times$, $f(1)=1$

마지막으로 $f(x)$의 개형을 그려주면 fig.47.과 같다.

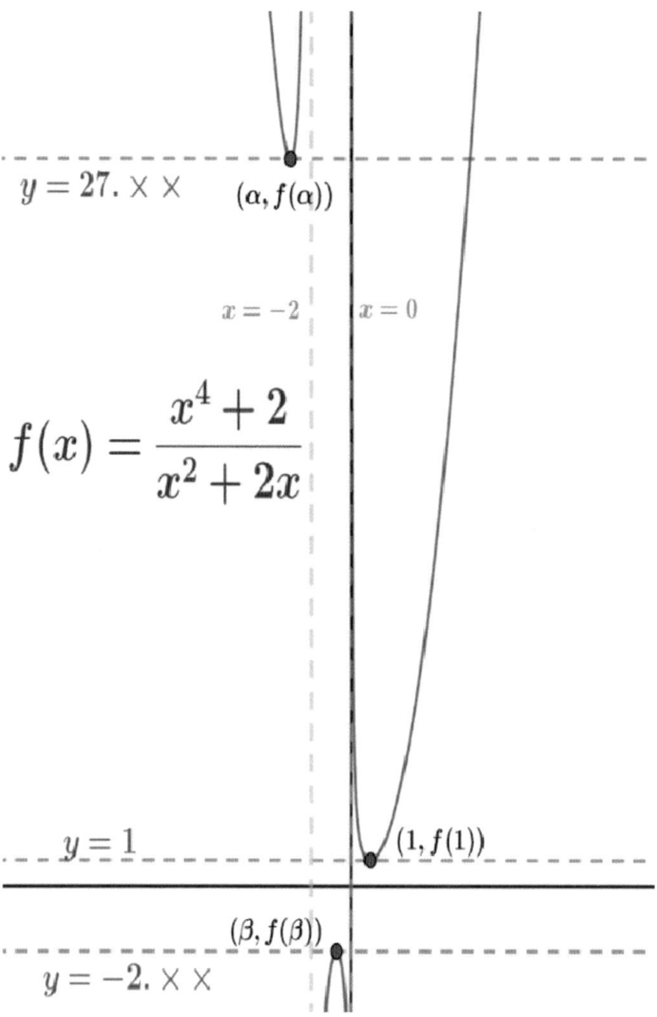

▲ fig.47. example solution 123에서 $y=f(x)$의 그림

4. $x^4-2px^2-4px+2>0$에서 $x^2+2x=0$이면 부등식이 자명하게 성립한다.
이제 x^2+2x가 양수, 음수인 경우를 고려해 보자.
$x^2+2x>0$이면 $2p<\dfrac{x^4+2}{x^2+2x}$, $x^2+2x<0$이면 $2p>\dfrac{x^4+2}{x^2+2x}$이므로 정수 p는 $f(\beta)<2p<f(1)$를 만족한다. 따라서 $\underline{p=-1}$이다.

example solution 124

$2x+y+x\dfrac{dy}{dx}+2y\dfrac{dy}{dx}=0$이므로 $\dfrac{dy}{dx}=-\dfrac{2x+y}{x+2y}$이다. 따라서 $(1,-1)$에서 접선의 기울기는 $\dfrac{dy}{dx}\Big|_{(1,-1)}=-\dfrac{2x+y}{x+2y}\Big|_{(1,-1)}=1$이다. 접선의 방정식은 $\underline{y=x-2}$이다.

example solution 125

$e^y + xe^y\dfrac{dy}{dx} + ye^{x-y} + e^{x-y}(-y+1)\dfrac{dy}{dx} = 1 + 2\dfrac{dy}{dx}$이므로

$\dfrac{dy}{dx} = \dfrac{e^y + ye^{x-y} - 1}{2 - xe^y + e^{x-y}(y-1)}$이다. 따라서 $(0, 2)$에서 접선의 기울기는

$\dfrac{dy}{dx}|_{(0,2)} = \dfrac{e^y + ye^{x-y} - 1}{2 - xe^y + e^{x-y}(y-1)}|_{(0,2)} = \dfrac{2e^4 + e^2 - 2}{2e^2 - 1}$이다.

접선의 방정식은 $\underline{y = \dfrac{2e^4 + e^2 - 2}{2e^2 - 1}x + 2}$이다.

example solution 126

$3x^2 + 6xy + 3x^2\dfrac{dy}{dx} + 3y^2\dfrac{dy}{dx} = 0$이므로 $\dfrac{dy}{dx} = -\dfrac{x^2 + 2xy}{x^2 + y^2}$이다. 이제 $\dfrac{dy}{dx} = -\dfrac{x^2 + 2xy}{x^2 + y^2}$의 범위를 구하자.

우선 $y = tx$라고 매개화 하자. 그러면 $x^3(1 + 3t + t^3) = 1$이다. 한편 x가 $-\infty$에서 $+\infty$으로 변하는 동안 t 또한 $-\infty$에서 $+\infty$으로 변하기 때문에 t의 범위는 모든 실수이다.

다음으로 $\dfrac{dy}{dx} = -\dfrac{x^2 + 2xy}{x^2 + y^2} = -\dfrac{1 + 2t}{1 + t^2}$이고, 이를 통해 임의의 곡선 위의 점 (x, y)에서 접선의 기울기는 t로만 나타나는 것을 알 수 있다.이제 $f(t) = -\dfrac{1 + 2t}{1 + t^2}$의 범위를 구하자.

$f'(t) = \dfrac{2(t^2 + t - 1)}{(1 + t^2)^2}$이므로 $t = \dfrac{-1 \pm \sqrt{5}}{2}$에서 극값을 가진다. 이를 참고하여 $f(t)$를 그려주면 다음과 같다.

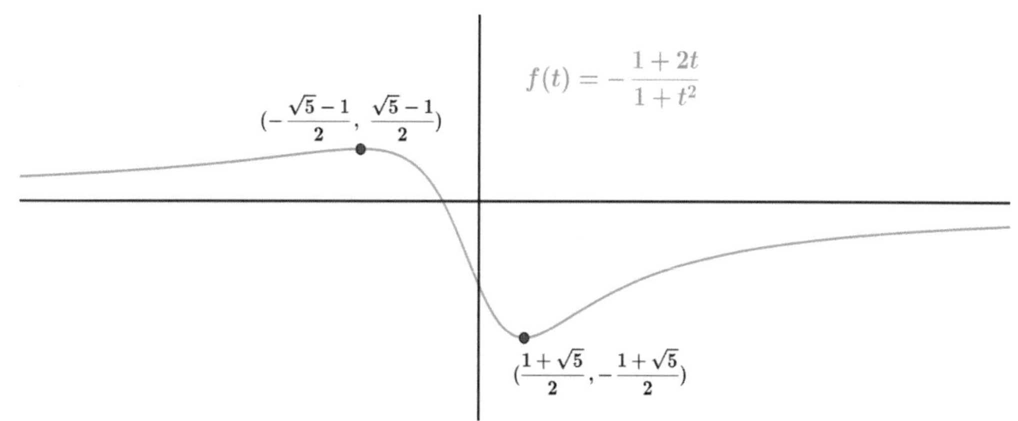

▲ fig.48. example solution 126에서 $f(t)$의 그림

따라서 $\underline{-\dfrac{\sqrt{5}+1}{2} \le \dfrac{dy}{dx} \le \dfrac{\sqrt{5}-1}{2}}$이다.

example solution 127

시각 t에서 속도는 $(3t^2 - 6t, 2t)$이다.

따라서 속력은 $\sqrt{(3t^2 - 6t)^2 + (2t)^2} = \sqrt{9t^4 - 32t^3 + 40t^2}$이다.

$f(t) = 9t^4 - 32t^3 + 40t^2$라 하면 $f'(t) = 36t^3 - 96t^2 + 80t = 4t(9t^2 - 24t + 20)$이다.

$f'(t) = 0$을 만족하는 t를 구해보면 $t = 0$으로 유일하다. 따라서 $f(t) \ge f(0) = 0$이다.

결국 $\underline{t=0}$일 때 속력은 0으로 최소이다.
가속도의 경우 $(6t-6, 2)$이고 크기가 최소가 되는 시각은 $t=1$이다.
$\underline{t=1}$일 때 가속도의 크기는 2로 최소이다.

example solution 128

1. $f'(t)=\dfrac{3(1-2t^3)}{(1+t^3)^2}$, $g'(t)=\dfrac{3t(2-t^3)}{(1+t^3)^2}$이므로 속도는 $\underline{\left(\dfrac{3(1-2t^3)}{(1+t^3)^2}, \dfrac{3t(2-t^3)}{(1+t^3)^2}\right)}$이다. 따라서 속력은 $\underline{\dfrac{3\sqrt{(1-2t^3)^2+(2t-t^4)^2}}{(1+t^3)^2}}$이다. 한편 속력이 0이 되기 위해선 속도가 $(0,0)$이 되어야 한다. 이를 만족하는 t는 존재하지 않는다.
2. $y=h(x)$의 점근선이 $x\to\infty$ 혹은 $x\to-\infty$일 때 $y=mx+n$이라면 $\lim_{x\to\pm\infty}\dfrac{h(x)}{x}=m$이다.
   한편 $x\to\infty$ 혹은 $x\to-\infty$이 성립하기 위해선 $t\to-1$이어야 한다.
   $\lim_{t\to-1}\dfrac{g(t)}{f(t)}=\lim_{t\to-1}t=-1$이므로 점근선의 기울기는 -1이다.
   이제 $n=\lim_{x\to\infty}h(x)-mx=\lim_{t\to-1}g(t)+f(t)=\lim_{t\to-1}\dfrac{3t^2+3t}{1+t^3}=\lim_{t\to-1}\dfrac{3t}{t^2-t+1}=-1$이다.
   $\therefore$ 점근선은 $\underline{y=-x-1}$이다.
3. 우선 점근선은 $y=-x-1$이다.
   이제 t가 증가함에 따라 점 P가 오른쪽 위, 오른쪽 아래, 왼쪽 위, 왼쪽 아래를 향하게 되는 t의 범위를 $f'(t), g'(t)$를 이용해 구해주자. 그리고 곡선을 그려주면 fig.49.과 같다.

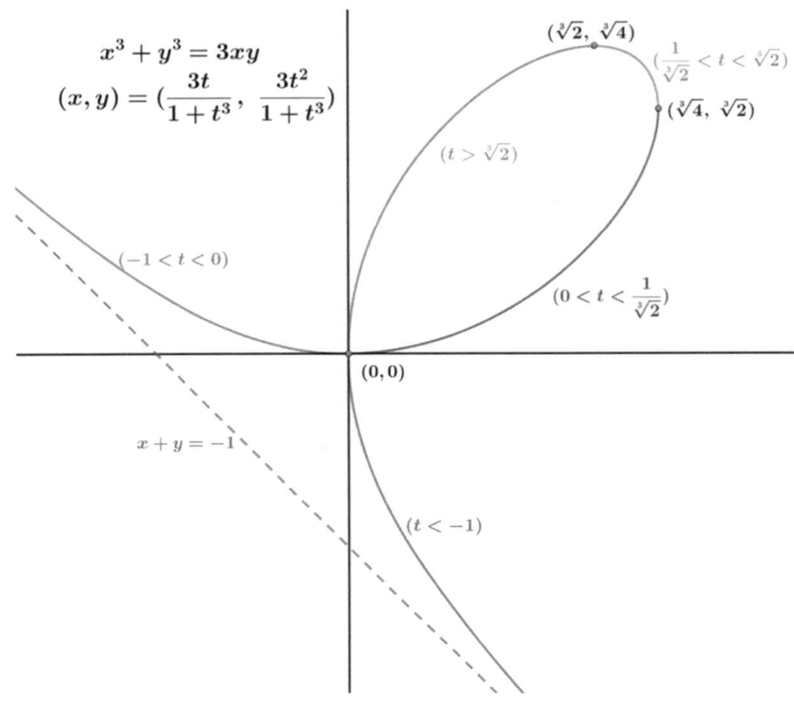

▲ fig.49. example solution 128의 그림

example solution 129

1. $\int\cos^2x\,dx=\int\dfrac{1+\cos2x}{2}dx=\underline{\dfrac{x}{2}+\dfrac{\sin2x}{4}+C}$

2. $\int \tan^2 x\,dx = \int \sec^2 x - 1\,dx = \underline{\tan x - x + C}$

3. sol1) $\int \sin^3 x\,dx = \int \frac{3\sin x - \sin 3x}{4}dx = \underline{-\frac{3}{4}\cos x + \frac{1}{12}\cos 3x + C}$

sol2) $\cos x = t$로 치환하면 $-\sin x\,dx = dt$이다.

$$\int \sin^3 x\,dx = \int (1-\cos^2 x)\sin x dx = \int t^2 - 1\,dt = \frac{t^3}{3} - t + C$$

$$= \underline{\frac{1}{3}\cos^3 x - \cos x + C}$$

4. $\int \cos^4 x\,dx = \int \left(\frac{1+\cos 2x}{2}\right)^2 dx = \int \frac{3+4\cos 2x + \cos 4x}{8}dx$

$$= \underline{\frac{3x}{8} + \frac{\sin 2x}{4} + \frac{\sin 4x}{32} + C}$$

example solution 130

1. $\int \ln x\,dx = x\ln x - \int 1dx = \underline{x\ln x - x + C}$

2. $\int x^2 \ln x\,dx = \frac{x^3}{3}\ln x - \int \frac{x^2}{3}dx = \underline{\frac{x^3 \ln x}{3} - \frac{x^3}{9} + C}$

3. $\int e^{-x}(x^2+2x-2)\,dx = -e^{-x}(x^2+2x-2) + \int e^{-x}(2x+2)\,dx$

$$= -e^{-x}(x^2+2x-2) - e^{-x}(2x+2) + \int 2e^{-x}dx$$

$$= \underline{-e^{-x}(x^2+4x+2) + C}$$

example solution 131

1. $x = a\tan\theta$로 치환하면 $dx = a\sec^2\theta\,d\theta$이다.

$$\int_{-a}^{a} \frac{1}{x^2+a^2}dx = \int_{-\frac{\pi}{4}}^{\frac{\pi}{4}} \frac{1}{a^2\sec^2\theta}a\sec^2\theta\,d\theta = \int_{-\frac{\pi}{4}}^{\frac{\pi}{4}} \frac{1}{a}\,d\theta = \underline{\frac{\pi}{2a}}$$

추가로 $\int \frac{1}{(x-a)^2+b^2}dx = \frac{1}{b}\tan^{-1}\left(\frac{x-a}{b}\right) + C$[9]이다.

2. $x = a\sec\theta$로 치환하면 $dx = a\sec\theta\tan\theta\,d\theta$이다.

$$\int_0^{2a} \frac{1}{\sqrt{x^2-a^2}}dx = \int_0^{\frac{\pi}{3}} \frac{1}{a\tan\theta}a\sec\theta\tan\theta\,d\theta = \int_0^{\frac{\pi}{3}} \sec\theta d\theta$$

$$\int \sec x dx = \int \frac{\sec x(\sec x + \tan x)}{\sec x + \tan x}dx = \int \frac{\sec x\tan x + \sec^2 x}{\sec x + \tan x}dx = \ln|\sec x + \tan x| + C$$

$$\int_0^{\frac{\pi}{3}} \sec\theta d\theta = [\ln|\sec\theta + \tan\theta|]_0^{\frac{\pi}{3}} = \underline{\ln(2+\sqrt{3})}$$

9) $y = \tan^{-1}x$의 정의역은 모든 실수, 치역은 $\left(-\frac{\pi}{2}, \frac{\pi}{2}\right)$이다. 이 식의 경우 많이 등장하기 때문에 암기하고 있는 것이 좋다.

3. $\dfrac{1}{x^4+x^2+1}=\dfrac{1}{(x^2-x+1)(x^2+x+1)}=\dfrac{ax+b}{x^2-x+1}+\dfrac{cx+d}{x^2+x+1}$이다.

이제 이를 만족하는 a, b, c, d의 값을 구해보자.

$(ax+b)(x^2+x+1)+(cx+d)(x^2-x+1)=1$

$\Leftrightarrow\ (a+c)x^3+(a+b-c+d)x^2+(a+b+c-d)x+(b+d)=1$

$\Leftrightarrow\ a+c=0,\ a+b-c+d=0,\ a+b+c-d=0,\ b+d=1$

$\Leftrightarrow\ a=-\dfrac{1}{2},\ b=\dfrac{1}{2},\ c=\dfrac{1}{2},\ d=\dfrac{1}{2}$

$$\frac{1}{x^4+x^2+1}=\frac{1}{2}\left(\frac{x+1}{x^2+x+1}-\frac{x-1}{x^2-x+1}\right)=\frac{1}{2}\left(\frac{\left(x+\frac{1}{2}\right)+\frac{1}{2}}{\left(x+\frac{1}{2}\right)^2+\left(\frac{\sqrt{3}}{2}\right)^2}-\frac{\left(x-\frac{1}{2}\right)-\frac{1}{2}}{\left(x-\frac{1}{2}\right)^2+\left(\frac{\sqrt{3}}{2}\right)^2}\right)$$

$$=\frac{1}{2}\left(\frac{x+\frac{1}{2}}{\left(x+\frac{1}{2}\right)^2+\left(\frac{\sqrt{3}}{2}\right)^2}\right)+\frac{1}{4}\left(\frac{1}{\left(x+\frac{1}{2}\right)^2+\left(\frac{\sqrt{3}}{2}\right)^2}\right)-\frac{1}{2}\left(\frac{x-\frac{1}{2}}{\left(x-\frac{1}{2}\right)^2+\left(\frac{\sqrt{3}}{2}\right)^2}\right)+\frac{1}{4}\left(\frac{1}{\left(x-\frac{1}{2}\right)^2+\left(\frac{\sqrt{3}}{2}\right)^2}\right)$$

$$\int\frac{1}{x^4+x^2+1}dx=\frac{1}{2}\ln\left(\frac{x^2+x+1}{x^2-x+1}\right)+\frac{1}{2\sqrt{3}}\left(\tan^{-1}\left(\frac{2x+1}{\sqrt{3}}\right)+\tan^{-1}\left(\frac{2x-1}{\sqrt{3}}\right)\right)+C$$

$$=\underline{\frac{1}{2}\ln\left(\frac{x^2+x+1}{x^2-x+1}\right)+\frac{1}{2\sqrt{3}}\tan^{-1}\left(\frac{\sqrt{3}x}{1-x^2}\right)+C}$$ [10)]

4. $\dfrac{x^2-2x-4}{x^3-x^2-x-2}=\dfrac{x^2-2x-4}{(x-2)(x^2+x+1)}=\dfrac{a}{x-2}+\dfrac{bx+c}{x^2+x+1}$이다.

이제 이를 만족하는 a, b, c의 값을 구해보자.

$a(x^2+x+1)+(bx+c)(x-2)=x^2-2x-4$

$\Leftrightarrow\ (a+b)x^2+(a-2b+c)x+(a-2c)=x^2-2x-4$

$\Leftrightarrow\ a=-\dfrac{4}{7},\ b=\dfrac{11}{7},\ c=\dfrac{12}{7}$

$$\frac{x^2-2x-4}{x^3-x^2-x-2}=-\frac{4}{7}\left(\frac{1}{x-2}\right)+\frac{11}{7}\left(\frac{x+\frac{1}{2}}{\left(x+\frac{1}{2}\right)^2+\left(\frac{\sqrt{3}}{2}\right)^2}\right)+\frac{13}{14}\left(\frac{1}{\left(x+\frac{1}{2}\right)^2+\left(\frac{\sqrt{3}}{2}\right)^2}\right)$$

$$\int_0^1\frac{x^2-2x-4}{x^3-x^2-x-2}dx=\left[-\frac{4}{7}\ln|x-2|+\frac{11}{14}\ln(x^2+x+1)+\frac{13}{7\sqrt{3}}\tan^{-1}\left(\frac{2x+1}{\sqrt{3}}\right)\right]_0^1$$

$$=\frac{4}{7}\ln2+\frac{11}{14}\ln3+\frac{13\sqrt{3}}{126}\pi$$

10) $\tan\alpha=x$, $\tan\beta=y$라고 하자. 그러면 $\alpha=\tan^{-1}x$, $\beta=\tan^{-1}y$이다.

$\tan(\alpha+\beta)=\dfrac{\tan\alpha+\tan\beta}{1-\tan\alpha\tan\beta}=\dfrac{x+y}{1-xy}$에서 $\alpha+\beta=\tan^{-1}\left(\dfrac{x+y}{1-xy}\right)$이다.

따라서 $\underline{\tan^{-1}x+\tan^{-1}y=\tan^{-1}\left(\dfrac{x+y}{1-xy}\right)}$이다.

example solution 132

$A=\int e^{ax}\sin bx\,dx$, $B=\int e^{ax}\cos bx\,dx$라 하자.

$$A=\int e^{ax}\sin bx\,dx=\frac{1}{a}e^{ax}\sin bx-\frac{b}{a}\int e^{ax}\cos bx\,dx=\frac{1}{a}e^{ax}\sin bx-\frac{b}{a}B$$

$$B=\int e^{ax}\cos bx\,dx=\frac{1}{a}e^{ax}\cos bx+\frac{b}{a}\int e^{ax}\sin bx\,dx=\frac{1}{a}e^{ax}\cos bx+\frac{b}{a}A$$

이를 정리하면 $aA+bB=e^{ax}\sin bx$, $bA-aB=-e^{ax}\cos bx$이다.
두 개의 연립방정식을 풀면 다음과 같다.

$$\int e^{ax}\sin bx\,dx=\frac{e^{ax}(a\sin bx-b\cos bx)}{a^2+b^2}+C_1$$

$$\int e^{ax}\cos bx\,dx=\frac{e^{ax}(a\cos bx+b\sin bx)}{a^2+b^2}+C_2$$

example solution 133

$A=\int\frac{\sin x}{2\sin x-3\cos x}dx$, $B=\int\frac{\cos x}{2\sin x-3\cos x}dx$라 하자.

$$2A-3B=\int\frac{2\sin x-3\cos x}{2\sin x-3\cos x}dx=\int 1dx=x$$

$$3A+2B=\int\frac{2\cos x+3\sin x}{2\sin x-3\cos x}dx=\ln|2\sin x-3\cos x|$$

따라서 $2A-3B=x$, $3A+2B=\ln|2\sin x-3\cos x|$이다.
두 개의 연립방정식을 풀어서 A의 값을 구하면 다음과 같다.

$$\int\frac{\sin x}{2\sin x-3\cos x}dx=\frac{2x+3\ln|2\sin x-3\cos x|}{13}+C$$

example solution 134

$\tan\frac{x}{2}=t$라 하면 $dt=\frac{1}{2}\sec^2\frac{x}{2}dx=\frac{1+t^2}{2}dx$이므로 $dx=\frac{2}{1+t^2}dt$이다.

또한 $\cos x=2\cos^2\frac{x}{2}-1=2\left(\frac{1}{1+t^2}\right)-1=\frac{1-t^2}{1+t^2}$이고, $\tan x=\frac{2\tan\frac{x}{2}}{1-\tan^2\frac{x}{2}}=\frac{2t}{1-t^2}$이므로

$\sin x=\cos x\tan x=\frac{2t}{1+t^2}$이다.

즉, $\tan\frac{x}{2}=t$이면 $dx=\frac{2}{1+t^2}dt$, $\cos x=\frac{1-t^2}{1+t^2}$, $\sin x=\frac{2t}{1+t^2}$, $\tan x=\frac{2t}{1-t^2}$이다.

$$\int\frac{1}{3\sin x+4\cos x}dx=\int\frac{1}{\frac{6t+4-4t^2}{1+t^2}}\times\frac{2}{1+t^2}dx=\int-\frac{1}{(2t-1)(t+2)}dx$$

$$=\int\frac{1}{5}\left(\frac{1}{t+2}-\frac{1}{t-\frac{1}{2}}\right)dt=\frac{1}{5}\ln\left|\frac{2t+4}{2t-1}\right|=\frac{1}{5}\ln\left|\frac{2\tan\frac{x}{2}+4}{2\tan\frac{x}{2}-1}\right|+C$$

example solution 135

$$I_n=\int_0^{\frac{\pi}{2}}\sin^n x\,dx=\int_0^{\frac{\pi}{2}}\sin x\sin^{n-1}x\,dx$$
$$=\left[-\cos x\sin^{n-1}x\right]_0^{\frac{\pi}{2}}+(n-1)\int_0^{\frac{\pi}{2}}\cos^2 x\sin^{n-2}x\,dx$$
$$=(n-1)\int_0^{\frac{\pi}{2}}(1-\sin^2 x)\sin^{n-2}x\,dx$$
$$=(n-1)\int_0^{\frac{\pi}{2}}\sin^{n-2}x-\sin^n x\,dx$$

따라서 $I_n=(n-1)I_{n-2}-(n-1)I_n$이므로 $\underline{I_n=\frac{n-1}{n}I_{n-2}}$이다.

$\frac{I_{2k}}{I_0}=\frac{I_{2k}}{I_{2k-2}}\times\frac{I_{2k-2}}{I_{2k-4}}\times\cdots\cdots\frac{I_4}{I_2}\times\frac{I_2}{I_0}=\frac{2k-1}{2k}\times\frac{2k-3}{2k-2}\times\cdots\cdots\frac{3}{4}\times\frac{1}{2}$이고,

$\frac{I_{2k+1}}{I_1}=\frac{I_{2k+1}}{I_{2k-1}}\times\frac{I_{2k-1}}{I_{2k-3}}\times\cdots\cdots\frac{I_5}{I_3}\times\frac{I_3}{I_1}=\frac{2k}{2k+1}\times\frac{2k-2}{2k-1}\times\cdots\cdots\frac{4}{5}\times\frac{2}{3}$이다.

또한 $I_0=\int_0^{\frac{\pi}{2}}1dx=\frac{\pi}{2}$, $I_1=\int_0^{\frac{\pi}{2}}\sin x dx=1$임을 이용하면 결과는 다음과 같다.

$$\underline{I_{2k}=\frac{(2k-1)\cdot(2k-3)\cdot\cdots\cdots\cdot3\cdot1}{(2k)\cdot(2k-2)\cdot\cdots\cdots\cdot4\cdot2}\times\frac{\pi}{2}}$$
$$\underline{I_{2k+1}=\frac{(2k)\cdot(2k-2)\cdot\cdots\cdots\cdot4\cdot2}{(2k+1)\cdot(2k-1)\cdot\cdots\cdots\cdot5\cdot3}}$$

example solution 136

1. $A=\int_0^{\frac{\pi}{2}}\frac{\sin x}{\sin x+\cos x}dx$에서 $x=\frac{\pi}{2}-t$라고 치환하면 $A=\int_0^{\frac{\pi}{2}}\frac{\cos t}{\sin t+\cos t}dt$이다. 따라서

   $2A=A+A=\int_0^{\frac{\pi}{2}}\frac{\sin x+\cos x}{\sin x+\cos x}dx=\int_0^{\frac{\pi}{2}}1dx=\frac{\pi}{2}$이다.

   $\underline{\therefore\ A=\frac{\pi}{4}}$

2. $B=\int_0^{\frac{\pi}{3}}\ln\left(\frac{1}{\sqrt{3}}+\tan x\right)dx$에서 $x=\frac{\pi}{3}-t$라고 치환하자.

   $\ln\left(\frac{1}{\sqrt{3}}+\tan x\right)=\ln\left(\frac{1}{\sqrt{3}}+\tan\left(\frac{\pi}{3}-t\right)\right)=\ln\left(\frac{1}{\sqrt{3}}+\frac{\sqrt{3}-\tan t}{1+\sqrt{3}\tan t}\right)=\ln\left(\frac{4}{\frac{1}{\sqrt{3}}+\tan t}\right)$이므로

   $B=\int_0^{\frac{\pi}{3}}\ln\left(\frac{4}{3}\right)-\ln\left(\frac{1}{\sqrt{3}}+\tan x\right)dx=\int_0^{\frac{\pi}{3}}\ln\left(\frac{4}{3}\right)dx-B$이다.

   즉, $2B=\int_0^{\frac{\pi}{3}}\ln\left(\frac{4}{3}\right)dx=\frac{\pi}{3}\ln\left(\frac{4}{3}\right)$이다.

   $\underline{\therefore\ B=\frac{\pi}{6}\ln\left(\frac{4}{3}\right)}$

example solution 137

$2x^3-3x^2+3x-1=(2x-1)(x^2-x-1)$이다.

한편 $y=2x-1$은 $\left(\frac{1}{2}, 0\right)$에 대해 대칭, $y=x^2-x-1$은 $x=\frac{1}{2}$에 대해 대칭이므로

$y=2x^3-3x^2+3x-1$는 $\left(\frac{1}{2}, 0\right)$에 대해 대칭이다.

또한 $y=\sqrt[3]{2x^3-3x^2+3x-1}$도 $\left(\frac{1}{2}, 0\right)$에 대해 대칭이다.

따라서 0부터 1까지 정적분 하면 값은 0이다. $\therefore \int_0^1 \sqrt[3]{2x^3-3x^2+3x-1}\,dx=0$

example solution 138

1. $\int \sec x dx=\int \frac{\sec x(\sec x+\tan x)}{\sec x+\tan x}dx$

$$=\int \frac{\sec x\tan x+\sec^2 x}{\sec x+\tan x}dx=\ln|\sec x+\tan x|+C$$

2. $I_n=\int \sec^n x\,dx=\int \sec^2 x\sec^{n-2}x\,dx$

$$=\tan x\sec^{n-2}x-(n-2)\int \sec^{n-2}x\tan^2 x dx$$

$$=\tan x\sec^{n-2}x-(n-2)\int \sec^{n-2}x\,(\sec^2 x-1)dx$$

$$=\tan x\sec^{n-2}x-(n-2)I_n+(n-2)I_{n-2}$$

$$\therefore\ I_n=\frac{n-2}{n-1}I_{n-2}+\frac{1}{n-1}\sec^{n-2}x\tan x$$

3. $I_3=\frac{I_1}{2}+\frac{\sec x\tan x}{2}=\frac{\sec x\tan x+\ln|\sec x+\tan x|}{2}+C$

$$\therefore\ \int \sec^3 x\,dx=\frac{\sec x\tan x+\ln|\sec x+\tan x|}{2}+C$$ [11]

example solution 139

$$\int_0^1 x^2\,dx=\lim_{n\to\infty}\sum_{k=1}^{n}\left(\frac{k}{n}\right)^2\times\frac{1}{n}=\lim_{n\to\infty}\sum_{k=1}^{n}\frac{n(n+1)(2n+1)}{6n^3}=\frac{1}{3}$$

11) $y=\sec x$, $y=\sec^3 x$의 적분은 생각보다 많이 등장하지 암기해두는 것도 좋다.

example solution 140

양변을 n^{k+1}로 나누면 다음과 같다.

$$\sum_{i=1}^{n}\left(\frac{i}{n}\right)^k\times\frac{1}{n}=a_{k+1}+\frac{a_k}{n}+\cdots\cdots+\frac{a_1}{n^k}+\frac{a_0}{n^{k+1}}$$

이제 양변에 $n\to\infty$을 취해주면 우변은 a_{k+1}이다.

또한 좌변의 경우, $\lim\limits_{n\to\infty}\sum\limits_{i=1}^{n}\left(\frac{i}{n}\right)^k\times\frac{1}{n}=\int_0^1 x^k dx=\frac{1}{k+1}$이다.

따라서 $\underline{a_{k+1}=\frac{1}{k+1}}$이다.

example solution 141

$A=\lim\limits_{n\to\infty}\left(\frac{(2n)!}{n!}\right)^{\frac{1}{n}}\times\frac{1}{n}$이라 하자.

$$\begin{aligned}\ln A&=\lim_{n\to\infty}\frac{1}{n}\times\ln\left(\frac{n+1}{n}\times\frac{n+2}{n}\times\cdots\cdots\frac{n+n}{n}\right)\\&=\lim_{n\to\infty}\left(\sum_{k=1}^{n}\ln\left(1+\frac{k}{n}\right)\right)\times\frac{1}{n}\\&=\int_0^1\ln(1+x)dx=[(x+1)\ln(x+1)-x]_0^1=2\ln2-1=\ln\frac{4}{e}\end{aligned}$$

따라서 $\underline{A=\frac{4}{e}}$이다.

example solution 142

1. $V=\int_0^1\pi y^2dx=\int_0^1\pi x^{\frac{2}{n}}dx=\underline{\frac{n}{n+2}\pi}$

2. $V=\int_0^1\pi x^2dy=\int_0^1\pi x^2\times nx^{n-1}dx=\int_0^1\pi nx^{n+1}dx=\underline{\frac{n}{n+2}\pi}$

3. 이 문제를 풀기 위해선 곡면을 두 개의 변수로 매개화 시킬 줄 알아야 한다.[12)13)]
   - A_2를 적절한 두 개의 변수 t,θ로 매개화 시키자.

   A_2는 $0\le t\le1$, $0\le\theta\le2\pi$일 때 중심 $(t,0,0)$에서 반지름의 길이가 $\sqrt{t}$이고, $x=t$ 평면 위의 점들의 집합이다.

   즉, A_2는 $(t,\ \sqrt{t}\cos\theta,\ \sqrt{t}\sin\theta)$, $0\le t\le1$, $0\le\theta\le2\pi$으로 매개화 가능하다.

   A_2는 $x=t$, $y=\sqrt{t}\cos\theta$, $z=\sqrt{t}\sin\theta$이므로 $x=y^2+z^2$으로 표현된다.

   또한 $0\le t\le1$, $x=t$이므로 $0\le x\le1$이다.
   - B_1를 적절한 두 개의 변수 t,θ로 매개화 시키자.

   B_1는 $0\le t\le1$, $0\le\theta\le2\pi$일 때 중심 $(0,t,0)$에서 반지름의 길이가 t이고,

12) 비록 곡면의 매개화는 교육과정은 아니지만, 회전체의 매개화는 그저 cos, sin의 활용에 불가하니 교육과정 내의 범위로 풀 수 있다. 해당문제를 풀 경우 3차원 상에서의 생각 및 문제 해결에 많은 도움이 될 것이다.
13) 해당 문제는 공간도형의 개념 및 이차곡선의 개념이 필요하다.

$y=t$ 평면 위의 점들의 집합이다.

즉, B_1는 $(t\cos\theta, t, t\sin\theta)$, $0 \le t \le 1$, $0 \le \theta \le 2\pi$으로 매개화 가능하다.

B_1는 $x = t\cos\theta$, $y = t$, $z = t\sin\theta$이므로 $y^2 = x^2 + z^2$으로 표현된다.

또한 $0 \le t \le 1$, $0 \le \theta \le 2\pi$, $x = t\cos\theta$이므로 $-1 \le x \le 1$이다. 그리고 $y = t$이므로 $y \ge 0$이다.

$\therefore A_2 = \{(x, y, z) \mid x = y^2 + z^2,\ 0 \le x \le 1\}$, $B_1 = \{(x, y, z) \mid y^2 = x^2 + z^2,\ -1 \le x \le 1,\ y \ge 0\}$

4. 이제 A_2, B_1로 둘러싸인 입체도형 W의 $x=k$ 평면상에서 넓이 $A(k)$를 구해보자.

우선 W는 $0 \le x \le 1$에서 나타나므로 $0 \le k \le 1$이다.

그리고 W를 $x=k$ 평면상에서 자르면 $y^2 + z^2 = k, y^2 - z^2 = k^2$ 중 일부가 경계가 됨을 알 수 있다.

이에 대한 그림은 fig.50.을 참고하면 된다.

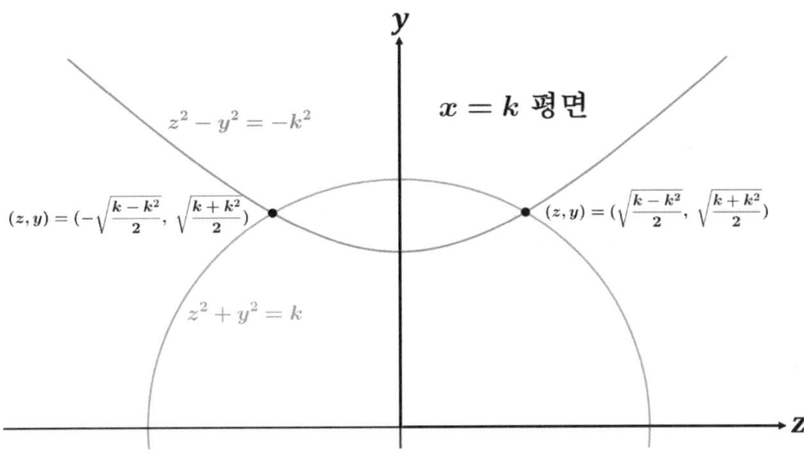

▲ fig.50. example solution 142의 그림

fig.50.를 참고하면 $A(k) = \int_{-\sqrt{\frac{k-k^2}{2}}}^{\sqrt{\frac{k-k^2}{2}}} \sqrt{k - z^2} - \sqrt{z^2 + k^2}\, dz$이다.

❶ $\int_0^{\sqrt{\frac{k-k^2}{2}}} \sqrt{k - z^2}\, dz$ $\quad\leftarrow$ ($z = \sqrt{k}\sin\theta$로 치환, $\sin\alpha = \sqrt{\frac{1-k}{2}}$)

$$= \int_0^{\alpha} \sqrt{k}\cos\theta \times \sqrt{k}\cos\theta\, d\theta$$

$$= k\int_0^{\alpha} \cos^2\theta\, d\theta$$

$$= k \times \frac{\alpha + \sin\alpha cos\alpha}{2}$$

$$= \frac{k}{2}\sin^{-1}\left(\sqrt{\frac{1-k}{2}}\right) + \frac{k\sqrt{1-k^2}}{4}$$

❷ $\int_0^{\sqrt{\frac{k-k^2}{2}}} \sqrt{z^2 + k^2}\, dz$ $\quad\leftarrow$ ($z = k\tan\theta$로 치환, $\tan\alpha = \sqrt{\frac{1-k}{2k}}$)

$$= \int_0^{\alpha} k\sec\theta \times k\sec^2\theta\, d\theta$$

$$= k^2\int_0^{\alpha} \sec^3\theta\, d\theta$$

$$= k^2 \times \frac{\sec\alpha\tan\alpha + \ln(\sec\alpha + \tan\alpha)}{2}$$

$$= \frac{k\sqrt{1-k^2}}{4} + \frac{k^2}{2}\ln\left(\frac{\sqrt{k+1} + \sqrt{1-k}}{\sqrt{2k}}\right)$$

한편 $f(z) = \sqrt{k - z^2} - \sqrt{z^2 + k^2}$는 기함수이므로 $A(k) = \int_{-p}^{p} f(z)dz = 2\int_0^{p} f(z)dz$이다.

$$\therefore \ A(k) = k\sin^{-1}\left(\sqrt{\frac{1-k}{2}}\right) - k^2\ln\left(\frac{\sqrt{1+k}+\sqrt{1-k}}{\sqrt{2k}}\right)$$

5. 마지막으로 입체도형 W의 부피는 $V=\int_0^1 A(k)\,dk$이다.

$$V=\int_0^1 k\sin^{-1}\left(\sqrt{\frac{1-k}{2}}\right) - k^2\ln\left(\frac{\sqrt{1+k}+\sqrt{1-k}}{\sqrt{2k}}\right)dk$$

❸ $\int_0^1 k\sin^{-1}\left(\sqrt{\frac{1-k}{2}}\right)dk$ ← ($\sqrt{\frac{1-k}{2}}=\sin\phi$로 치환)

$$=\int_{\frac{\pi}{4}}^{0}(1-2\sin^2\phi)\phi\times(-4\sin\phi cos\phi)\,d\phi$$

$$=\int_0^{\frac{\pi}{4}}\phi(4\sin\phi cos\phi - 8\sin^3\phi\cos\phi)\,d\phi$$

$$=\left[\phi(2\sin^2\phi-2\sin^4\phi)\right]_0^{\frac{\pi}{4}} - \int_0^{\frac{\pi}{4}}2\sin^2\phi - 2\sin^4\phi\,d\phi$$ ← (부분적분)

$$=\frac{\pi}{8}-2\int_0^{\frac{\pi}{4}}\sin^2\phi\cos^2\phi\,d\phi$$

$$=\frac{\pi}{8}-\int_0^{\frac{\pi}{4}}\frac{1-\cos4\phi}{4}\,d\phi$$ ← (삼각함수의 2배각 공식)

$$=\frac{\pi}{8}-\left[\frac{\phi}{4}-\frac{\sin4\phi}{16}\right]_0^{\frac{\pi}{4}}=\frac{\pi}{16}$$

❹ $\int_0^1 k^2\ln\left(\frac{\sqrt{1+k}+\sqrt{1-k}}{\sqrt{2k}}\right)dk$

$$=\int_0^1 k^2\ln(\sqrt{1+k}+\sqrt{1-k})dk - \frac{\ln2}{2}\int_0^1 k^2\,dk - \frac{1}{2}\int_0^1 k^2\ln k\,dk$$

$$=\left[\frac{k^3}{3}\ln(\sqrt{1+k}+\sqrt{1-k})\right]_0^1 - \int_0^1\frac{k^3}{3}\times\frac{1}{\sqrt{1+k}+\sqrt{1-k}}\times\left(\frac{1}{2\sqrt{1+k}}-\frac{1}{2\sqrt{1-k}}\right)dk$$

$$-\frac{\ln2}{2}\left[\frac{k^3}{3}\right]_0^1-\frac{1}{2}\left[\frac{k^3\ln k}{3}-\frac{k^3}{9}\right]_0^1$$

$$=\frac{\ln\sqrt{2}}{3}-\int_0^1\frac{k^3}{3}\times\frac{\sqrt{1+k}-\sqrt{1-k}}{2k}\times\left(\frac{\sqrt{1-k}-\sqrt{1+k}}{2\sqrt{1-k^2}}\right)dk-\frac{\ln2}{6}+\frac{1}{18}$$ [14)]

$$=\int_0^1\frac{k^2}{6\sqrt{1-k^2}}-\frac{k^2}{6}dk+\frac{1}{18}$$

$$=\frac{1}{6}\int_0^1\frac{k^2}{\sqrt{1-k^2}}dk$$ ← ($k=\sin\phi$로 치환)

$$=\frac{1}{6}\int_0^{\frac{\pi}{2}}\frac{\sin^2\phi}{\cos\phi}\cos\phi\,d\phi$$

$$=\frac{1}{6}\int_0^{\frac{\pi}{2}}\sin^2\phi\,d\phi=\frac{\pi}{24}$$

$$\therefore \ V=\int_0^1 A(k)\,dk=\frac{\pi}{16}-\frac{\pi}{24}=\underline{\frac{\pi}{48}}$$

14) $\lim_{k\to0}k^3\ln k=0$임을 이용했다.

example solution 143

1. $V=\int_0^{\pi}\pi y^2dx=\int_0^{\pi}\pi\sin^2 xdx=\underline{\frac{\pi^2}{2}}$

2. $y=f(x)$, $x=a$, $x=b$, $y=0$으로 둘러싸인 도형 A를 y축에 대해 회전 시켰을 때 생기는 입체도형 W의 부피를 구해보자.
도형을 x축을 따라 수많은 개수로 쪼개자. 그리고 $y=f(x)$, $x=x$, $x=x+dx$, $y=0$으로 둘러싸인 도형을 dA라 하고 dA를 y축에 대해 회전 시켰을 때 생기는 입체도형을 dW라 하자. 그러면 dW는 얇은 원기둥 껍질 모양이다. 이를 한번 자른 뒤 펼치면 밑면의 넓이는 $2\pi xf(x)$이고, 높이 dx인 직육면체이므로 dW의 부피인 dV는 아래의 수식을 만족한다.
$dV=2\pi xf(x)dx$
따라서 $\underline{V=\int_a^b 2\pi xf(x)dx}$이다.

3. $V=\int_0^{\pi}2\pi x\sin xdx=\underline{2\pi^2}$

example solution 144

1. fig.51.의 그림을 보자.

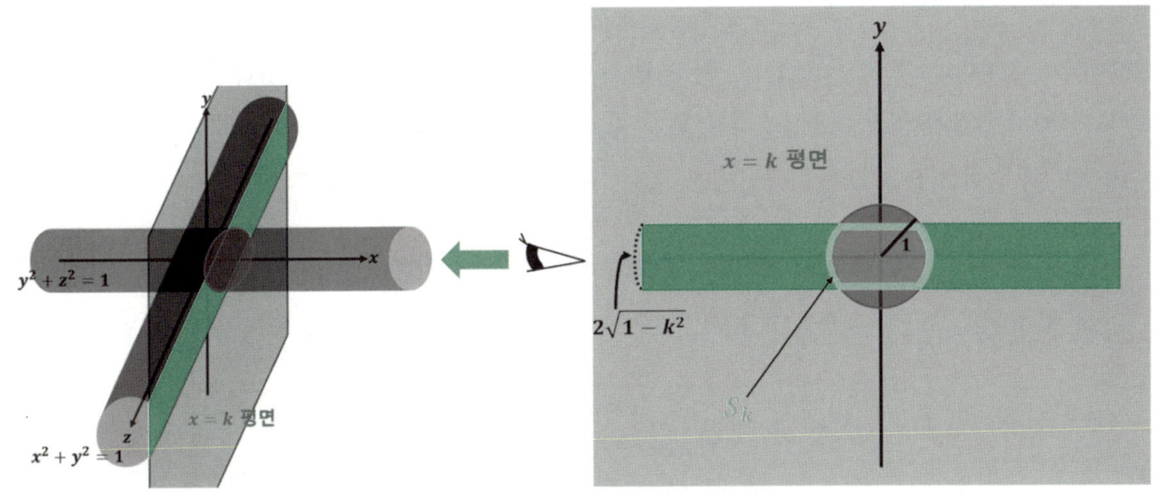

▲ fig.51. example solution 144-1의 그림

우선 $x=k$평면과 $A_1\cap A_2$의 공통부분 S_k는 초록색 부분임을 알 수 있다. 이제 S_k의 면적 $A(k)$를 구해보자. 이때 $-1\le k\le 1$이다.

$$A(k)=2\times\int_{-\sqrt{1-k^2}}^{\sqrt{1-k^2}}\sqrt{1-y^2}\,dy=4\times\int_0^{\sqrt{1-k^2}}\sqrt{1-y^2}\,dy=2\sin^{-1}(\sqrt{1-k^2})+2k\sqrt{1-k^2}$$

2. $V=\int_{-1}^{1}2\sin^{-1}(\sqrt{1-k^2})+2k\sqrt{1-k^2}\,dk=4\times\int_0^1\sin^{-1}(\sqrt{1-k^2})+k\sqrt{1-k^2}\,dk$

❶ $\int_0^1\sin^{-1}(\sqrt{1-k^2})\,dk=\int_{\frac{\pi}{2}}^{0}-\theta\sin\theta\,d\theta=1$ ← ($k=\cos\theta$로 치환)

❷ $\int_0^1 k\sqrt{1-k^2}\,dk=\frac{1}{3}$

$\therefore$ $\underline{V=\frac{16}{3}}$

3. fig.52.의 그림을 보자.

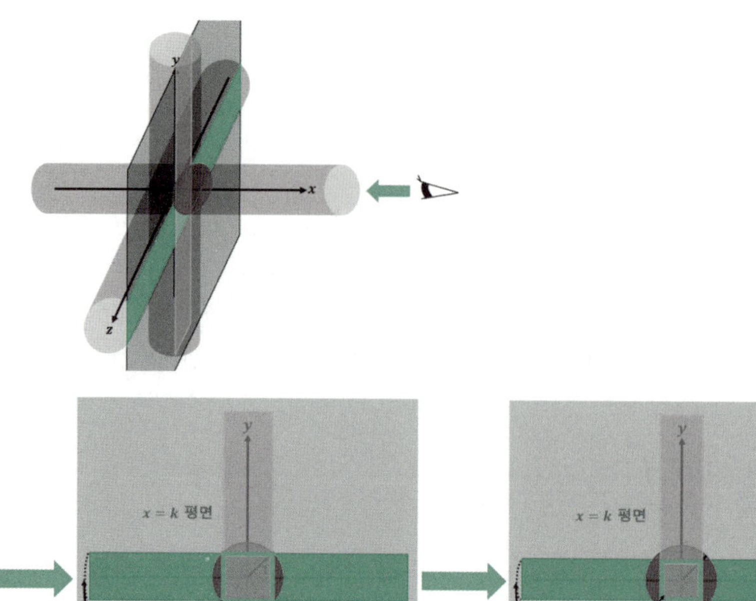

▲ fig.52. example solution 144-2의 그림

우선 $x=k$평면과 $A_1 \cap A_2 \cap A_3$의 공통부분 S_k는 초록색 부분임을 알 수 있다. 이제 S_k의 면적 $A(k)$를 구해보자. 이때 $-1 \le k \le 1$이다.

fig.52.에 의하면 $0 \le |k| < \frac{1}{\sqrt{2}}$이면 S_k는 정사각형 중 일부와 원 중 일부를 경계로 갖고,

$\frac{1}{\sqrt{2}} \le |k| \le 1$이면 S_k는 정사각형을 경계로 가짐을 알 수 있다.

① $0 \le |k| < \frac{1}{\sqrt{2}}$

$$A(k) = \pi - 8 \times \int_{\sqrt{1-k^2}}^{1} \sqrt{1-y^2}\,dy = 4\sin^{-1}\left(\sqrt{1-k^2}\right) + 4k\sqrt{1-k^2} - \pi$$

② $\frac{1}{\sqrt{2}} \le |k| \le 1$

$$A(k) = \left(2\sqrt{1-k^2}\right)^2 = 4(1-k^2)$$

$$\therefore\ A(k) = \begin{cases} 4\sin^{-1}\left(\sqrt{1-k^2}\right) + 4k\sqrt{1-k^2} - \pi & \left(0 \le k < \frac{1}{\sqrt{2}}\right) \\ 4(1-k^2) & \left(\frac{1}{\sqrt{2}} \le k \le 1\right) \end{cases}$$

4. $V = \int_{-1}^{1} A(k)dk = 2 \times \int_{0}^{1} A(k)dk$

$$= 8\int_{0}^{\frac{1}{\sqrt{2}}} \sin^{-1}\left(\sqrt{1-k^2}\right)dk + 8\int_{0}^{\frac{1}{\sqrt{2}}} k\sqrt{1-k^2}\,dk - \sqrt{2}\pi + 8\int_{\frac{1}{\sqrt{2}}}^{1} (1-k^2)dk$$

$$= 8\int_{0}^{\frac{1}{\sqrt{2}}} \sin^{-1}\left(\sqrt{1-k^2}\right)dk + 8\left[-\frac{1}{3}(1-k^2)^{\frac{3}{2}}\right]_{0}^{\frac{1}{\sqrt{2}}} - \sqrt{2}\pi + 8\left[k - \frac{k^3}{3}\right]_{\frac{1}{\sqrt{2}}}^{1}$$

$$= 8\int_0^{\frac{1}{\sqrt{2}}} \sin^{-1}\left(\sqrt{1-k^2}\right)dk + 8 - 4\sqrt{2} - \sqrt{2}\pi \qquad \leftarrow (k = \cos\theta\text{로 치환})$$

$$= 8\int_{\frac{\pi}{2}}^{\frac{\pi}{4}} -\theta\sin\theta\, d\theta + 8 - 4\sqrt{2} - \sqrt{2}\pi$$

$$= 8 + \sqrt{2}\pi - 4\sqrt{2} + 8 - 4\sqrt{2} - \sqrt{2}\pi = 16 - 8\sqrt{2}$$

$\therefore\ \underline{V = 16 - 8\sqrt{2}}$

example solution 145

1. H의 좌표를 (a, a)라 하자. $\overline{OH} \perp \overline{HT}$이므로 $\overleftrightarrow{HT}$의 기울기는 -1이다.

   따라서 $\dfrac{a-t^2}{a-t} = -1$이므로 $a = \dfrac{t^2+t}{2}$이다.

   $\therefore\ \underline{\overline{OH} = \dfrac{t^2+t}{\sqrt{2}},\ \overline{TH} = \dfrac{t-t^2}{\sqrt{2}}}$

2. $$V = \int \pi\left(\overline{TH}\right)^2 d\overline{OT} = \int_0^1 \pi\frac{(t-t^2)^2}{2} \times \frac{1+2t}{\sqrt{2}}dt$$
   $$= \int_0^1 \frac{\pi}{2\sqrt{2}}\left(t^2 - 3t^4 + 2t^5\right)dt$$
   $$= \left[\frac{\pi}{2\sqrt{2}}\left(\frac{t^3}{3} - \frac{3t^5}{5} + \frac{t^6}{3}\right)\right]_0^1 = \underline{\frac{\sqrt{2}}{60}\pi}$$

example solution 146

$$s = \int_0^1 \sqrt{1 + \frac{9}{4}x}\, dx = \underline{\frac{13\sqrt{13}-8}{27}}$$

example solution 147

$$s = \int_0^1 \sqrt{1+4x^2}\, dx \qquad \leftarrow (2x = \tan\theta\text{로 치환, } \tan\alpha = 2)$$

$$= \int_0^{\alpha} \frac{\sec^3\theta}{2} d\theta$$

$$= \frac{\sec\alpha\tan\alpha + \ln|\sec\alpha + \tan\alpha|}{4} = \underline{\frac{\sqrt{5}}{2} + \frac{\ln(2+\sqrt{5})}{4}}$$

example solution 148

1. $|x|^{\frac{2}{3}}+|y|^{\frac{2}{3}}=1$이므로 $x=\cos^3 t, y=\sin^3 t$로 매개화 할 수 있다. 그리고 t의 범위는 $0 \le t \le 2\pi$이다.

$$L_1=\int_0^{2\pi}\sqrt{(-3\cos^2 t\sin t)^2+(3\sin^2 t\cos t)^2}\,dt$$

$$=12\times\int_0^{\frac{\pi}{2}}\sqrt{(\cos^2 t\sin t)^2+(\sin^2 t\cos t)^2}\,dt$$

$$=12\times\int_0^{\frac{\pi}{2}}|\sin t\cos t|\,dt=\underline{6}$$

2. $|x|^{\frac{2}{2n+1}}+|y|^{\frac{2}{2n+1}}=1$은 제 1사분면을 각 축, 원점에 대칭이므로 모두 같은 모양이다. 따라서 제 1사분면에서의 길이를 구한 뒤 마지막에 4배를 해준다.

우선 제 1사 분면에서 $x^{\frac{2}{2n+1}}+y^{\frac{2}{2n+1}}=1$를 대략적으로 그려주면 fig.53.과 같다.

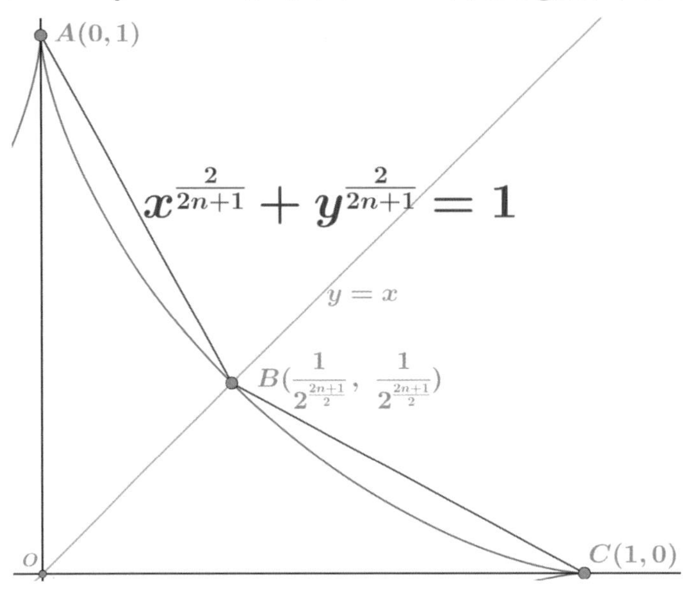

▲ fig.53. example solution 148의 그림

B는 $y=x(x\ge 0)$에서 움직이고, 주어진 곡선이 아래로 볼록이므로 $\overline{AB}+\overline{BC}<\frac{L_n}{4}$이 성립한다.

또한 곡선의 미소길이를 ds라고 했을 때 삼각부등식에 의해 $ds=\sqrt{(dx)^2+(dy)^2}\le dx+dy$이 성립하는데, 전체 길이에 적용해주면 $\frac{L_n}{4}\le\overline{AO}+\overline{OC}$이 성립한다.

따라서 $\overline{AB}+\overline{BC}<\frac{L_n}{4}\le\overline{AO}+\overline{OC}$이다. 이제 값을 대입해주면

$2\times\sqrt{\left(\frac{1}{2^{\frac{2n+1}{2}}}\right)^2+\left(1-\frac{1}{2^{\frac{2n+1}{2}}}\right)^2}<\frac{L_n}{4}<2$이 성립한다.

example solution 149

1. $g(x)=\int_a^x f(t)dt$라고 하자. 그러면 $f(x)$가 $[a,b]$에서 연속함수이므로 $g(x)$는 (a,b)에서 미분가능하고 $[a,b]$에서 연속이다.

따라서 평균값 정리에 의해 $\dfrac{g(b)-g(a)}{b-a}=g'(c)$인 c가 (a,b)사이에 존재한다. 이를 정리하면

$\int_a^b f(x)dx=(b-a)\times f(c)$이다. ▨

또한 이를 <u>적분의 평균값 정리</u>라고 부른다.

2. $L_n=\int_0^1 \sqrt{1+n^2x^{2n-2}}\,dx=\int_0^\delta \sqrt{1+n^2x^{2n-2}}\,dx+\int_\delta^1 \sqrt{1+n^2x^{2n-2}}\,dx$

이때 $0<\delta<1$이다.

이제 적분의 평균값 정리에 의해 $L_n=\delta\sqrt{1+n^2c_1^{2n-2}}+(1-\delta)\sqrt{1+n^2c_2^{2n-2}}$를 만족하는 c_1, c_2가 존재하고, $0<c_1<\delta<c_2<1$이다.

이제 $\delta=1-\dfrac{1}{n}$을 선택하면 $L_n=\left(1-\dfrac{1}{n}\right)\sqrt{1+n^2c_1^{2n-2}}+\dfrac{1}{n}\sqrt{1+n^2c_2^{2n-2}}$이 되고,

$0<c_1<1-\dfrac{1}{n}<c_2<1$이다.

한편 $c_1<1$일 때 $\lim_{n\to\infty} n^2c_1^{2n-2}=0$이고, 샌드위치 정리에 의해 $n\to\infty$일 때 $c_2\to 1$이므로

$\lim_{n\to\infty} L_n=\lim_{n\to\infty}\left(1-\dfrac{1}{n}\right)\sqrt{1+n^2c_1^{2n-2}}+\dfrac{1}{n}\sqrt{1+n^2c_2^{2n-2}}=1+1=2$이다.

따라서 <u>$\lim_{n\to\infty} L_n=2$</u>이다.

8. 기하와 벡터

example solution 150

1. $(y+2)^2=2\left(x-\frac{1}{2}\right)$이다. 초점: $(1,\,-2)$, 준선: $x=0$
2. $(y-1)^2=3(x-2)$이다. 초점: $\left(\frac{11}{4},1\right)$, 준선: $x=\frac{5}{4}$
3. $\left(x+\frac{3}{2}\right)^2=y-\frac{19}{4}$이다. 초점: $\left(-\frac{3}{2},5\right)$, 준선: $y=\frac{9}{2}$

example solution 151

1. $(y-1)^2=4(x-1)$
2. $(x-5)^2=-8(y-4)$
3. $\sqrt{(x-1)^2+(y-1)^2}=\frac{|x+y|}{\sqrt{2}}$

   $\Leftrightarrow$ $x^2-2xy+y^2-4x-4y+4=0$

example solution 152

1. $\sqrt{(x-k)^2+(y-4)^2}=|x-8|$이 $(0,0)$을 지나므로 $\sqrt{k^2+16}=8$이다.

   따라서 $k=\pm 4\sqrt{3}$이다.

   $k=4\sqrt{3}\Rightarrow (y-4)^2=4(2\sqrt{3}-4)x+16$

   $k=-4\sqrt{3}\Rightarrow (y-4)^2=-4(2\sqrt{3}+4)x+16$

2. $\sqrt{(x-k)^2+(y-2k-2)^2}=\frac{|x-y+\sqrt{2}|}{\sqrt{2}}$이 $(0,0)$을 지나므로

   $\sqrt{k^2+(2k+2)^2}=1$이다. 따라서 $k=-1\text{ or }-\frac{3}{5}$이다.

   $k=-1\Rightarrow x^2+2xy+y^2+(4-2\sqrt{2})x+2\sqrt{2}y=0$

   $k=-\frac{3}{5}\Rightarrow x^2+2xy+y^2+\left(\frac{12}{5}-2\sqrt{2}\right)x+\left(2\sqrt{2}-\frac{16}{5}\right)y=0$

example solution 153

1. $\left(\frac{x}{\frac{1}{\sqrt{2}}}\right)^2+\left(\frac{y}{\frac{1}{\sqrt{3}}}\right)^2=1$이다. 두 초점: $\left(\pm\frac{1}{\sqrt{6}},0\right)$, 거리의 합: $\sqrt{2}$
2. $\left(\frac{x+\frac{2}{5}}{\frac{3\sqrt{2}}{5}}\right)^2+\left(\frac{y+\frac{2}{3}}{\sqrt{2}}\right)^2=1$이다. 두 초점: $\left(-\frac{2}{5},\,-\frac{2}{3}\pm\frac{4\sqrt{2}}{5}\right)$, 거리의 합: $2\sqrt{2}$

3. $\left(\dfrac{x-\dfrac{1}{2}}{\dfrac{3}{2}}\right)^2+\left(\dfrac{y-1}{\dfrac{3}{\sqrt{2}}}\right)^2=1$이다. 두 초점: $\underline{\left(\dfrac{1}{2}, -\dfrac{1}{2}\right), \left(\dfrac{1}{2}, \dfrac{5}{2}\right)\text{, 거리의 합: } 3\sqrt{2}}$

example solution 154

1. $\underline{\dfrac{(x-2)^2}{4}+\dfrac{(y-1)^2}{3}=1}$

2. $\underline{\dfrac{(x+1)^2}{4}+\dfrac{\left(y-\dfrac{1}{2}\right)^2}{\dfrac{25}{4}}=1}$

3. $\sqrt{(x+1)^2+(y+1)^2}+\sqrt{(x-1)^2+(y-1)^2}=4$

$\Leftrightarrow \underline{3x^2-2xy+3y^2-8=0}$

example solution 155

1. $\dfrac{(x-2)^2}{4k^2}+\dfrac{(y-k)^2}{4k^2-16}=1$이 $(0,0)$을 지나므로 $\dfrac{1}{k^2}+\dfrac{k^2}{4k^2-16}=1$이다.

또한 거리의 합은 두 초점 사이의 거리보다 커야하므로 $k>2$이다. 이를 만족하는 k를 구해주면,

$\underline{k=\sqrt{\dfrac{10+2\sqrt{13}}{3}}}$ 이다.

2. $\sqrt{(x-k)^2+(y-2k)^2}+\sqrt{(x-2k)^2+(y-4k)^2}=15$가 $(0,0)$을 지나므로

$\sqrt{5k^2}+\sqrt{20k^2}=15$이다. 따라서 $\underline{k=\pm\sqrt{5}}$이다.

example solution 156

1. $\left(\dfrac{x}{\dfrac{1}{\sqrt{2}}}\right)^2-\left(\dfrac{y}{\dfrac{1}{\sqrt{3}}}\right)^2=1$이다. 두 초점: $\underline{\left(\pm\sqrt{\dfrac{5}{6}}, 0\right)\text{, 거리의 차: } \sqrt{2}}$

2. $\left(\dfrac{x+\dfrac{2}{5}}{\dfrac{\sqrt{10}}{5}}\right)^2-\left(\dfrac{y+\dfrac{2}{3}}{\dfrac{\sqrt{10}}{3}}\right)^2=1$이다. 두 초점: $\underline{\left(-\dfrac{2}{5}\pm\dfrac{\sqrt{340}}{15}, -\dfrac{2}{3}\right)\text{, 거리의 합: } \dfrac{2\sqrt{10}}{5}}$

example solution 157

1. $\left(\dfrac{x-\dfrac{7}{2}}{2}\right)^2-\left(\dfrac{y-1}{\dfrac{3}{2}}\right)^2=1$

2. $-\left(\dfrac{x-1}{2}\right)^2+\left(\dfrac{y-\dfrac{1}{2}}{\dfrac{3}{2}}\right)^2=1$

3. $\left|\sqrt{(x+1)^2+(y+1)^2}-\sqrt{(x-1)^2+(y-1)^2}\right|=\sqrt{2}$
   $\Leftrightarrow \underline{2x^2+8xy+2y^3-3=0}$

example solution 158

1. $-\dfrac{(x-k)^2}{16-k^2}+\dfrac{(y-2)^2}{k^2}=1$이 $(0,0)$을 지나므로 $-\dfrac{k^2}{16-k^2}+\dfrac{4}{k^2}=1$이다.
   또한 거리의 합은 양수이므로 $k>0$이다.
   따라서 $\underline{k=\dfrac{4}{\sqrt{5}}}$이다. $\underline{-\dfrac{5\left(x-\dfrac{4}{\sqrt{5}}\right)^2}{64}+\dfrac{5(y-2)^2}{16}=1}$

2. $\left|\sqrt{(x-k)^2+(y-2k)^2}-\sqrt{(x-2k)^2+(y-4k)^2}\right|=15$가 $(0,0)$을 지나므로
   $-\sqrt{5k^2}+\sqrt{20k^2}=15$이다. 따라서 $\underline{k=\pm 3\sqrt{5}}$이다.
   $k=3\sqrt{5}\ \Rightarrow\ \underline{4x^2-4xy+y^2-180\sqrt{5}y=0}$
   $k=-3\sqrt{5}\ \Rightarrow\ \underline{4x^2-4xy+y^2+180\sqrt{5}y=0}$

example solution 159

만약 x좌표와 y좌표의 곱이 일정한 값을 가지는 점들의 집합이 쌍곡선이라면 이는 $x^2-y^2=a^2$을 적절히 $45°$ 회전시켜서 나왔을 것이라고 예상할 수 있다.
$x^2-y^2=a^2$의 경우 원점부터 한 초점까지의 거리와 거리의 차 비율이 $\sqrt{2}a:2a=\sqrt{2}:2$임을 알 수 있다.
따라서 $xy=p$ 또한 쌍곡선이라면 원점부터 한 초점까지의 거리와 거리의 차 비율이 $\sqrt{2}:2$일 것이다.
따라서 두 초점을 (k,k), $(-k,-k)$으로 하고, 거리의 차를 $2k$라 한 뒤 이것이 성립하는지 알아보자. 우선 식을 적으면 다음과 같다.
$\left|\sqrt{(x-k)^2+(y-k)^2}-\sqrt{(x+k)^2+(y+k)^2}\right|=2k$
그리고 이를 정리하면 $xy=\dfrac{k^2}{2}$임을 알 수 있다.
따라서 x좌표와 y좌표의 곱이 일정한 값을 가지는 점들의 집합은 쌍곡선이다. ▨

example solution 160

3차원 xyz좌표계 상을 생각하자. 그리고 zx평면 위에 $z=mx$직선이 존재한다고 생각하자.
이후 zx평면 위의 $z=mx$직선을 z축에 대해서 $360°$ 회전시켰을 때 곡면이 생기고 이 곡면은 원뿔의 옆면을 형성한다.
이를 적절히 t, θ로 매개화 시키면 $(t\cos\theta, t\sin\theta, mt)$이다. 또한 편의상 $m=1$이라고 하면 원뿔의 옆면은 $\{(x,y,z)\,|\,z^2=x^2+y^2\}$이다.
한편 2차원에서 직선의 방정식인 $\{(x,y)\,|\,ax+by+c=0\}$과 비슷하게 3차원 상에서 평면은 $\{(x,y,z)\,|\,ax+by+cz+d=0\}$으로 나타난다.[15)]
따라서 원뿔의 옆면과 평면의 공통부분인 곡선은 단면의 경계를 형성한다. 그리고 이를 구하기 위해선 $z=-\dfrac{ax+by+d}{c}$를 $z^2=x^2+y^2$에 대입해주면 된다.
그러면 $x^2+y^2-\left(-\dfrac{ax+by+d}{c}\right)^2=0$이고 이를 적절히 변형 해주면 이차곡선의 방정식인 $ax^2+bxy+cy^2+dx+ey+f=0$의 꼴로 나타난다.
따라서 원뿔을 한 평면을 이용해 잘랐을 때 생기는 단면의 경계는 이차곡선의 일부이다. ▨

example solution 161

$P=O$, $l: px+qy+r=0$이라고 하자. 또한 $X=(x,y)$라고 하자. (단, $r\neq 0$이다.)
그러면 $\overline{XH}=\dfrac{|px+qy+r|}{\sqrt{p^2+q^2}}$, $\overline{XP}=\sqrt{x^2+y^2}$이다.
한편 $e=\dfrac{\overline{XP}}{\overline{XH}}$이므로 $\overline{XP}^2=e^2\overline{XH}^2$이다.
이제 이를 대입하면 $x^2+y^2=\dfrac{e^2}{p^2+q^2}(px+qy+r)^2$이고 정리하면 다음과 같다.

$$(p^2+q^2-e^2p^2)x^2-2pqe^2xy+(p^2+q^2-e^2q^2)y^2-2pre^2x-2qre^2y-e^2r^2=0$$

이 식을 $ax^2+bxy+cy^2+dx+ey+f=0$에 대응해주면,
$a=p^2+q^2-e^2p^2$, $b=-2pqe^2$, $c=p^2+q^2-e^2q^2$이다.
다음으로 b^2-4ac를 e, p, q로 나타내면 다음과 같다.

$$\begin{aligned} b^2-4ac &= 4p^2q^2e^4-4(p^2+q^2-e^2p^2)(p^2+q^2-e^2q^2) \\ &= 4(e^2-1)(p^2+q^2)^2 \end{aligned}$$

여기서 $(p^2+q^2)^2>0$이므로 b^2-4ac의 부호는 e^2-1의 부호와 같음을 알 수 있다.
문제에서 $e>1$이면 쌍곡선, $e=1$이면 포물선, $0<e<1$이면 타원이라고 했기 때문에 $b^2-4ac>0$이면 쌍곡선, $b^2-4ac=0$이면 포물선, $b^2-4ac<0$이면 타원이다.
따라서 $ax^2+bxy+cy^2+dx+ey+f=0$이 쌍곡선, 타원, 포물선인지 판단하는 기준이 b^2-4ac의 부호이다. ▨

15) 교육과정은 아니니 참고만 하자.

example solution 162

1. $\underline{y=2x\pm\sqrt{11}}$

2. $y-1=-x\pm\sqrt{\dfrac{81}{20}} \Rightarrow \underline{y=-x+1\pm\dfrac{9}{2\sqrt{5}}}$

3. $y+1=4(x-1)-16\times\dfrac{1}{4} \Rightarrow \underline{y=4x-9}$

4. $\underline{y=\dfrac{x}{2}-4}$

example solution 163

기울기가 m일 때 접선의 방정식은 $y=mx+\dfrac{12}{m}$이다. 또한 $y=mx+\dfrac{12}{m}$가 $(2,10)$을 지나므로 $2m+\dfrac{12}{m}=10$이다. 따라서 $m=2\text{ or }3$이다.

$m=2 \Rightarrow \underline{y=2x+6}$

$m=3 \Rightarrow \underline{y=3x+4}$

example solution 164

기울기가 m일 때 접선의 방정식은 $y=mx\pm\sqrt{5m^2+4}$이다.

또한 $y=mx+\sqrt{5m^2+4}$ 혹은 $y=mx-\sqrt{5m^2+4}$가 $(5,2)$를 지난다.

❶ $(5,2)$가 $y=mx+\sqrt{5m^2+4}$를 지날 때

$2=5m+\sqrt{5m^2+4}$이면 $2-5m>0$이다.

위의 방정식 중 $2-5m>0$를 만족하는 m의 값은 0이다.

❷ $(5,2)$가 $y=mx-\sqrt{5m^2+4}$를 지날 때

$2=5x-\sqrt{5m^2+4}$이면 $2-5m<0$이다.

위의 방정식 중 $2-5m<0$를 만족하는 m의 값은 1이다.

$m=0 \Rightarrow \underline{y=2}$

$m=1 \Rightarrow \underline{y=x-3}$

example solution 165

$x^2-y^2=-1$에서 기울기가 m일 때 접선의 방정식은 $y=mx\pm\sqrt{-m^2+1}$이다. 그리고 (a,b)가 $y=mx\pm\sqrt{-m^2+1}$를 지나므로 $(b-am)^2=1-m^2$이다.

이제 $(a^2+1)m^2+2abm+(b^2-1)=0$을 만족하는 실수 m의 개수에 따라 A_n이 결정된다.

즉 $n=0,1,2$임을 알 수 있다. 따라서 $n_1=0, n_2=1, n_3=2$이다.

이제 A_n을 구해보자.

❶ A_0는 $(a^2+1)m^2+2abm+(b^2-1)=0$의 실근이 없어야 한다.

따라서 $D<0$이다. $D/4=a^2-b^2+1<0$

$\therefore\ a^2-b^2<-1$

❷ A_1은 $(a^2+1)m^2+2abm+(b^2-1)=0$이 중근을 가져야 한다.

따라서 $D=0$이다. $D/4=a^2-b^2+1=0$

$\therefore\ a^2-b^2=-1$

❸ A_2은 $(a^2+1)m^2+2abm+(b^2-1)=0$는 서로 다른 두 실근을 가져야 한다.

따라서 $D>0$이다. $D/4=a^2-b^2+1>0$

$\therefore\ a^2-b^2>-1$

$n_1=0, n_2=1, n_3=2$

$A_{n_1}=A_0=\{(a,b)\,|\,a^2-b^2<-1\}$

$A_{n_2}=A_1=\{(a,b)\,|\,a^2-b^2=-1\}$

$A_{n_3}=A_2=\{(a,b)\,|\,a^2-b^2>-1\}$

example solution 166

1. $\frac{2}{5}x+\frac{\sqrt{5}}{10}y=1$
2. $y=x+1$

example solution 167

1. $ax^2+bxy+cy^2+dx+ey+f=0$가 만약 타원이라면 모든 기울기 m에 대해 접선이 2개 존재한다. 또한 포물선이라면 어떤 실수 m'에 대해서는 접선이 존재하지 않고, 그 외의 모든 m에 대해서는 접선이 1개 존재할 것이다. (이를테면 $y^2=4x$의 경우 $m=0$을 제외하고 접선이 존재한다.) 마지막으로 쌍곡선의 경우 서로 다른 두 실수 m_1, m_2를 제외하고 모든 m에 대해 접선이 2개 존재한다. (이를테면 $x^2-y^2=1$의 경우 $m=\pm1$을 제외하고 접선이 2개 존재한다.)
   이를 수식적으로 적어보면 타원의 경우 모든 m에 대해 $y=mx+t$를 주어진 이차곡선에 대입하였을 때 t가 2개 존재할 것이다. 다음으로 포물선의 경우 어떤 실수 m'에 대해선 t가 존재하지 않고, 그 외의 모든 실수 m에 대해서는 t가 1개 존재한다. 마지막으로 쌍곡선의 경우 서로 다른 두 실수 m_1, m_2에 대해선 t가 존재하지 않고, 그 외의 모든 실수 m에 대해서는 t가 2개 존재할 것이다.
   이러한 사실을 기반으로 수식전개를 해보자.
2. 우선 $y=mx+t$를 $ax^2+bxy+cy^2+dx+ey+f=0$에 대입하자.
   $ax^2+bx(mx+t)+c(mx+t)^2+dx+e(mx+t)+f=0$
   $\Leftrightarrow\ (a+bm+cm^2)x^2+(bt+2cmt+d+em)x+(ct^2+et+f)=0$
   이차항의 계수가 0이면 t는 존재하지 않고, 0이 아니면 판별식이 $0(D=0)$이라는 사실을 이용하여 t를 구할 수 있다. 여기서 t를 구할 때 t에 대한 2차방정식이 나올 텐데, 기하학적으로 생각했을 때 접선이 생긴다는 것은 t가 존재한다는 뜻이므로 t가 항상 실근으로 나올 것이다. 즉 허근이 나올 것에 대한 걱정은 할 필요 없다.

   ❶ 타원
   타원의 경우 모든 실수 m에 대해 t가 2개 존재하기 위해선 2차 항의 계수인 $a+bm+cm^2$의 값이 모든 m에 대해 0이 아니다. 따라서 $b^2-4ac<0$이다.

❷ 포물선

포물선의 경우 특정한 m'에 대해서만 t가 존재하지 않기 위해선 $a+bm+cm^2=0$이 중근을 가지면 된다. 따라서 $b^2-4ac=0$이다.

❸ 쌍곡선

쌍곡선의 경우 서로 다른 두 실수 m_1, m_2에 대해 t가 존재하지 않기 위해선 $a+bm+cm^2=0$이 서로 다른 두 실근을 가져야 한다. 따라서 $b^2-4ac>0$이다.

타원: $b^2-4ac<0$, 포물선: $b^2-4ac=0$, 쌍곡선: $b^2-4ac>0$

example solution 168

1. $\overrightarrow{A_2A_5}$을 정사각형 $A_1A_2A_6A_5$에 대응시키자. 즉 단위 정사각형 안에 $\overrightarrow{A_2A_5}$와 크기가 같은 벡터가 한 개씩 존재한다. 따라서 (i, j)의 순서쌍 개수는 단위 정사각형의 개수와 같다.
   12개
2. $\overrightarrow{A_iA_j}=\sqrt{n}$에서 가능한 n의 종류로는 $1, 2, 4, 5, 8, 9, 10, 13, 16, 17, 18, 20, 25$이다.
   n이 제곱수이면 단순히 수평 혹은 수직 선분의 개수를 세주면 된다.
   n이 제곱수가 아니면 직사각형의 대각선으로 생각하여 직사각형의 개수를 세준 뒤 2를 곱해주면 된다.
   하지만 $25=3^2+4^2$이므로 예외이다. 25인 경우 수평 혹은 수직 선분이 존재하지 않고, 사각형 $A_1A_4A_{20}A_{17}$의 대각선에서만 존재한다.
   마지막으로 $|\overrightarrow{A_iA_j}|=|\overrightarrow{A_jA_i}|$이므로 마지막에 2배를 곱해주어야 한다.
   $a_1=62, a_4=44, a_9=26, a_{16}=8$
   $a_2=48, a_5=68, a_8=24, a_{10}=40, a_{13}=28, a_{17}=12, a_{18}=8, a_{20}=8, a_{25}=4$
   $a_3=a_6=a_7=a_{11}=a_{12}=a_{14}=a_{15}=a_{19}=a_{21}=a_{22}=a_{23}=a_{24}=0$
   $\therefore \sum_{n=1}^{25} na_n=2600$

example solution 169

1. $$\begin{aligned}\sum_{k=1}^{18}\overrightarrow{A_kA_{k+2}} &= \sum_{k=2m}\overrightarrow{A_kA_{k+2}}+\sum_{k=2m-1}\overrightarrow{A_kA_{k+2}}\\ &=\sum_{m=1}^{9}\overrightarrow{A_{2m}A_{2m+2}}+\sum_{m=1}^{9}\overrightarrow{A_{2m-1}A_{2m+1}}\\ &=\overrightarrow{A_2A_{20}}+\overrightarrow{A_1A_{19}}\\ &=2\overrightarrow{A_1A_{19}}\end{aligned}$$
   $\therefore \left|\sum_{k=1}^{18}\overrightarrow{A_kA_{k+2}}\right|=4\sqrt{5}$
2. 1번의 풀이와 비슷하게 a_p를 구하는 과정에서 p의 배수끼리 묶으면 된다.
   → 방향을 x축, ↓ 방향을 y축이라고 하자.
   $a_1=|\overrightarrow{A_1A_{20}}|=|(3, 4)|=\sqrt{25}$
   $a_2=|\overrightarrow{A_1A_{19}}+\overrightarrow{A_2A_{20}}|=|(4, 8)|=\sqrt{80}$
   $a_3=|\overrightarrow{A_1A_{19}}+\overrightarrow{A_2A_{20}}+\overrightarrow{A_3A_{18}}|=|(3, 12)|=\sqrt{153}$
   $a_4=|\overrightarrow{A_1A_{17}}+\overrightarrow{A_2A_{18}}+\overrightarrow{A_3A_{19}}+\overrightarrow{A_4A_{20}}|=|(0, 16)|=\sqrt{256}$

$$a_5 = |\overrightarrow{A_1A_{16}} + \overrightarrow{A_2A_{17}} + \overrightarrow{A_3A_{18}} + \overrightarrow{A_4A_{19}} + \overrightarrow{A_5A_{20}}| = |(3, 18)| = \sqrt{333}$$

$$a_6 = |\overrightarrow{A_1A_{19}} + \overrightarrow{A_2A_{20}} + \overrightarrow{A_3A_{15}} + \overrightarrow{A_4A_{16}} + \overrightarrow{A_5A_{17}} + \overrightarrow{A_6A_{18}}| = |(4, 20)| = \sqrt{416}$$

$$a_7 = |\overrightarrow{A_1A_{15}} + \overrightarrow{A_2A_{16}} + \overrightarrow{A_3A_{17}} + \overrightarrow{A_4A_{18}} + \overrightarrow{A_5A_{19}} + \overrightarrow{A_6A_{20}} + \overrightarrow{A_7A_{14}}| = |(3, 22)| = \sqrt{493}$$

$$a_8 = |\overrightarrow{A_1A_{17}} + \overrightarrow{A_2A_{18}} + \overrightarrow{A_3A_{19}} + \overrightarrow{A_4A_{20}} + \overrightarrow{A_5A_{13}} + \overrightarrow{A_6A_{14}} + \overrightarrow{A_7A_{15}} + \overrightarrow{A_8A_{16}}|$$
$$= |(0, 24)| = \sqrt{576}$$

$$a_9 = |\overrightarrow{A_1A_{19}} + \overrightarrow{A_2A_{20}} + \overrightarrow{A_3A_{12}} + \overrightarrow{A_4A_{13}} + \overrightarrow{A_5A_{14}} + \overrightarrow{A_6A_{15}} + \overrightarrow{A_7A_{16}} + \overrightarrow{A_8A_{17}} + \overrightarrow{A_9A_{18}}|$$
$$= |(3, 24)| = \sqrt{585}$$

$$a_{10} = |\overrightarrow{A_1A_{11}} + \overrightarrow{A_2A_{12}} + \overrightarrow{A_3A_{13}} + \overrightarrow{A_4A_{14}} + \overrightarrow{A_5A_{15}} + \overrightarrow{A_6A_{16}} + \overrightarrow{A_7A_{17}} + \overrightarrow{A_8A_{18}} + \overrightarrow{A_9A_{19}} + \overrightarrow{A_{10}A_{20}}|$$
$$= |(4, 24)| = \sqrt{592}$$

$$a_{11} = |\overrightarrow{A_1A_{12}} + \overrightarrow{A_2A_{13}} + \overrightarrow{A_3A_{14}} + \overrightarrow{A_4A_{15}} + \overrightarrow{A_5A_{16}} + \overrightarrow{A_6A_{17}} + \overrightarrow{A_7A_{18}} + \overrightarrow{A_8A_{19}} + \overrightarrow{A_9A_{20}}|$$
$$= |(3, 24)| = \sqrt{585}$$

$$a_{12} = |\overrightarrow{A_1A_{13}} + \overrightarrow{A_2A_{14}} + \overrightarrow{A_3A_{15}} + \overrightarrow{A_4A_{16}} + \overrightarrow{A_5A_{17}} + \overrightarrow{A_6A_{18}} + \overrightarrow{A_7A_{19}} + \overrightarrow{A_8A_{20}}|$$
$$= |(0, 24)| = \sqrt{576}$$

$$a_{13} = |\overrightarrow{A_1A_{14}} + \overrightarrow{A_2A_{15}} + \overrightarrow{A_3A_{16}} + \overrightarrow{A_4A_{17}} + \overrightarrow{A_5A_{18}} + \overrightarrow{A_6A_{19}} + \overrightarrow{A_7A_{20}}| = |(3, 22)| = \sqrt{493}$$

$$a_{14} = |\overrightarrow{A_1A_{15}} + \overrightarrow{A_2A_{16}} + \overrightarrow{A_3A_{17}} + \overrightarrow{A_4A_{18}} + \overrightarrow{A_5A_{19}} + \overrightarrow{A_6A_{20}}| = |(4, 20)| = \sqrt{416}$$

$$a_{15} = |\overrightarrow{A_1A_{16}} + \overrightarrow{A_2A_{17}} + \overrightarrow{A_3A_{18}} + \overrightarrow{A_4A_{19}} + \overrightarrow{A_5A_{20}}| = |(3, 18)| = \sqrt{333}$$

$$a_{16} = |\overrightarrow{A_1A_{17}} + \overrightarrow{A_2A_{18}} + \overrightarrow{A_3A_{19}} + \overrightarrow{A_4A_{20}}| = |(0, 16)| = \sqrt{256}$$

$$a_{17} = |\overrightarrow{A_1A_{18}} + \overrightarrow{A_2A_{19}} + \overrightarrow{A_3A_{20}}| = |(3, 12)| = \sqrt{153}$$

$$a_{18} = |\overrightarrow{A_1A_{19}} + \overrightarrow{A_2A_{20}}| = |(4, 8)| = \sqrt{80}$$

$$a_{19} = |\overrightarrow{A_1A_{20}}| = |(3, 4)| = \sqrt{25}$$

$$\therefore\ p_{\max} = 10,\ a_{p_{\max}} = \sqrt{592} = 4\sqrt{37}$$

example solution 170

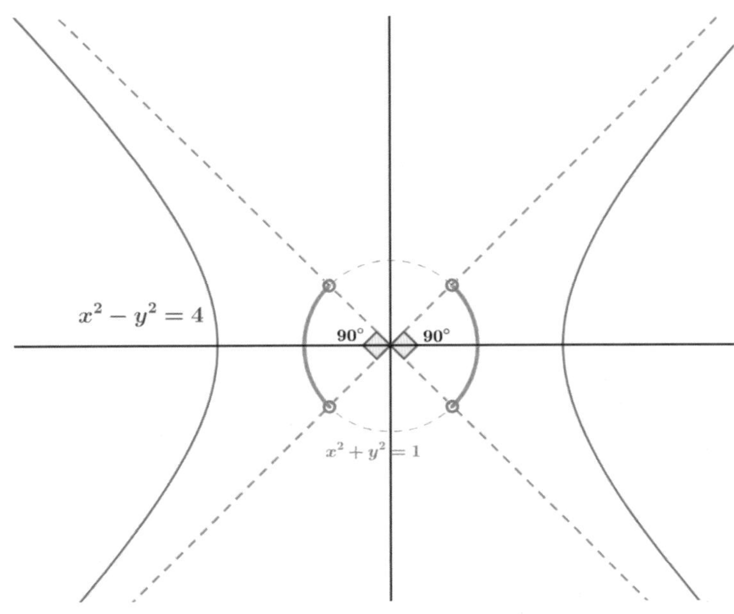

▲ fig.54. example solution 170의 그림

A는 원주각의 총합이 180°, 반지름의 길이가 1인 원 위를 움직인다.
따라서 A의 자취의 길이는 π이다.

example solution 171

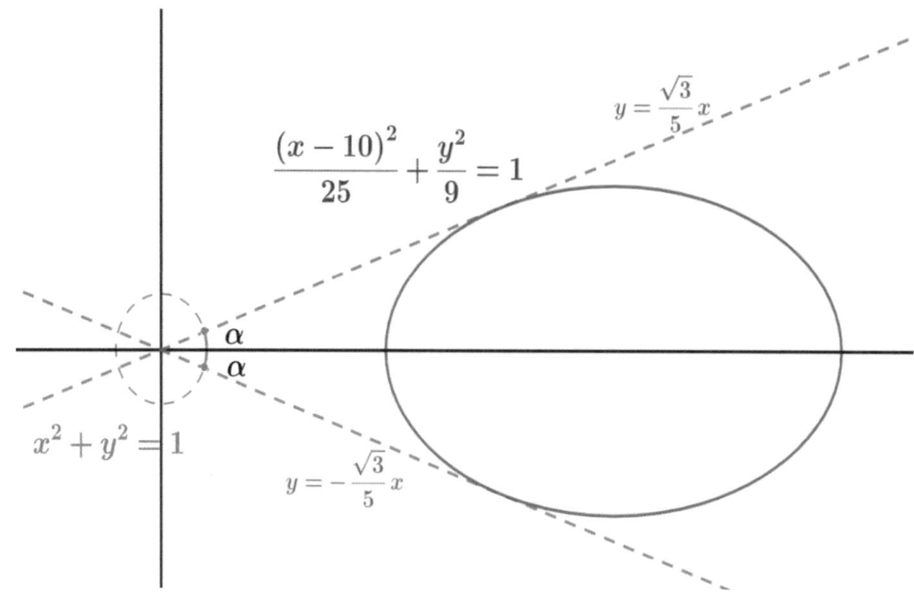

▲ fig.55. example solution 171의 그림

기울기가 m인 접선의 방정식은 $y=m(x-10)\pm\sqrt{25m^2+9}$이다. 또한 이 방정식은 원점 O를 지난다. 이를 정리하면 $(10m)^2=(\pm\sqrt{25m^2+9})^2$이다.

따라서 $m=\pm\frac{\sqrt{3}}{5}$이다. 그림에 의하면 $\tan\alpha=\frac{\sqrt{3}}{5}$이고, 자취의 길이는 2α이다.

$\therefore\ \tan l=\tan 2\alpha=\frac{2\tan\alpha}{1-\tan^2\alpha}=\frac{10\sqrt{3}}{22}$

example solution 172

A, B, C가 한 직선에 있으므로 $\overrightarrow{AB}=t\overrightarrow{AC}$를 만족하는 0이 아닌 실수 t가 존재한다.

$\overrightarrow{AB}=(p-1)\vec{a}+5\vec{b}-2\vec{c},\ \overrightarrow{AC}=\vec{a}+(q+2)\vec{b}+\vec{c}$

이제 이를 $\overrightarrow{AB}=t\overrightarrow{AC}$에 대입하면 다음과 같다.

$p-1=t, 5=(q+2)t, -2=t$

$\therefore\ p=-1, q=-\frac{9}{2}$

example solution 173

$\overrightarrow{OX}=(x, y)$라고 하자. $\overrightarrow{OX}$를 $\overrightarrow{AB}, \overrightarrow{CD}$로 나타낼 수 있기 위해선 $\overrightarrow{OX}=s\overrightarrow{AB}+t\overrightarrow{CD}$라고 했을 때 모든 (x, y)에 대해 실수 s, t가 존재해야 한다.

이제 이를 대입하면 다음과 같다.

$x=s+2t,\ y=2s+kt$

$\Leftrightarrow\ 2x-y=(4-k)t,\ kx-2y=(k-4)s$

❶ $k=4$

만약 $k=4$라면 $y=2x$임을 알 수 있다. 즉 이는 $\{(x, y)|2x-y=0\}$위의 점들만 표현 가능하다는 뜻이다. 따라서 불가능한 경우이다.

❷ $k \neq 4$

$k \neq 4$이면 $s=\dfrac{kx-2y}{k-4}$, $t=\dfrac{2x-y}{4-k}$로 모든 (x,y)에 대해 실수 s,t가 존재한다. 따라서 가능하다.

따라서 답은 $\underline{k \neq 4}$이다. 추가적으로 $k \neq 4$이면 $\overrightarrow{AB}$, $\overrightarrow{CD}$가 서로 평행하지 않다는 뜻이다. 이를 통해 "2차원 상에서 서로 평행하지 않은 두 벡터는 2차원 상의 모든 벡터를 표현할 수 있음"을 알 수 있다.

example solution 174

주어진 글을 통해 $k=1 \sim n-1$일 때 $\overrightarrow{Y_kY_{k+1}}=\dfrac{1}{k+1}\overrightarrow{Y_kX_{k+1}}$임을 알 수 있다.

이를 시점이 원점 O인 벡터로 정리하면 $\overrightarrow{OX_{k+1}}=(k+1)\overrightarrow{OY_{k+1}}-k\overrightarrow{OY_k}$이다.

다음으로 양변에 $k=1 \sim n-1$에서 합을 취해주자.

$$\sum_{k=1}^{n-1}\overrightarrow{OX_{k+1}}=\sum_{k=1}^{n-1}(k+1)\overrightarrow{OY_{k+1}}-k\overrightarrow{OY_k}$$

$$\Leftrightarrow \overrightarrow{OX_2}+\overrightarrow{OX_3}+\cdots\cdots+\overrightarrow{OX_n}=n\overrightarrow{OY_n}-\overrightarrow{OY_1}$$

$$\Leftrightarrow \overrightarrow{OY_n}=\frac{1}{n}\left(\overrightarrow{OX_1}+\overrightarrow{OX_2}+\cdots\cdots+\overrightarrow{OX_n}\right) \qquad \left(\because \overrightarrow{OY_1}=\overrightarrow{OX_1}\right)$$

따라서 Y_n은 n개의 점 $X_1, X_2, \cdots\cdots, X_n$의 무게중심이다.

example solution 175

$u=1-s-t$를 대입하자.

그러면 $\overrightarrow{CP}=s\overrightarrow{CA}+t\overrightarrow{CB}$, $s \geq 0$, $t \geq 0$, $s+t \leq 1$이다.

따라서 점 P는 $\triangle ABC$ 내부 및 경계 위를 움직임을 알 수 있다.

이제 헤론의 공식[16] $\triangle ABC$의 넓이를 구하자.

$S=\sqrt{21\times 8\times 7\times 6}=\underline{84}$

example solution 176

$\overline{OA}$의 중점을 A_1, $\overline{OB}$의 중점을 B_1이라고 하자. 그러면 $\dfrac{1}{2}\overrightarrow{OB}=\overrightarrow{OB_1}$이다.

$$\overrightarrow{OP}=s\overrightarrow{OA}+t\overrightarrow{OB}=s\overrightarrow{OA}+2t\left(\frac{1}{2}\overrightarrow{OB}\right)=s\overrightarrow{OA}+2t\overrightarrow{OB_1}$$

한편 $\dfrac{1}{2}\leq s \leq 1$이므로 P의 자취는 $\triangle AA_1B_1$의 내부 및 경계이다.

$$\therefore\ S_{\triangle AA_1B_1}=\frac{1}{4}S_{\triangle OAB}=\frac{1}{4}\times\left(\frac{1}{2}\times 6\times 4\times sin60^\circ\right)=\underline{\frac{3\sqrt{3}}{4}}$$

16) $\triangle ABC$의 세 변의 길이를 a,b,c라고 하면 $\triangle ABC$의 넓이는 다음과 같다.

$S=\sqrt{s(s-a)(s-b)(s-c)}$, $s=\dfrac{a+b+c}{2}$

이는 제 2코사인 법칙을 이용하여 증명할 수 있다.

example solution 177

$\overline{OA}$의 1:2 내분점을 A_1, $\overline{OB}$의 1:3 내분점을 B_1이라고 하자. 그리고 $3s=u, 4t=v$라고 하자.
그러면 $\frac{1}{3}\overrightarrow{OA}=\overrightarrow{OA_1}$, $\frac{1}{4}\overrightarrow{OB}=\overrightarrow{OB_1}$이다.

$\overrightarrow{OP}=s\overrightarrow{OA}+t\overrightarrow{OB}=3s\left(\frac{1}{3}\overrightarrow{OA}\right)+4t\left(\frac{1}{4}\overrightarrow{OB}\right)=u\overrightarrow{OA_1}+v\overrightarrow{OB_1}$

한편 $\frac{1}{4}\le u\le\frac{4}{5}$, $\frac{1}{5}\le v\le\frac{3}{4}$, $u+v\le 1$이고, $\overline{OA_1}$의 1:3 내분점을 A_2 / $\overline{OB_1}$의 1:4 내분점을 B_2 / A_2를 지나고 라고 $\overline{OB_1}$을 지나는 직선이 $\overline{A_1B_1}$과 만나는 점을 C / B_2를 지나고 라고 $\overline{OA_1}$을 지나는 직선이 $\overline{A_1B_1}$과 만나는 점을 D / $\overline{A_2C}$, $\overline{B_2D}$가 만나는 점을 E라고 하면 P의 자취는 $\triangle CDE$의 내부 및 경계이다.

이때 $\triangle CDE$와 $\triangle B_1A_1O$가 닮음이고, 길이비를 구해주어야 한다. $\overline{A_1D}:\overline{DC}:\overline{CB_1}=a:b:c$라고 하면 $\frac{b+c}{a}=4$, $\frac{a+b}{c}=3$이므로 $a:b:c=4:11:5$이다. 따라서 $\triangle CDE$와 $\triangle B_1A_1O$의 길이 닮음비는 $11:20$이다.

$$S_{\triangle CDE}=\left(\frac{\overline{A_1B_1}}{\overline{CD}}\right)^2 S_{\triangle OA_1B_1}=\left(\frac{11}{20}\right)^2 S_{\triangle OA_1B_1}=\frac{121}{400}\times\frac{1}{3}\times\frac{1}{4}\times S_{\triangle OAB}=\frac{121}{4800}S_{\triangle OAB}$$

$$=\frac{121}{4800}\times 6\sqrt{3}=\underline{\frac{121\sqrt{3}}{800}}$$

example solution 178

→ 방향을 x축, ↓ 방향을 y축이라고 하자.

1. $\overrightarrow{A_5A_{11}}\cdot\overrightarrow{A_8A_{19}}=(2,1)\cdot(-1,3)=\underline{1}$
2. $\overrightarrow{A_pA_q}=\overrightarrow{A_{p+4r}A_{q+4r}}$임을 이용하자.

   우선 $\overrightarrow{A_kA_{k+2}}\cdot\overrightarrow{A_{k+1}A_{k+4}}$의 값을 k를 4로 나눈 나머지에 대해서 각각 값을 구해보자.

   ❶ $k=4m-3$

   $\overrightarrow{A_kA_{k+2}}\cdot\overrightarrow{A_{k+1}A_{k+4}}=\overrightarrow{A_1A_3}\cdot\overrightarrow{A_2A_5}=(2,0)\cdot(-1,1)=-2$

   ❷ $k=4m-2$

   $\overrightarrow{A_kA_{k+2}}\cdot\overrightarrow{A_{k+1}A_{k+4}}=\overrightarrow{A_2A_4}\cdot\overrightarrow{A_3A_6}=(2,0)\cdot(-1,1)=-2$

   ❸ $k=4m-1$

   $\overrightarrow{A_kA_{k+2}}\cdot\overrightarrow{A_{k+1}A_{k+4}}=\overrightarrow{A_3A_5}\cdot\overrightarrow{A_4A_7}=(-2,1)\cdot(-1,1)=3$

   ❹ $k=4m$

   $\overrightarrow{A_kA_{k+2}}\cdot\overrightarrow{A_{k+1}A_{k+4}}=\overrightarrow{A_4A_6}\cdot\overrightarrow{A_5A_8}=(-2,1)\cdot(3,0)=-6$

   $\therefore\ \sum_{k=1}^{16}\overrightarrow{A_kA_{k+2}}\cdot\overrightarrow{A_{k+1}A_{k+4}}=4\times(-2-2+3-6)=\underline{-28}$
3. 마찬가지로 $\overrightarrow{A_pA_q}=\overrightarrow{A_{p+4r}A_{q+4r}}$임을 이용하자.

   I) $p=4n-3$

   ❶ $k=4m-3$

   $\overrightarrow{A_kA_{k+p}}\cdot\overrightarrow{A_{k+p}A_{k+2p}}=\overrightarrow{A_1A_2}\cdot\overrightarrow{A_2A_3}=(1,0)\cdot(1,0)=1$

   ❷ $k=4m-2$

   $\overrightarrow{A_kA_{k+p}}\cdot\overrightarrow{A_{k+p}A_{k+2p}}=\overrightarrow{A_2A_3}\cdot\overrightarrow{A_3A_4}=(1,0)\cdot(1,0)=1$

❸ $k=4m-1$

$\overrightarrow{A_kA_{k+p}} \cdot \overrightarrow{A_{k+p}A_{k+2p}} = \overrightarrow{A_3A_4} \cdot \overrightarrow{A_4A_5} = (1, 0) \cdot (-3, 1) = -3$

❹ $k=4m$

$\overrightarrow{A_kA_{k+p}} \cdot \overrightarrow{A_{k+p}A_{k+2p}} = \overrightarrow{A_4A_5} \cdot \overrightarrow{A_5A_6} = (-3, 1) \cdot (1, 0) = -3$

이제 $a_{4n-3} = \sum_{k=1}^{106-8n} \overrightarrow{A_kA_{k+4n-3}} \cdot \overrightarrow{A_{k+4n-3}A_{k+8n-6}}$
$= (26-2n) \times (1+1-3-3)+1+1$
$= 8n-102$

$p \leq 49$이므로 $1 \leq n \leq 13$이다.

II) $p=4n-2$

❶ $k=4m-3$

$\overrightarrow{A_kA_{k+p}} \cdot \overrightarrow{A_{k+p}A_{k+2p}} = \overrightarrow{A_1A_3} \cdot \overrightarrow{A_3A_5} = (2, 0) \cdot (-2, 1) = -4$

❷ $k=4m-2$

$\overrightarrow{A_kA_{k+p}} \cdot \overrightarrow{A_{k+p}A_{k+2p}} = \overrightarrow{A_2A_4} \cdot \overrightarrow{A_4A_6} = (2, 0) \cdot (-2, 1) = -4$

❸ $k=4m-1$

$\overrightarrow{A_kA_{k+p}} \cdot \overrightarrow{A_{k+p}A_{k+2p}} = \overrightarrow{A_3A_5} \cdot \overrightarrow{A_5A_7} = (-2, 1) \cdot (2, 0) = -4$

❹ $k=4m$

$\overrightarrow{A_kA_{k+p}} \cdot \overrightarrow{A_{k+p}A_{k+2p}} = \overrightarrow{A_4A_6} \cdot \overrightarrow{A_6A_8} = (-2, 1) \cdot (2, 0) = -4$

이제 $a_{4n-2} = \sum_{k=1}^{104-8n} \overrightarrow{A_kA_{k+4n-2}} \cdot \overrightarrow{A_{k+4n-2}A_{k+8n-4}}$
$= (26-2n) \times (-4-4-4-4)$
$= 32n-416$

$p \leq 49$이므로 $1 \leq n \leq 12$이다.

III) $p=4n-1$

❶ $k=4m-3$

$\overrightarrow{A_kA_{k+p}} \cdot \overrightarrow{A_{k+p}A_{k+2p}} = \overrightarrow{A_1A_4} \cdot \overrightarrow{A_4A_7} = (3, 0) \cdot (-1, 1) = -3$

❷ $k=4m-2$

$\overrightarrow{A_kA_{k+p}} \cdot \overrightarrow{A_{k+p}A_{k+2p}} = \overrightarrow{A_2A_5} \cdot \overrightarrow{A_5A_8} = (-1, 1) \cdot (3, 0) = -3$

❸ $k=4m-1$

$\overrightarrow{A_kA_{k+p}} \cdot \overrightarrow{A_{k+p}A_{k+2p}} = \overrightarrow{A_3A_6} \cdot \overrightarrow{A_6A_9} = (-1, 1) \cdot (-1, 1) = 2$

❹ $k=4m$

$\overrightarrow{A_kA_{k+p}} \cdot \overrightarrow{A_{k+p}A_{k2p}} = \overrightarrow{A_4A_7} \cdot \overrightarrow{A_7A_{10}} = (-1, 1) \cdot (-1, 1) = 2$

이제 $a_{4n-1} = \sum_{k=1}^{102-8n} \overrightarrow{A_kA_{k+4n-1}} \cdot \overrightarrow{A_{k+4n-2}A_{k+8n-2}}$
$= (25-2n) \times (-3-3+2+2)-3-3$
$= 4n-56$

$p \leq 49$이므로 $1 \leq n \leq 12$이다.

IV) $p=4n$

❶ $k=4m-3$

$\overrightarrow{A_kA_{k+p}} \cdot \overrightarrow{A_{k+p}A_{k+2p}} = \overrightarrow{A_1A_5} \cdot \overrightarrow{A_5A_9} = (0, 1) \cdot (0, 1) = 1$

❷ $k=4m-2$

$\overrightarrow{A_kA_{k+p}} \cdot \overrightarrow{A_{k+p}A_{k+2p}} = \overrightarrow{A_2A_6} \cdot \overrightarrow{A_6A_{10}} = (0, 1) \cdot (0, 1) = 1$

❸ $k=4m-1$

$\overrightarrow{A_kA_{k+p}} \cdot \overrightarrow{A_{k+p}A_{k+2p}} = \overrightarrow{A_3A_7} \cdot \overrightarrow{A_7A_{11}} = (0, 1) \cdot (0, 1) = 1$

❹ $k=4m$

$\overrightarrow{A_kA_{k+p}} \cdot \overrightarrow{A_{k+p}A_{k+2p}} = \overrightarrow{A_4A_8} \cdot \overrightarrow{A_8A_{12}} = (0, 1) \cdot (0, 1) = 1$

이제 $a_{4n} = \sum_{k=1}^{100-8n} \overrightarrow{A_kA_{k+4n}} \cdot \overrightarrow{A_{k+4n-2}A_{k+8n}}$

$= (25-2n) \times (1+1+1+1)$

$= 100-8n$

$p \leq 49$이므로 $1 \leq n \leq 12$이다.

$a_{4n-3} = 8n-102 \ (1 \leq n \leq 13)$

$a_{4n-2} = 32n-416 \ (1 \leq n \leq 12)$

$a_{4n-1} = 4n-56 \ (1 \leq n \leq 12)$

$a_{4n} = 100-8n \ (1 \leq n \leq 12)$

최댓값 후보: $a_{49} = 2$, $a_{46} = -32$, $a_{47} = -8$, $a_4 = 92$

최솟값 후보: $a_1 = -94$, $a_2 = -384$, $a_3 = -52$, $a_{48} = 4$

$\therefore \ p_{\max} = 4$, $a_{p_{\max}} = 92$, $p_{\min} = 2$, $a_{p_{\min}} = -384$

example solution 179

1. $\vec{a} \cdot \vec{b} = 2-10 = -8$
2. $\vec{a} \cdot \vec{b} = 4-4 = 0$이고, $\vec{a}$, $\vec{b}$의 크기가 0이 아니므로 $\vec{a}$, $\vec{b}$가 이루는 각은 $90°$이다.

example solution 180

1. $\vec{a} \cdot \vec{b} = 3x-14 = 0$

   $\therefore \ x = \dfrac{14}{3}$

2. $\vec{a} \cdot \vec{b} = 3x+2y-4 = 0$

   $\vec{b} \cdot \vec{c} = 3z-2y-17 = 0$

   $\vec{c} \cdot \vec{a} = xz-4+68 = 0$

   $\therefore \ (x, y, z) = \left(\dfrac{-7+\sqrt{305}}{2}, \dfrac{29-3\sqrt{305}}{4}, \dfrac{-7-\sqrt{305}}{2}\right)$

   $\text{or} \left(\dfrac{-7-\sqrt{305}}{2}, \dfrac{29+3\sqrt{305}}{4}, \dfrac{-7+\sqrt{305}}{2}\right)$

example solution 181

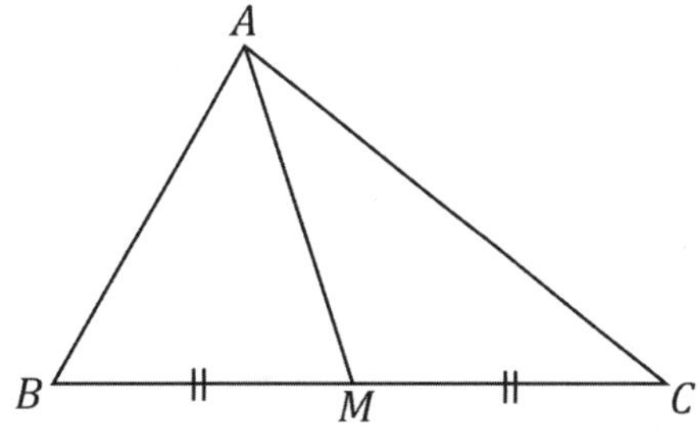

▲ fig.56. example solution 181의 그림

$\overrightarrow{AM}=\overrightarrow{AB}+\overrightarrow{BM}=\overrightarrow{AC}+\overrightarrow{CM}$

$2(\overrightarrow{AM})^2=(\overrightarrow{AM})^2+(\overrightarrow{AM})^2=(\overrightarrow{AB}+\overrightarrow{BM})^2+(\overrightarrow{AC}+\overrightarrow{CM})^2$

$\Leftrightarrow\ 2\overline{AM}^2=\overline{AB}^2+\overline{AC}^2+2\overline{BM}^2+2\overrightarrow{AB}\cdot\overrightarrow{BM}+2\overrightarrow{AC}\cdot\overrightarrow{CM}$

한편 $\overrightarrow{CM}=-\overrightarrow{BM}$임을 이용하면,

$2\overrightarrow{AB}\cdot\overrightarrow{BM}+2\overrightarrow{AC}\cdot\overrightarrow{CM}=2\overrightarrow{BM}\cdot(\overrightarrow{AB}-\overrightarrow{AC})=2\overrightarrow{BM}\cdot\overrightarrow{CB}=-4\overline{BM}^2$이다.

이를 대입하면 파푸스의 중선정리를 얻을 수 있다.

$\therefore\ \overline{AB}^2+\overline{AC}^2=2(\overline{AM}^2+\overline{BM}^2)$

example solution 182

$|t\vec{a}+\vec{b}|^2=|\vec{a}|^2t^2+2\vec{a}\cdot\vec{b}t+|\vec{b}|^2=4t^2-2t+1$

$4t^2-2t+1=\left(2t-\frac{1}{2}\right)^2+\frac{3}{4}$이므로

$|t\vec{a}+\vec{b}|$는 $t=\frac{1}{2}$에서 최소이고, 최솟값은 $\frac{\sqrt{3}}{2}$이다.

example solution 183

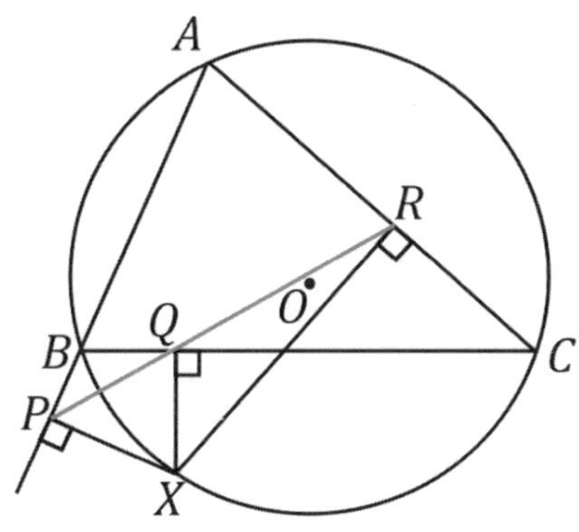

▲ fig.57. example solution 183의 그림

1. $\square ABXC$가 원에 내접하므로 $\angle PBX=\angle RCX$이다.
   또한 $\angle BPX=\angle CRX=90^\circ$ 이므로 $\angle BXP=\angle RCX=\alpha$이다.
   한편 $\square BQXP$, $\square QRCX$도 원에 내접하므로
   $\angle BQP=\angle BXP=\alpha$, $\angle RQC=\angle RXC=\alpha$임을 알 수 있다.
   즉 $\angle BQP=\angle RQC$이므로 P, Q, R은 한 직선 위에 있다. ▨

2. $\overrightarrow{OA}=\vec{a}$, $\overrightarrow{OB}=\vec{b}$, $\overrightarrow{OC}=\vec{c}$, $\overrightarrow{OX}=\vec{x}$라 하자.

$\overrightarrow{AB}=\vec{b}-\vec{a}$, $\overrightarrow{AP}//\overrightarrow{AB}$이므로 $\overrightarrow{AP}=t(\vec{b}-\vec{a})$라고 할 수 있다.

또한 $\overrightarrow{AX}=\overrightarrow{OX}-\overrightarrow{OA}=\vec{x}-\vec{a}$이므로 $\overrightarrow{XP}=\overrightarrow{AP}-\overrightarrow{AX}=t(\vec{b}-\vec{a})-(\vec{x}-\vec{a})$이다.

$\overline{XP}\perp\overline{AB}$이므로 $\overrightarrow{XP}\cdot\overrightarrow{AB}=0$임을 이용하여 t를 구해주면,

$t=\dfrac{(\vec{b}-\vec{a})\cdot(\vec{x}-\vec{a})}{(\vec{b}-\vec{a})^2}$이다.

따라서 $\underline{\overrightarrow{AP}=\dfrac{(\vec{b}-\vec{a})\cdot(\vec{x}-\vec{a})}{(\vec{b}-\vec{a})^2}(\vec{b}-\vec{a})}$이다. ……… ❶

비슷한 방법으로 $\underline{\overrightarrow{AR}=\dfrac{(\vec{c}-\vec{a})\cdot(\vec{x}-\vec{a})}{(\vec{c}-\vec{a})^2}(\vec{c}-\vec{a})}$임을 알 수 있다. ……… ❷

다음으로 $\overrightarrow{BC}=\vec{c}-\vec{b}$, $\overrightarrow{BQ}//\overrightarrow{BC}$이므로 $\overrightarrow{BQ}=s(\vec{c}-\vec{b})$라고 할 수 있다.

또한 $\overrightarrow{BX}=\overrightarrow{OX}-\overrightarrow{OB}=\vec{x}-\vec{b}$이므로 $\overrightarrow{XQ}=\overrightarrow{BQ}-\overrightarrow{BX}=s(\vec{c}-\vec{b})-(\vec{x}-\vec{b})$이다.

$\overline{XQ}\perp\overline{BC}$이므로 $\overrightarrow{XQ}\cdot\overrightarrow{BC}=0$임을 이용하여 s를 구해주면,

$s=\dfrac{(\vec{c}-\vec{b})\cdot(\vec{x}-\vec{b})}{(\vec{c}-\vec{b})^2}$이다.

따라서 $\overrightarrow{AQ}=\overrightarrow{AB}+\overrightarrow{BQ}=(\vec{b}-\vec{a})+\dfrac{(\vec{c}-\vec{b})\cdot(\vec{x}-\vec{b})}{(\vec{c}-\vec{b})^2}(\vec{c}-\vec{b})$이다.

또한 $(\vec{c}-\vec{b})=(\vec{c}-\vec{a})-(\vec{b}-\vec{a})$임을 이용하여 $\overrightarrow{AQ}$를 정리해주면

$\underline{\overrightarrow{AQ}=\dfrac{(\vec{c}-\vec{b})\cdot(\vec{c}-\vec{x})}{(\vec{c}-\vec{b})^2}(\vec{b}-\vec{a})+\dfrac{(\vec{c}-\vec{b})\cdot(\vec{x}-\vec{b})}{(\vec{c}-\vec{b})^2}(\vec{c}-\vec{a})}$이다.

다음으로 ❶, ❷를 대입 해주면 다음과 같다.

$$\begin{aligned}\overrightarrow{AQ}&=\frac{(\vec{c}-\vec{b})\cdot(\vec{c}-\vec{x})}{(\vec{c}-\vec{b})^2}\times\frac{(\vec{b}-\vec{a})^2}{(\vec{b}-\vec{a})\cdot(\vec{x}-\vec{a})}\overrightarrow{AP}+\frac{(\vec{c}-\vec{b})\cdot(\vec{x}-\vec{b})}{(\vec{c}-\vec{b})^2}\times\frac{(\vec{c}-\vec{a})^2}{(\vec{c}-\vec{a})\cdot(\vec{x}-\vec{a})}\overrightarrow{AR}\\&=\frac{\overrightarrow{BC}\cdot\overrightarrow{XC}}{\overline{BC}^2}\times\frac{\overline{AB}^2}{\overrightarrow{AB}\cdot\overrightarrow{AX}}\overrightarrow{AP}+\frac{\overrightarrow{BC}\cdot\overrightarrow{BX}}{\overline{BC}^2}\times\frac{\overline{AC}^2}{\overrightarrow{AC}\cdot\overrightarrow{AX}}\overrightarrow{AR}\\&=\frac{\overline{QC}}{\overline{BC}}\times\frac{\overline{AB}}{\overline{AP}}\overrightarrow{AP}+\frac{\overline{BQ}}{\overline{BC}}\times\frac{\overline{AC}}{\overline{AR}}\overrightarrow{AR}\end{aligned}$$

또한 P, Q, R이 한 직선 위에 있고, $\overrightarrow{AQ}=s\overrightarrow{AP}+t\overrightarrow{AR}$로 나타나면 $s+t=1$이므로

$\dfrac{\overline{QC}}{\overline{BC}}\times\dfrac{\overline{AB}}{\overline{AP}}+\dfrac{\overline{BQ}}{\overline{BC}}\times\dfrac{\overline{AC}}{\overline{AR}}=1$이다. ▨

example solution 184

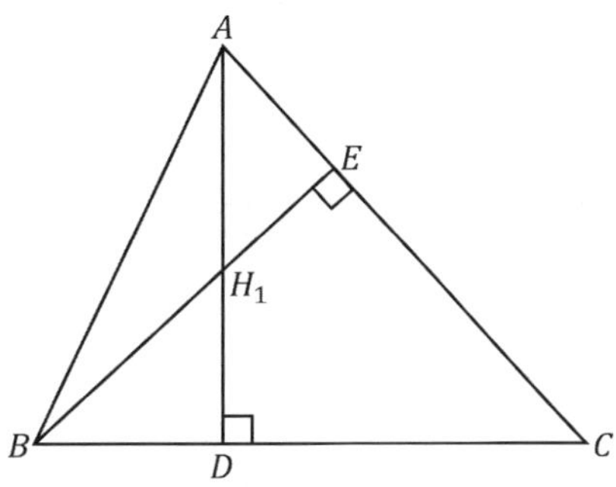

▲ fig.58. example solution 184의 그림

1. B, D, C가 한 직선 위에 있으므로 $\overrightarrow{BD}=t\overrightarrow{BC}=t(\vec{b}-\vec{a})$라고 할 수 있다.
   $\overrightarrow{AD}=\overrightarrow{AB}+\overrightarrow{BD}=\vec{a}+t(\vec{b}-\vec{a})$이고, $\overrightarrow{AD}\perp\overrightarrow{BC}$이므로 $\overrightarrow{AD}\bullet\overrightarrow{BC}=0$이다.
   이제 대입을 하여 t를 구하면 $t=\dfrac{\vec{a}\bullet(\vec{a}-\vec{b})}{(\vec{a}-\vec{b})^2}$이다.
   $\therefore\ \underline{\overrightarrow{AD}=\dfrac{\vec{b}\bullet(\vec{b}-\vec{a})}{(\vec{b}-\vec{a})^2}\vec{a}+\dfrac{\vec{a}\bullet(\vec{a}-\vec{b})}{(\vec{a}-\vec{b})^2}\vec{b}}$
2. 이제 $\overrightarrow{BE}$를 구해보자. 1에서 구한 답에서 $\vec{a}\to-\vec{a},\ \vec{b}\to\vec{b}-\vec{a}$를 대입하자.
   그러면 $\overrightarrow{BE}=-\vec{a}+\dfrac{\vec{a}\bullet\vec{b}}{\vec{b}^2}\vec{b}$임을 알 수 있다.
   다음으로 $\overrightarrow{AH_1}=p\overrightarrow{AD},\ \overrightarrow{BH_1}=q\overrightarrow{BE}$를 만족하는 p, q를 구해보자.
   그리고 $p\overrightarrow{AD}=\overrightarrow{AH_1}=\overrightarrow{AB}+q\overrightarrow{BE}$에 대입해주면
   $\dfrac{p\vec{b}\bullet(\vec{b}-\vec{a})}{(\vec{b}-\vec{a})^2}\vec{a}+\dfrac{p\vec{a}\bullet(\vec{a}-\vec{b})}{(\vec{a}-\vec{b})^2}\vec{b}=\vec{a}-q\vec{a}+\dfrac{q\vec{a}\bullet\vec{b}}{\vec{b}^2}\vec{b}$
   $\left(\dfrac{\vec{b}\bullet(\vec{b}-\vec{a})}{(\vec{b}-\vec{a})^2}\right)p+q=1,\ \left(\dfrac{\vec{a}\bullet(\vec{a}-\vec{b})}{(\vec{a}-\vec{b})^2}\right)p-\left(\dfrac{\vec{a}\bullet\vec{b}}{\vec{b}^2}\right)q=0$
   여기서 $p=\dfrac{(\vec{a}-\vec{b})^2\times(\vec{a}\bullet\vec{b})}{|\vec{a}|^2|\vec{b}|^2-(\vec{a}\bullet\vec{b})^2}$임을 알 수 있다.
   마지막으로 $\overrightarrow{AH_1}=p\overrightarrow{AD}$에 대입해주면 다음과 같다.
   $\underline{\overrightarrow{AH_1}=\dfrac{(\vec{a}\bullet\vec{b})|\vec{b}|^2-(\vec{a}\bullet\vec{b})^2}{|\vec{a}|^2|\vec{b}|^2-(\vec{a}\bullet\vec{b})^2}\vec{a}+\dfrac{(\vec{a}\bullet\vec{b})|\vec{a}|^2-(\vec{a}\bullet\vec{b})^2}{|\vec{a}|^2|\vec{b}|^2-(\vec{a}\bullet\vec{b})^2}\vec{b}}$
3. 마찬가지 방식으로 $\overrightarrow{AH_3}$를 구해주면 된다.
   $\overrightarrow{AH_3}$는 1,2와 동일한 과정을 거쳐 $\overrightarrow{AH_3}=\overrightarrow{AH_1}$이라는 사실을 알 수 있다.
   그러므로 $H_1=H_3$이다.
   또한 같은 방법으로 $\overrightarrow{BH_1}=\overrightarrow{BH_2}$임을 알 수 있으므로 $H_1=H_2$이다.
   따라서 H_1, H_2, H_3는 한 점 H(수심)에서 만난다. ▨

example solution 185

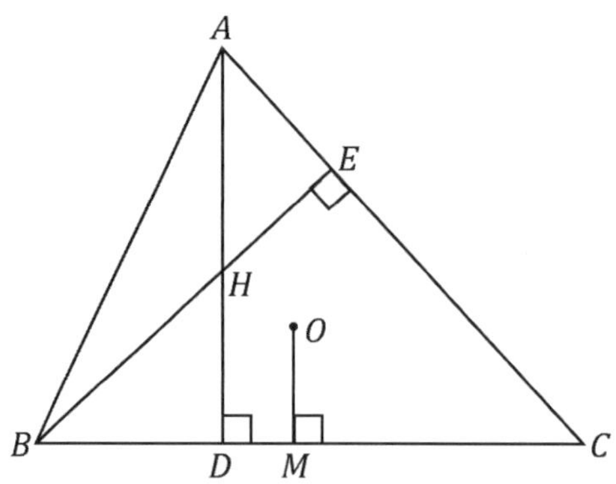

▲ fig.59. example solution 185의 그림

1. $\overrightarrow{OM}=\overrightarrow{AM}-\overrightarrow{AO}=\underline{\frac{1}{2}\vec{a}+\frac{1}{2}\vec{b}-\vec{o}}$

2. $\overrightarrow{AO}\cdot\overrightarrow{AB}=\frac{\overline{AB}^2}{2},\ \overrightarrow{AO}\cdot\overrightarrow{AC}=\frac{\overline{AC}^2}{2}$임을 이용하자.

   또한 $\vec{a}, \vec{b}$가 평행하지 않으므로 $\vec{o}=s\vec{a}+t\vec{b}$를 만족하는 실수 t, s가 존재한다.

   이제 $\vec{o}=s\vec{a}+t\vec{b}$를 위의 식에 대입하자.

   $(s\vec{a}+t\vec{b})\cdot\vec{a}=\frac{|\vec{a}|^2}{2},\ (s\vec{a}+t\vec{b})\cdot\vec{b}=\frac{|\vec{b}|^2}{2}$

   $\Leftrightarrow\ s|\vec{a}|^2+t\vec{a}\cdot\vec{b}=\frac{|\vec{a}|^2}{2},\ s\vec{a}\cdot\vec{b}+t|\vec{b}|^2=\frac{|\vec{b}|^2}{2}$

   $\Leftrightarrow\ s=\frac{|\vec{a}|^2|\vec{b}|^2-(\vec{a}\cdot\vec{b})|\vec{b}|^2}{2\times(|\vec{a}|^2|\vec{b}|^2-(\vec{a}\cdot\vec{b})^2)},\ t=\frac{|\vec{a}|^2|\vec{b}|^2-(\vec{a}\cdot\vec{b})|\vec{a}|^2}{2\times(|\vec{a}|^2|\vec{b}|^2-(\vec{a}\cdot\vec{b})^2)}$

   $\underline{\vec{o}=\frac{|\vec{a}|^2|\vec{b}|^2-(\vec{a}\cdot\vec{b})|\vec{b}|^2}{2\times(|\vec{a}|^2|\vec{b}|^2-(\vec{a}\cdot\vec{b})^2)}\vec{a}+\frac{|\vec{a}|^2|\vec{b}|^2-(\vec{a}\cdot\vec{b})|\vec{a}|^2}{2\times(|\vec{a}|^2|\vec{b}|^2-(\vec{a}\cdot\vec{b})^2)}\vec{b}}$

3. $\overrightarrow{AH}=\frac{(\vec{a}\cdot\vec{b})|\vec{b}|^2-(\vec{a}\cdot\vec{b})^2}{|\vec{a}|^2|\vec{b}|^2-(\vec{a}\cdot\vec{b})^2}\vec{a}+\frac{(\vec{a}\cdot\vec{b})|\vec{a}|^2-(\vec{a}\cdot\vec{b})^2}{|\vec{a}|^2|\vec{b}|^2-(\vec{a}\cdot\vec{b})^2}\vec{b}$

   $\overrightarrow{OM}=\frac{1}{2}\vec{a}+\frac{1}{2}\vec{b}-\vec{o}=\frac{(\vec{a}\cdot\vec{b})|\vec{b}|^2-(\vec{a}\cdot\vec{b})^2}{2\times(|\vec{a}|^2|\vec{b}|^2-(\vec{a}\cdot\vec{b})^2)}\vec{a}+\frac{(\vec{a}\cdot\vec{b})|\vec{a}|^2-(\vec{a}\cdot\vec{b})^2}{2\times(|\vec{a}|^2|\vec{b}|^2-(\vec{a}\cdot\vec{b})^2)}\vec{b}$

   $=\frac{1}{2}\overrightarrow{AH}$

   $\therefore\ \underline{\frac{\overline{AH}}{\overline{OM}}=2}$

example solution 186

1. $x-4:y-1=1:3\ \Rightarrow\ \underline{y=3x-11}$
2. $(2,-1)\cdot(x,y-7)=0\ \Rightarrow\ \underline{y=2x+7}$

example solution 187

두 직선의 법선벡터는 각각 $n_1=(1,3)$, $n_2=(1,-m)$이다.

$n_1 \bullet n_2 = |n_1||n_2|\cos 60^\circ$ or $|n_1||n_2|\cos 120^\circ$

$\Rightarrow 1-3m=\pm\sqrt{10}\times\sqrt{1+m^2}\times\frac{1}{2}$

$\therefore\ m=\frac{6\pm5\sqrt{3}}{13}$

example solution 188

n은 m을 $\pm 90^\circ$ 회전한 것이고, n'은 m'을 $\pm 90^\circ$ 회전한 것이다.

따라서 $\alpha=\beta$ or $\alpha=\beta\pm180^\circ$ 이다.

$\therefore\ |\cos\alpha|=|\cos\beta|$ ▨

example solution 189

1. $\tan\alpha=m, \tan\beta=n$이라고 하자.

   그러면 $\tan(\alpha-\beta)=\frac{\tan\alpha-\tan\beta}{1+\tan\alpha tan\beta}=\frac{m-n}{1+mn}$이다.

   예각의 크기 $\alpha-\beta$ $\left(0<\alpha-\beta<\frac{\pi}{2}\right)$이므로 답은 $\tan^{-1}\left|\frac{m-n}{1+mn}\right|$이다.

2. $\tan^{-1}\left(\frac{m-n}{1+mn}\right)=\alpha-\beta=\tan^{-1}m-\tan^{-1}n$임을 이용하자.

   그리고 $m\to n+1$을 대입하면 $\tan^{-1}\left(\frac{1}{1+n+n^2}\right)=\tan^{-1}(n+1)-\tan^{-1}(n)$이다.

   $\sum_{k=1}^{n}\tan^{-1}\left(\frac{1}{1+k+k^2}\right)=\tan^{-1}(n+1)-\tan^{-1}1$

   이제 $n\to\infty$을 취해주면 답은 $\frac{\pi}{2}-\frac{\pi}{4}=\frac{\pi}{4}$이다.

example solution 190

그림은 fig.60.을 보면 된다.

$\overrightarrow{AP}\bullet\overrightarrow{BP}=0$이므로 점 P는 $\overline{AB}$가 지름인 원 위를 움직인다.

그리고 이 원의 방정식은 $(x-1)^2+(y-5)^2=2$이다.

한편 점 P는 제 1사분면 위만을 움직인다.

그리고 이에 해당하는 원주각의 크기는 $\frac{3\pi}{2}$이다.

$l=\sqrt{2}\times\frac{3\pi}{2}=\frac{3\sqrt{2}\pi}{2}$

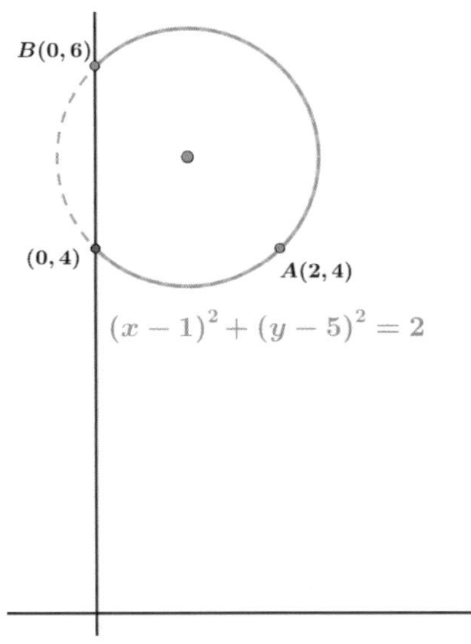

▲ fig.60. example solution 190의 그림

example solution 191

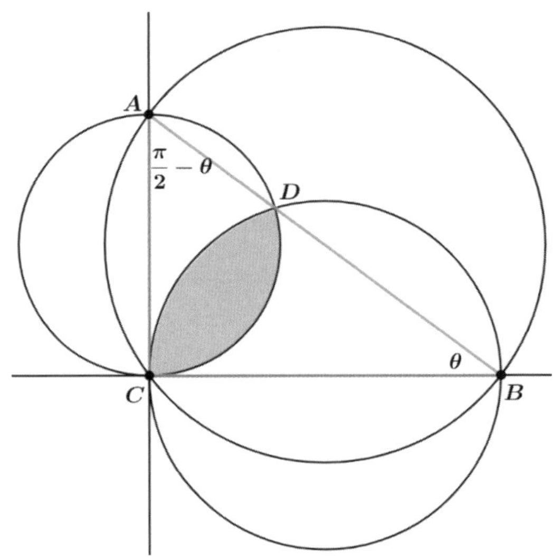

▲ fig.61. example solution 191의 그림

원을 그릴 때 $\overline{BC}$를 지름으로 하는 원과 $\overline{AC}$를 지름으로 하는 원이 두 개의 교점이 생기는데, C가 아닌 점은 $\overline{AB}$ 위에 놓임을 주의하여서 그려야 한다.

그러면 P는 초록색으로 칠해진 도형의 내부를 움직인다.

이제 파란색 부분의 넓이를 구해보자.

$$S(\theta)=\frac{1}{2}\times\left(\frac{\cos\theta}{2}\right)^2\times(2\theta-\sin2\theta)+\frac{1}{2}\times\left(\frac{\sin\theta}{2}\right)^2\times(\pi-2\theta-\sin(\pi-2\theta))$$

$$=\frac{\pi\sin^2\theta+2\theta cos2\theta-\sin2\theta}{8}$$

$S'(\theta)=\dfrac{(\pi-4\theta)\sin2\theta}{8}$이고, $0<\theta<\dfrac{\pi}{2}$에서 $S'(\theta)=0$을 만족하는 $\theta=\dfrac{\pi}{4}$이다.

한편 $S''\left(\dfrac{\pi}{4}\right)=-\dfrac{1}{2}<0$이므로 $S(\theta)$는 $\theta=\dfrac{\pi}{4}$에서 극대이다.

따라서 P의 자취의 넓이가 최대가 되도록 하는 $\underline{\overline{AB}:\overline{AC}=\sqrt{2}:1}$이다.

example solution 192

1. 최소로 분할되는 경우는 모든 직선이 서로 평행한 경우이다. 따라서 $b_n = n+1$이다.
   최대로 분할되는 경우는 새로운 선 한 개를 추가할 때 이 선이 기존의 모든 선분을 지나면 된다. 단, 이때 적어도 3개의 선분은 한 점에서 만나면 안 된다.
   따라서 n개의 선분에 의해 a_n개로 분할되었다고 했을 때 선분 한 개를 추가로 놓는 방법은 n개의 선분을 지나게 선분을 배치하면 된다. 이때 n개의 면이 새로 생긴다.
   즉 $a_{n+1} = a_n + n$이다. $a_1 = 2$이므로 이의 점화식을 풀면 $a_n = \dfrac{n^2+n+2}{2}$이다.

   $$\frac{a_n+49}{b_n} = \frac{\frac{n^2+n}{2}+50}{n+1} = \frac{n}{2} + \frac{50}{n+1} = \frac{n+1}{2} + \frac{50}{n+1} - \frac{1}{2}$$
   $$\geq 2\sqrt{\frac{n+1}{2} \times \frac{50}{n+1}} - \frac{1}{2}$$

   따라서 $n=9$일 때 최솟값은 $\dfrac{19}{2}$이다.

2. 최소로 분할되는 경우는 모든 평면이 서로 평행한 경우이다. 따라서 $d_n = n+1$이다.
   최대로 분할되는 경우는 새로운 면 한 개를 추가할 때 이 면이 기존의 모든 면들과 평행하면 안 되다.
   또한 새롭게 추가된 면과 기존의 모든 면간의 교선들이 평행하면 안 되고 적어도 3개의 선분은 한 점에서 만나면 안 된다.
   따라서 n개의 면에 의해 c_n개로 분할되었다고 했을 때 새로운 면 한 개는 위와 같은 설명방식으로 배치하면 된다.
   또한 새롭게 추가된 면의 경우 교선에 의해 분할 된 모양은 1번 문제에서 평면의 최대 분할 형태여야 한다. 그러면 n개의 선분에 의해 공간이 c_n개로 분할되었다고 했을 때 면 한 개를 추가하면 a_n개의 공간이 추가된다.
   즉 $c_{n+1} = c_n + a_n$이다. $c_1 = 2$이므로 이의 점화식을 풀면 $c_n = \dfrac{n^3+5n+6}{6}$이다.

   $\therefore\ c_n = \dfrac{n^3+5n+6}{6}$, $d_n = n+1$

example solution 193

평행한 선분: $\overline{CD}$, $\overline{HG}$, $\overline{EF}$
교차하는 선분: $\overline{AE}$, $\overline{BF}$, $\overline{AD}$, $\overline{BC}$
꼬인 위치에 있는 선분: $\overline{DH}$, $\overline{CG}$, $\overline{EH}$, $\overline{FG}$

example solution 194

우선 존재하는 선분의 개수는 ${}_nC_2 = \dfrac{n(n-1)}{2}$개다.

따라서 선분 2개를 뽑는 경우의 수는 $n(S) = {}_{{}_nC_2}C_2 = \dfrac{(n+1)n(n-1)(n-2)}{8}$이다.

이제 임의로 두 선분을 뽑았을 때 이 두 선분이 꼬인 위치에 존재할 확률이 최대가 되는 배치를 생각해보자. 임의로 두 선분을 뽑기 위해선 점 4개를 선택해야 하고, 두 선분이 평행하지 않기 위해선 점 4개는 같은 평면에 존재해서는 안 된다.

즉, n개의 점 중 임의로 4개의 점을 선택했을 때 이 4개의 점은 같은 평면위에 존재하면 안 된다. 이는 n개의 점을 "구껍질(구각)" 위에 배치함으로써 해결할 수 있다.

이제 구 위의 n개의 점에서 서로 다른 4개의 점을 선택하자. 그리고 4개의 점 중 2개의 점을 선택하여 선분을 잇는다. 그러면 총 6개의 선분이 나오게 되고, 4개의 점은 사면체를 형성한다. 사면체에서 꼬인 위치에 있는 두 선분의 순서쌍은 3쌍이다.

따라서 전체 경우의 수는 n개의 점에서 서로 다른 4개 선택하는 경우의 수와 꼬인 위치에 있는 두 선분의 순서쌍은 3쌍을 곱하여 얻을 수 있다.

이를 계산 하면 다음과 같다.

$n(T) = {}_nC_4 \times 3 = \dfrac{n(n-1)(n-2)(n-3)}{8}$

따라서 확률의 최댓값은 $\dfrac{n(T)}{n(S)} = \dfrac{n-3}{n+1}$이다.

n개의 점을 "구껍질(구각)" 위에 배치, 확률의 최댓값은 $\dfrac{n-3}{n+1}$

example solution 195

정12면체를 $\overline{AB}$, $\overline{CD}$가 이루는 평면으로 자르면 fig.62.의 일부 그림과 같다.

이때 대칭성에 의해 $\overline{AB} = \overline{CD} = \overline{EF}$, $\overline{AF} = \overline{ED} = \overline{CB}$이다.

또한 $\overline{AB} // \overline{ED}$, $\overline{AF} // \overline{CD}$, $\overline{EF} // \overline{BC}$이다.

그리고 $\overline{AB}$와 $\overline{EF}$의 교점을 P, $\overline{AB}$와 $\overline{CD}$의 교점을 Q, $\overline{CD}$와 $\overline{EF}$의 교점을 R, $\overline{AF}$와 $\overline{BC}$의 교점을 X, $\overline{AF}$와 $\overline{ED}$의 교점을 Y, $\overline{ED}$와 $\overline{BC}$의 교점을 Z라 하자.

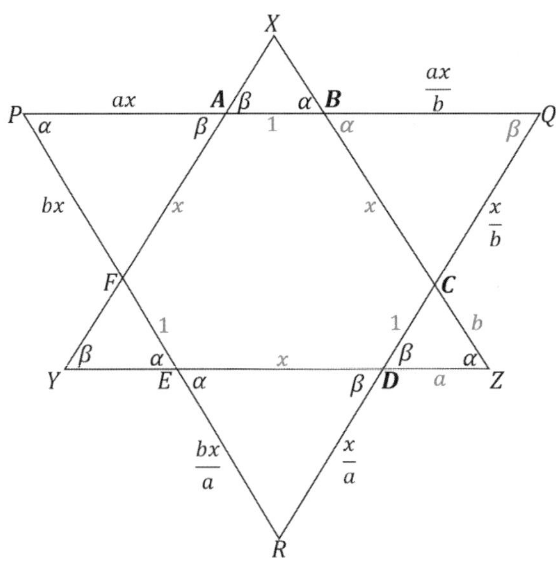

▲ fig.62. example solution 195의 그림

다음으로 $\angle QBC=\alpha$, $\angle PQR=\beta$라고 하자.
마지막으로 $\overline{AB}=\overline{CD}=\overline{EF}=1$, $\overline{AF}=\overline{ED}=\overline{CB}=x$라고 하자.
이제 평행하다는 조건을 이용하여 각을 옮겨줄 수 있다.
또한 수많은 닮음이 나오게 되고, 닮음비를 적절히 적용해주면 fig.62.과 같이 나온다.
$\triangle CDZ \sim \triangle RQP$ [17](AA닮음)임을 이용하면,

$1:a:b=\frac{x}{b}+1+\frac{x}{a}:\frac{ax}{b}+1+ax:\frac{bx}{a}+1+bx$이다.

$x\neq 1$이므로 위의 부등식을 풀어주면 $a=b=1$임을 알 수 있다.

따라서 $\alpha=\beta=\frac{\pi}{3}$이다.

$\therefore$ $\overline{AB}$, $\overline{CD}$가 이루는 각 $\theta=\frac{\pi}{3}$이다.

example solution 196

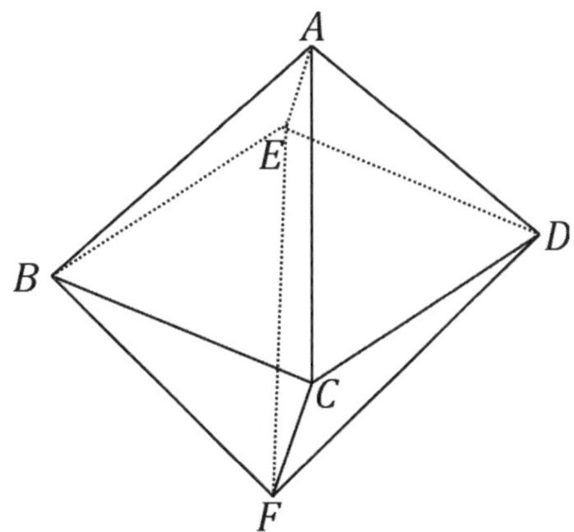

▲ fig.63. example solution 196의 그림

$\overline{AB}$와 꼬인 위치에 있는 선분은 $\overline{CD}$, $\overline{DE}$, $\overline{CF}$, $\overline{EF}$으로 $n=4$이다.
이제 $\overline{AB}$, $\overline{CD}$의 이면각 θ를 구하자.
$\overline{CD}\,//\,\overline{BE}$이므로 $\overline{AB}$, $\overline{CD}$의 이면각은 $\overline{AB}$, $\overline{BE}$의 이면각과 같다.

$\triangle ABE$가 정삼각형이므로 $\theta=\frac{\pi}{3}$이다.

$\therefore$ $n\theta=\frac{4\pi}{3}$

17) $\sim$를 닮음 기호라고 했다. 편집기의 오류로 정확한 닮음 기호를 넣지 못했다.

example solution 197

$\triangle ABC$, $\triangle ABF$ 사이의 이면각은 fig.64.에서 $\triangle ABC$와 $\square EBCD$사이의 이면각과 같다. (이는 오직 이렇게 보는 것이 쉽기 때문에 쓴 문장이다.)

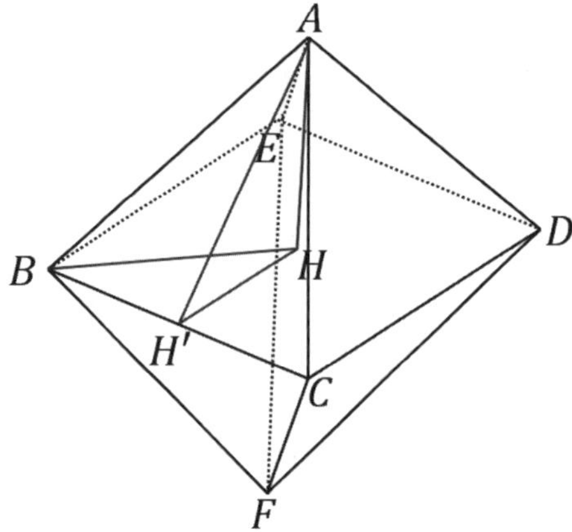

▲ fig.64. example solution 197의 그림

이제 A에서 $\square EBCD$에 내린 수선의 발을 H라고 하고, H에서 BC에 내린 수선의 발을 H'이라고 하자.

그러면 $\cos\theta = \frac{\overline{HH'}}{\overline{AH'}}$이다.

$\overline{AB} = 2$이라고 하면, $\overline{AH} = \overline{BH} = \sqrt{2}$이다. 또한 $\overline{HH'} = 1$이므로 $\overline{AH'} = \sqrt{3}$이다.

$\therefore\ \cos\theta = \frac{1}{\sqrt{3}}$

example solution 198

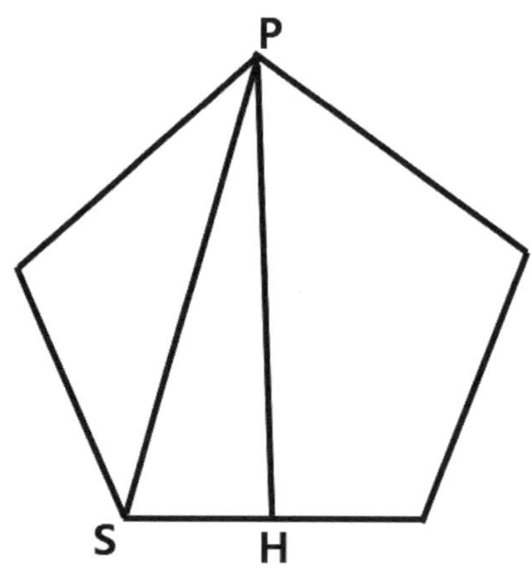

▲ fig.65. example solution 198의 그림-1

정십이면체의 한 변의 길이를 1이라고 하자. 그리고 주어진 정십이면체에서 한 면을 그린 것을 fig.65.이라고 하자. 그러면 $\overline{PS} = \frac{1+\sqrt{5}}{2}$ [18]이다.

그리고 $\overline{PH} = a$라고 하면 피타고라스 정리에 의해 $a^2 = \frac{5+2\sqrt{5}}{4}$이다.

다음으로 fig.66.을 보자.

18) 이전 문제에서 충분히 다루었기에 넘어가도록 하겠다.

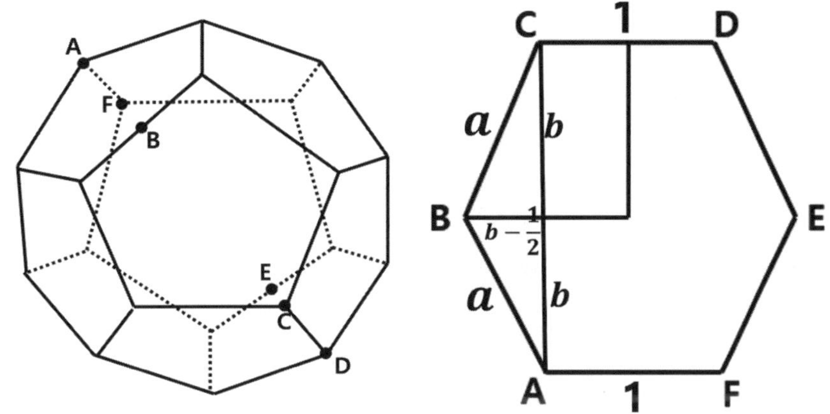

▲ fig.66. example solution 198의 그림-2

정십이면체를 면$ABCDEF$가 지나는 평면으로 자른 단면은 fig.66.의 오른쪽과 같다.

fig.65.에서 정오각형의 높이를 a라고 했을 때 $a^2 = \dfrac{5+2\sqrt{5}}{4}$임을 구했고,

fig.66.의 오른쪽 그림에선 $\overline{CD}=1$, $\overline{BC}=\overline{AB}=a$이다.

그리고 $\overline{AF}$, $\overline{CD}$ 사이의 거리를 $2b$라고 하자.

여기서 $\overline{AF}$, $\overline{CD}$는 서로 마주보는 선분이다. (즉, 평행한 관계)

이때 B, E는 서로 마주보는 선분 위에 있고, 각각 그에 대응하는 중점이므로 $\overline{BE}=2b$이다.

이제 피타고라스 정리를 적용해주면 $a^2 = b^2 + \left(b-\dfrac{1}{2}\right)^2$이다.

이를 풀어주면 $b = \dfrac{3+\sqrt{5}}{4}$이다.

1. 면$A_1A_2A_3A_4A_5$, 면$A_1A_6A_7A_8A_2$의 이면각은 $\pi - \angle ABC$이다.

   제 2코사인 법칙에 의해 $\cos\angle ABC = \dfrac{a^2+a^2-4b^2}{2a^2} = -\dfrac{1}{\sqrt{5}}$

   따라서 이면각은 $\cos^{-1}\left(\dfrac{1}{\sqrt{5}}\right)$이다.

2. 면$A_1A_2A_3A_4A_5$, 면$A_7A_8A_9A_{10}A_{11}$의 이면각은 $\overline{BC}$, $\overline{DE}$가 이루는 각이다.

   $\overline{DE} // \overline{AB}$이므로 마찬가지로 이면각은 $\cos^{-1}\left(\dfrac{1}{\sqrt{5}}\right)$이다.

example solution 199

삼수선의 정리에 의해 $\overline{PH}\perp l, \overline{OH}\perp l, \overline{PO}\perp\overline{OH}$이면 $\overline{PO}\perp\alpha$이다.

따라서 점 P에서 평면 α까지의 거리는 $\overline{PO}$이다.

$\triangle POH$에서 피타고라스 정리를 적용해주면 $\overline{PO} = \sqrt{7^2-5^2} = 2\sqrt{6}$이다.

따라서 점 P에서 평면 α까지의 거리는 $2\sqrt{6}$이다.

example solution 200

1. C에서 $\triangle BIG$까지의 거리를 l이라 하자.

   그러면 사면체 $BCGI$의 부피는 $V=\frac{1}{3}\times S_{\triangle BCG}\times\overline{HG}=\frac{1}{3}\times S_{\triangle BIG}\times l$이다.

   우선 $S_{\triangle BCG}=4,\ \overline{HG}=2$이다.

   또한 $\overline{BI}=3,\ \overline{IG}=\sqrt{13},\ \overline{BG}=\sqrt{20}$ 이다.

   제 2코사인 법칙을 적용해주면 $\cos\angle BIG=\frac{9+13-20}{6\sqrt{13}}=\frac{1}{3\sqrt{13}}$ 이다.

   그리고 $\sin\angle BIG=\frac{\sqrt{116}}{3\sqrt{13}}$ 이다.

   따라서 $S_{\triangle BIG}=\frac{1}{2}\times3\times\sqrt{13}\times\frac{\sqrt{116}}{3\sqrt{13}}=\sqrt{29}$ 이다.

   이제 l을 구해주면 $l=\frac{8}{\sqrt{29}}$ 이다.

   마지막으로 $\overline{CG}$를 B, I, G가 포함된 평면에 정사영 시켰을 때의 거리는 $\sqrt{4-l^2}$ 이므로 답은 $\underline{\frac{2\sqrt{377}}{29}}$ 이다.

2. I에서 B, C, G, F가 포함된 평면에 내린 수선의 발을 I'이라고 하자. 그러면 $\triangle BIG$를 B, C, G, F가 포함된 평면에 정사영 시키면 $\triangle BI'G$이 된다.

   따라서 넓이는 $\underline{3}$이다.

3. A, C, H가 포함된 평면은 B, E, G가 포함된 평면과 평행하다. 따라서 $\triangle BIG$를 B, E, G가 포함된 평면에 정사영 시킨 뒤 넓이를 구하자.

   이제 I에서 B, E, G가 포함된 평면에 내린 수선의 발을 I''이라고 하자.

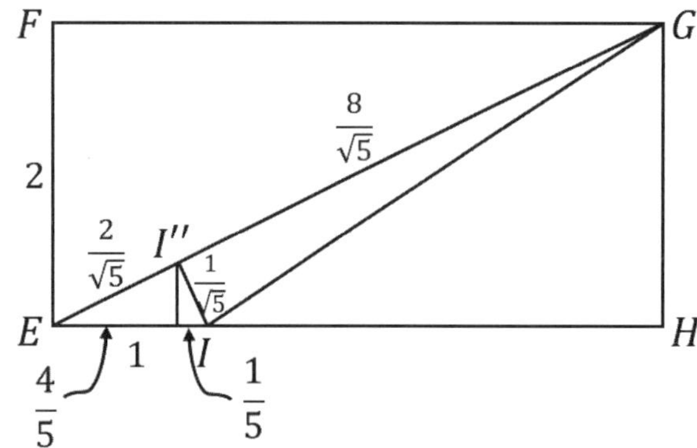

▲ fig.67. example solution 200의 그림

$$\overline{BI''}=\sqrt{2^2+\left(\frac{4}{5}\right)^2+\left(\frac{2}{5}\right)^2}=\sqrt{\frac{24}{5}},\ \overline{I''G}=\frac{8}{\sqrt{5}},\ \overline{BG}=\sqrt{20}$$

제 2코사인 법칙을 적용해주면 $\cos\angle BI''G=-\frac{\sqrt{6}}{16}$ 이다.

$$S_{\triangle BI''G}=\frac{1}{2}\times\sqrt{\frac{24}{5}}\times\frac{8}{\sqrt{5}}\times\frac{\sqrt{250}}{16}=\sqrt{15}$$

따라서 넓이는 $\underline{\sqrt{15}}$ 이다.

example solution 201

1. $\overline{AB} = \sqrt{a^2+b^2}$, $\overline{BC} = \sqrt{b^2+c^2}$, $\overline{CA} = \sqrt{c^2+a^2}$ 이다.

제 2코사인 법칙을 이용해주면 $\cos\angle BAC = \dfrac{a^2}{\sqrt{a^2+b^2}\sqrt{a^2+c^2}}$ 이다.

그리고 $\sin\angle BAC = \dfrac{\sqrt{a^2b^2+b^2c^2+c^2a^2}}{\sqrt{a^2+b^2}\sqrt{a^2+c^2}}$ 이다.

따라서 $S_{\triangle ABC} = \dfrac{1}{2}\times\overline{AB}\times\overline{AC}\times\sin\angle BAC = \dfrac{\sqrt{a^2b^2+b^2c^2+c^2a^2}}{2}$ 이다.

$\therefore\ S_{\triangle ABC} = \dfrac{\sqrt{a^2b^2+b^2c^2+c^2a^2}}{2}$

2. $(S_{\triangle ABC})^2 = \dfrac{a^2b^2+b^2c^2+c^2a^2}{4} = \left(\dfrac{ab}{2}\right)^2 + \left(\dfrac{bc}{2}\right)^2 + \left(\dfrac{ca}{2}\right)^2$

$= (S_{\triangle OAB})^2 + (S_{\triangle OBC})^2 + (S_{\triangle OCA})^2$

또한 $S_{\triangle OBC} = S_{\triangle ABC}\times\cos\alpha$, $S_{\triangle OAC} = S_{\triangle ABC}\times\cos\beta$, $S_{\triangle OAB} = S_{\triangle ABC}\times\cos\gamma$이므로 위의 식에 대입해주면 $\cos^2\alpha+\cos^2\beta+\cos^2\gamma = 1$이다.

$\therefore\ \sin^2\alpha+\sin^2\beta+\sin^2\gamma = 2$

3. $f(x) = \sin^2 x$라고 하자. 그러면 $f''(x) = 2\cos 2x$이므로 $f(x)$는 $\dfrac{\pi}{4} < x < \dfrac{\pi}{2}$에서 $f''(x) < 0$이다.

즉 $f(x) = \sin^2 x$는 $\dfrac{\pi}{4} < x < \dfrac{\pi}{2}$에서 위로 볼록하다.

$\alpha, \beta, \gamma \geq \dfrac{\pi}{4}$이므로 $\dfrac{\sin^2\alpha+\sin^2\beta+\sin^2\gamma}{3} \leq \sin^2\left(\dfrac{\alpha+\beta+\gamma}{3}\right)$[19]이다.

따라서 $\alpha+\beta+\gamma \geq 3\sin^{-1}\left(\sqrt{\dfrac{2}{3}}\right)$이며 등호는 $\alpha=\beta=\gamma=\sin^{-1}\left(\sqrt{\dfrac{2}{3}}\right)$일 때 성립한다.

$\therefore\ \alpha+\beta+\gamma$의 최솟값은 $3\sin^{-1}\left(\sqrt{\dfrac{2}{3}}\right)$이다.

19) 젠슨의 부등식을 이용한 것이다.
젠슨의 부등식이란 다음과 같다.
$f(x)$가 위로 볼록한 함수일 때 $\dfrac{f(x_1)+f(x_2)+\cdots\cdots+f(x_n)}{n} \leq f\left(\dfrac{x_1+x_2+\cdots\cdots+x_n}{n}\right)$를 만족하고,
$f(x)$가 아래로 볼록한 함수일 때 $\dfrac{f(x_1)+f(x_2)+\cdots\cdots+f(x_n)}{n} \geq f\left(\dfrac{x_1+x_2+\cdots\cdots+x_n}{n}\right)$를 만족한다.
이에 대한 증명은 수학적 귀납법을 이용하면 된다.

example solution 202

1.[20] l_x의 방향벡터는 $\vec{t}=(1,2x,0)$, 평면 α의 법벡터는 $\vec{n}=(0,\sin\theta,\cos\theta)$이다.

그리고 $\vec{t},\vec{n}$이 이루는 각은 $\frac{\pi}{2}-\phi_x$이다.

따라서 $\cos\left(\frac{\pi}{2}-\phi_x\right)=\frac{2x\sin\theta}{\sqrt{1+4x^2}}$이다.

또한 $\cos\phi_x>0$이라고 잡으면 $\underline{\cos\phi_x=\sqrt{\frac{1+4x^2\cos^2\theta}{1+4x^2}}}$이다.

2. $ds_x{}'=ds_x\cos\phi_x$이다. 여기서 $ds_x=\sqrt{1+(f'(x))^2}=\sqrt{1+4x^2}$이다.

이를 대입하면 $ds_x{}'=ds_x\cos\phi_x=\sqrt{1+4x^2\cos^2\theta}$이다.

따라서 $f(\theta)=\int ds_x{}'=\int_0^1\sqrt{1+4x^2\cos^2\theta}\,dx$이다.

$$\begin{aligned}f(\theta)&=\int_0^1\sqrt{1+4x^2\cos^2\theta}\,dx\\&=\int_0^{\tan^{-1}(2\cos\theta)}\sec t\times\frac{\sec^2 t}{2\cos\theta}dt\quad\leftarrow(2x\cos\theta=\tan t\text{로 치환})\\&=\frac{1}{2\cos\theta}\times\left[\frac{\sec t\tan t+\ln(\sec t+\tan t)}{2}\right]_0^{\tan^{-1}(2\cos\theta)}\\&=\frac{\sqrt{1+4\cos^2\theta}}{2}+\frac{\ln\left(2\cos\theta+\sqrt{1+4\cos^2\theta}\right)}{4\cos\theta}\end{aligned}$$

$$\therefore\ \underline{f(\theta)=\frac{\sqrt{1+4\cos^2\theta}}{2}+\frac{\ln\left(2\cos\theta+\sqrt{1+4\cos^2\theta}\right)}{4\cos\theta}}$$

3. $2\cos\theta=u$라고 하자.

그러면 $\lim_{\theta\to\frac{\pi}{2}}f(\theta)=\lim_{u\to0}\frac{\sqrt{1+u^2}}{2}+\frac{\ln\left(u+\sqrt{1+u^2}\right)}{2u}$이다.

또한 $f(\theta)$는 θ가 변함에 따라 자명하게 연속적으로 변하는 길이함수이므로 $f(\theta)$는 모든 θ에 대해 연속이다.

즉 $\lim_{\theta\to\frac{\pi}{2}}f(\theta)=f\left(\frac{\pi}{2}\right)$이고, $\theta=\frac{\pi}{2}$이면 파란색 곡선은 그저 x축 위에 길이 1짜리 선분이므로

$f\left(\frac{\pi}{2}\right)=1$이다. 따라서 $\lim_{\theta\to\frac{\pi}{2}}f(\theta)=1$이다.

마지막으로 $\lim_{u\to0}\frac{\sqrt{1+u^2}}{2}+\frac{\ln\left(u+\sqrt{1+u^2}\right)}{2u}=1$, $\lim_{u\to0}\frac{\sqrt{1+u^2}}{2}=\frac{1}{2}$이므로

$\underline{\lim_{u\to0}\frac{\ln\left(u+\sqrt{1+u^2}\right)}{u}=1}$이다.

20) 1번 문제를 풀 때 수선의 발을 내리는 등 적절한 방법을 이용하여 교육과정을 잘 지키면서 풀어도 되지만, 그럴 경우 풀이가 너무 길어진다. 이를 방지하고자 삼차원 벡터를 이용한 풀이를 작성했다. 3차원 상에서 평면의 법벡터는 평면과 수직인 벡터를 의미한다. 이는 제시문으로 주어질 수도 있다.

example solution 203

$\overline{AB} = \sqrt{(10-5)^2+(7-(-8))^2+(5-6)^2} = \underline{\sqrt{251}}$

example solution 204

평면 위의 점 $A_i = (x_{i1}, x_{i2}, \cdots\cdots, x_{in})(1 \le i \le m)$이 존재한다고 하자. 그럼 총 mn개의 변수가 생긴다.
한편 점들 간의 상대적 배치가 정해져 있을 때, 평행이동이나 회전에 의해 달라지는 전체적인 위치는 실제로 다른 배치로 보지 않으므로 그에 해당하는 부분은 제외해 주어야 한다.
따라서 우리가 고려해야 할 것은 평행이동과 회전에 의해 제거되는 불필요한 변수의 수이고, 이는 바로 물체가 가질 수 있는 자유도의 개수와 관련된다.
n차원에서 물체의 자유도를 알아보자.
우선 2차원에서 물체는 x축, y축에 대한 이동, xy평면에 대한 회전이 존재하므로 총 자유도의 최댓값은 3이다.
다음으로 3차원에서 물체는 x축, y축, z축에 대한 이동, xy평면, yz평면, zx평면에 대한 회전이 존재하므로 총 자유도의 최댓값은 6이다.
이제 n차원에서 물체는 e_1축, e_2축, ……, e_n축에 대한 이동, e_pe_q평면$(1 \le p < q \le n)$에 대한 회전이 존재하므로 총 자유도의 최댓값은 $n + {}_nC_2 = \dfrac{n(n+1)}{2}$이다.
결국 점의 개수가 m개일 때 실질적으로 의미있는 변수의 개수는 $mn - {}_mC_2$이다.
다음으로 임의의 두 점 사이의 거리가 1이라는 제약이 존재한다. 여기서 총 ${}_mC_2$개의 연립방정식을 얻을 수 있고, 식은 아래와 같다.
$(x_{i1}-x_{j1})^2 + (x_{i2}-x_{j2})^2 + \cdots\cdots (x_{in}-x_{jn})^2 = 1, \quad (1 \le i < j \le m)$
마지막으로 연립방정식의 해가 존재하기 위해선 실제로 의미 있는 변수의 개수가 제약식의 개수보다 많아야 하기 때문에 $mn - \dfrac{n(n+1)}{2} \ge {}_mC_2$이 성립한다.
따라서 m의 최댓값은 $n+1$이다.
$m_{\max} = n+1$
실제로 $(n+1)$개의 점을 배치하는 방법은 다음과 같다.

※ 배치 방법
$A_1 = (0, 0, \cdots, 0)$
$A_2 = (1, 0, \cdots, 0)$
$3 \le k \le n+1$에 대해 $A_k = (A_{k,1}, A_{k,2}, \cdots, A_{k,j}, \cdots, A_{k,n})$라고 했을 때,

$$A_{k,j} = \begin{cases} \dfrac{1}{\sqrt{2j(j+1)}} & 1 \le j \le k-2 \\ \sqrt{\dfrac{k}{2(k-1)}} & j = k-1 \\ 0 & k \le j \le n \end{cases}$$

example solution 205

1. $n=1$: $X(t)$는 X_0, X_1의 $t:1-t$ 내분점이므로 $X(t)=(1-t)X_0+tX_1$이다.
   따라서 $n=1$일 때 성립한다.
   다음으로 robot이 $X_0, X_1, X_2, \cdots\cdots, X_n$을 규칙 ❶ ~ ❹를 따라 이동한 경로가
   $X(t)=\sum_{k=0}^{n} {}_nC_k t^k(1-t)^{n-k}X_k$라고 가정하자.
   이제 robot이 $X_0, X_1, X_2, \cdots\cdots, X_n, X_{n+1}$을 규칙 ❶ ~ ❹를 따라 이동한 경로를 구해보자.
   가정에 의해 $X_0^n=\sum_{k=0}^{n} {}_nC_k t^k(1-t)^{n-k}X_k$, $X_1^n=\sum_{k=0}^{n} {}_nC_k t^k(1-t)^{n-k}X_{k+1}$이다.

$$\begin{aligned}X(t)=X_0^{n+1}&=(1-t)X_0^n+tX_1^n\\&=\sum_{k=0}^{n} {}_nC_k t^k(1-t)^{n-k+1}X_k+\sum_{k=0}^{n} {}_nC_k t^{k+1}(1-t)^{n-k}X_{k+1}\\&=\sum_{k=0}^{n} {}_nC_k t^k(1-t)^{n-k+1}X_k+\sum_{k=1}^{n+1} {}_nC_{k-1} t^k(1-t)^{n+1-k}X_k\\&=(1-t)^{n+1}X_0+t^{n+1}X_{n+1}+\sum_{k=1}^{n}\left({}_nC_k+{}_nC_{k-1}\right)t^k(1-t)^{n+1-k}X_k\\&=(1-t)^{n+1}X_0+t^{n+1}X_{n+1}+\sum_{k=1}^{n} {}_{n+1}C_k t^k(1-t)^{n+1-k}X_k\\&=\sum_{k=0}^{n+1} {}_{n+1}C_k t^k(1-t)^{n+1-k}X_k\end{aligned}$$

   따라서 $n+1$일 때도 성립함을 보였다.
   수학적 귀납법에 의해 robot이 $X_0, X_1, X_2, \cdots\cdots, X_n$을 규칙 ❶ ~ ❹를 따라 이동한 경로가
   $X(t)=\sum_{k=0}^{n} {}_nC_k t^k(1-t)^{n-k}X_k$이다. ▨

2. $X(t)=\left(t, t^2, t^3\right)$에서 최고 차수가 3이므로 $\underline{n=3}$이다.
   즉, X_0, X_1, X_2, X_3만 정의 해주면 된다. $X_k=(x_k, y_k, z_k)$라고 하자.
   그러면 다음의 3가지 항등식을 얻을 수 있다.

$$t=\sum_{k=0}^{3} {}_nC_k t^k(1-t)^{n-k}x_k=(1-t)^3x_0+3(1-t)^2tx_1+3(1-t)t^2x_2+t^3x_3$$

$$t^2=\sum_{k=0}^{3} {}_nC_k t^k(1-t)^{n-k}y_k=(1-t)^3y_0+3(1-t)^2ty_1+3(1-t)t^2y_2+t^3y_3$$

$$t^3=\sum_{k=0}^{3} {}_nC_k t^k(1-t)^{n-k}z_k=(1-t)^3z_0+3(1-t)^2tz_1+3(1-t)t^2z_2+t^3z_3$$

   위의 항등식들이 모두 만족하도록 (x_k, y_k, z_k)를 쉽게 구하기 위해 일반화 시키자.
   즉, 아래의 식을 만족하는 r_0, r_1, r_2, r_3을 $f(0), f(1), f'(0), f'(1)$으로 나타내자.
   $f(t)=(1-t)^3r_0+3(1-t)^2tr_1+3(1-t)t^2r_2+t^3r_3$

   $f(t)=(1-t)^3r_0+3(1-t)^2tr_1+3(1-t)t^2r_2+t^3r_3$에서
   $t=0$을 대입하면 $r_0=f(0)$
   $t=1$을 대입하면 $r_3=f(1)$
   양변을 미분하면, $f'(t)=-3(1-t)^2r_0+3(1-t)(1-3t)r_1+3(2-3t)tr_2+3t^2r_3$
   $t=0$을 대입하면 $f'(0)=-3r_0+3r_1$

$t=1$을 대입하면 $f'(1)=-3r_2+3r_3$

$\Rightarrow r_0=f(0),\ r_1=f(0)+\dfrac{f'(0)}{3},\ r_2=f(1)-\dfrac{f'(1)}{3},\ r_3=f(1)$

$\Rightarrow x_0=0,\ x_1=\dfrac{1}{3},\ x_2=\dfrac{2}{3},\ x_3=1$

$\Rightarrow y_0=0,\ y_1=0,\ y_2=\dfrac{1}{3},\ y_3=1$

$\Rightarrow x_0=0,\ z_1=0,\ z_2=0,\ z_3=1$

$\therefore\ X_0=(0,0,0),\ X_1=\left(\dfrac{1}{3},0,0\right),\ X_2=\left(\dfrac{2}{3},\dfrac{1}{3},0\right),\ X_3=(1,1,1)$

example solution 206

$X(t)=\sum_{k=0}^{n}{}_nC_k t^k(1-t)^{n-k}X_k$에서 양변을 미분하자.

$X'(t)=\sum_{k=1}^{n}{}_nC_k kt^{k-1}(1-t)^{n-k}X_k-\sum_{k=0}^{n-1}{}_nC_k(n-k)t^k(1-t)^{n-k-1}X_k$

이제 $k\times{}_nC_k=n\times{}_{n-1}C_{k-1},\ (n-k)\times{}_nC_k=n\times{}_{n-1}C_k$임을 이용하면

$$\begin{aligned}\sum_{k=1}^{n}{}_nC_k kt^{k-1}(1-t)^{n-k}X_k&=n\times\sum_{k=1}^{n}{}_{n-1}C_{k-1}t^{k-1}(1-t)^{n-k}X_k\\&=n\times\sum_{k=0}^{n-1}{}_{n-1}C_k t^k(1-t)^{n-k-1}X_{k+1}\end{aligned}$$

$$\sum_{k=0}^{n-1}{}_nC_k(n-k)t^k(1-t)^{n-k-1}X_k=n\times\sum_{k=0}^{n}{}_{n-1}C_k t^k(1-t)^{n-k-1}X_k$$

따라서 $X'(t)=n\times\sum_{k=1}^{n}{}_{n-1}C_k t^k(1-t)^{n-1-k}(X_{k+1}-X_k)$이다.

이를 통해 $X'(0)=n(X_1-X_0),\ X'(1)=n(X_n-X_{n-1})$임을 알 수 있다.

즉, $X(t)$의 시작점과 끝점에서 방향벡터(속도벡터)는 각각 $\overrightarrow{X_0X_1},\ \overrightarrow{X_{n-1}X_n}$과 평행하다.

이러한 사실을 이용하고, n을 최소화 시켜야 한다는 조건까지 이용하면 분할된 X_k들의 좌표, 집합, n은 다음과 같다.

$n=6,\ X_0,X_1,X_2\,/\,X_2,X_3,X_4\,/\,X_4,X_5,X_6$

$X_0=start=(0,2)$

$X_1=(2,0),\ X_2=(3,2),\ X_3=\left(\dfrac{7}{2},3\right),\ X_4=(3,4),\ X_5=(2,6)$

$X_6=goal=(0,4)$

I) $0\le t\le\dfrac{1}{3}$

$X(t)=9\times\left[\left(\dfrac{1}{3}-t\right)^2X_0+2\left(\dfrac{1}{3}-t\right)tX_1+t^2X_2\right]=(12t-9t^2,\ 2-12t+36t^2)$

II) $\dfrac{1}{3}\le t\le\dfrac{2}{3}$

$X(t)=9\times\left[\left(\dfrac{2}{3}-t\right)^2X_2+2\left(\dfrac{2}{3}-t\right)\left(t-\dfrac{1}{3}\right)X_3+\left(t-\dfrac{1}{3}\right)^2X_4\right]=(1+9t-9t^2,\ 6t)$

III) $\dfrac{2}{3}\le t\le 1$

$$X(t)=9\times\left[(1-t)^2X_4+2(1-t)\left(t-\frac{2}{3}\right)X_5+\left(t-\frac{2}{3}\right)^2X_6\right]=(3+6t-9t^2,\ -20+60t-36t^2)$$

$$\therefore\ X(t)=\begin{cases}(12t-9t^2,\ 2-12t+36t^2) & \left(0\le t\le\frac{1}{3}\right)\\ (1+9t-9t^2,\ 6t) & \left(\frac{1}{3}\le t\le\frac{2}{3}\right)\\ (3+6t-9t^2,\ -20+60t-36t^2) & \left(\frac{2}{3}\le t\le 1\right)\end{cases}$$

이에 대한 그림은 fig.68.을 참고하면 된다.

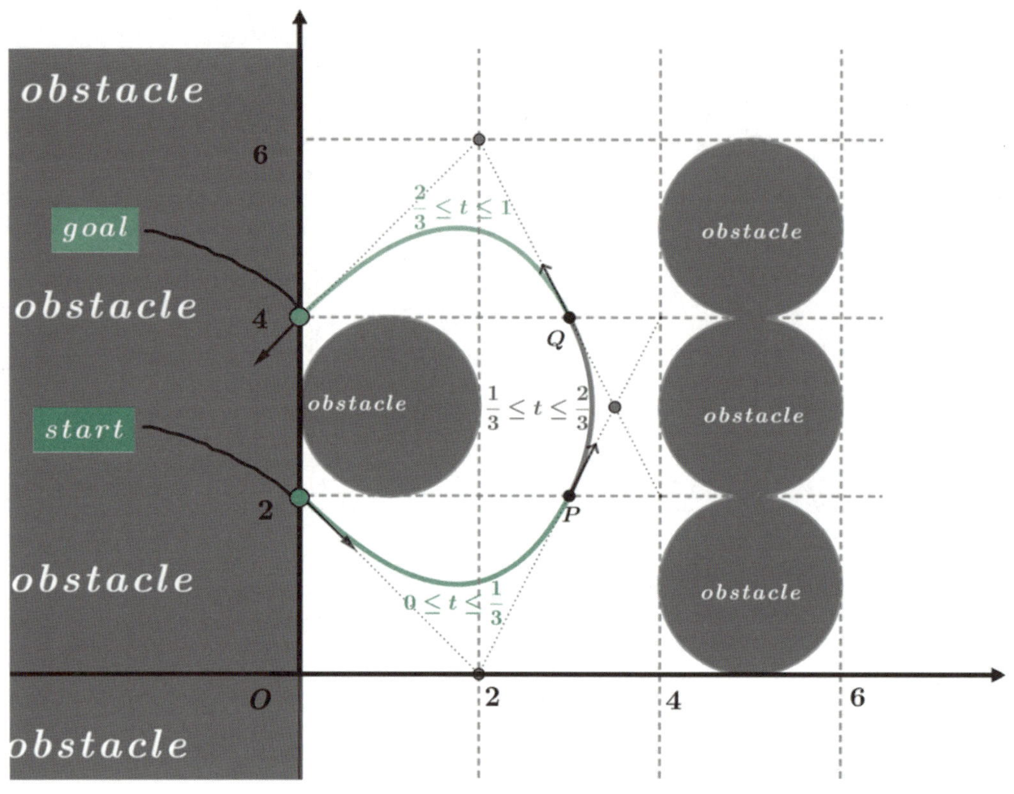

▲ fig.68. example solution 206의 그림

example solution 207

주어진 구의 방정식은 $(x-1)^2+(y+2)^2+(z+4)^2=1$으로 변형된다.
따라서 중심은 $(1,\ -2,\ -4)$, 반지름의 길이는 1이다.

example solution 208

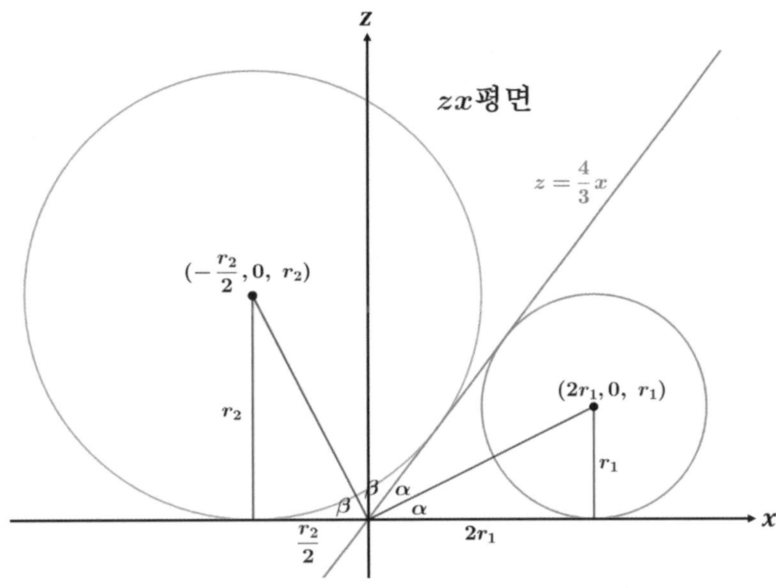

▲ fig.69. example solution 208의 그림

fig.69.의 그림은 zx평면에 의해서 생기는 단면을 그린 것이다.

그림에서 보면 $\tan 2\alpha = \frac{4}{3}$임을 알 수 있다. 그리고 $\tan\alpha > 0$이므로 $\tan\alpha = \frac{1}{2}$이다.

따라서 두 개의 구는 $(2r_1, 0, r_1)$, $\left(-\frac{r_2}{2}, 0, r_2\right)$를 중심으로 가진다.

따라서 $900 = \overline{C_1C_2}^2 = \left(2r_1 + \frac{r_2}{2}\right)^2 + (r_1 - r_2)^2 = 5r_1^2 + \frac{5}{4}r_2^2$를 만족한다.

또한 산술 기하 정리에 의해 $900 = 5r_1^2 + \frac{5}{4}r_2^2 \geq 2\sqrt{5r_1^2 \times \frac{5}{4}r_2^2} = 5r_1r_2$이다.

따라서 <u>두 반지름 곱의 최댓값은 180</u>이다.
실제로 등호는 $r_1 = 3\sqrt{10}$, $r_2 = 6\sqrt{10}$일 때 성립한다.

9. 해석학

example solution 209

수열 $\{a_n\}$이 수렴하는지 모르는 상태에서 양변에 극한을 보냈다.
이것이 왜 문제가 되는지 모르겠다면 아래의 예시를 보자.
$b_{n+1}=2b_n+2$, $b_1=1$에서 $\lim_{n\to\infty} b_n=M$이라고 하자.
양변에 $n\to\infty$를 취해주면, $M=2M+2$이므로 $M=-2$이다.
따라서 $\lim_{n\to\infty} b_n=-2$?????이다.
실제로 $\{b_n\}$은 발산한다.

example solution 210

1. 우선 $a_n>0$임을 보이자. $a_1=2$이므로 $n=1$일 때는 성립한다.

   $a_{n+1}=\frac{1}{2}\left(a_n+\frac{1}{a_n}\right)$에서 $a_n>0$이면 $a_{n+1}>0$이다.

   이로써 수학적 귀납법에 의해 $a_n>0$임이 증명되었다.

   다음으로 $a_n>0$이고, 산술기하에 의해 $a_{n+1}=\frac{1}{2}\left(a_n+\frac{1}{a_n}\right)\ge\sqrt{a_n\times\frac{1}{a_n}}=1$이다.

   이를 통해 추가적으로 $a_n\ge 1$임을 증명하였다.

   마지막으로 $a_{n+1}-a_n=\frac{1}{2}\left(-a_n+\frac{1}{a_n}\right)=\frac{(1+a_n)(1-a_n)}{2a_n}\le 0$이므로

   $a_{n+1}\le a_n$임을 알 수 있다. ▨

2. $L=\frac{1}{2}\left(L+\frac{1}{L}\right)$, $a_n>0$에서 $L=1$임을 예측할 수 있고, 실제로 $\{a_n\}$이 1로 수렴하는지 알아보자.

   $a_{n+1}-1=\frac{(a_n-1)^2}{2a_n}$이므로 $|a_{n+1}-1|=\frac{|a_n-1|}{2|a_n|}\times|a_n-1|$이다.

   또한 $1\le a_n\le a_1=2$이므로 $\frac{|a_n-1|}{2|a_n|}\le\frac{2-1}{2\times 1}=\frac{1}{2}$이다.

   따라서 $|a_{n+1}-1|\le\frac{1}{2}\times|a_n-1|$이다.

   이제 양변에 $n=1\sim n-1$을 대입 후 서로 곱해주면 $|a_n-1|\le\left(\frac{1}{2}\right)^{n-1}\times|a_1-1|$이다.

   즉, $0\le|a_n-1|\le\left(\frac{1}{2}\right)^{n-1}$이고, $\lim_{n\to\infty}\left(\frac{1}{2}\right)^{n-1}=0$이므로

   샌드위치 정리에 의해 $\lim_{n\to\infty}|a_n-1|=0$이다.

   $\therefore$ $\{a_n\}$은 수렴하고, $\lim_{n\to\infty}a_n=1$이다.

example solution 211

1. 우선 $a_n > 2$임을 증명하자. 우선 $a_1 = 4$이므로 $n = 1$일 때는 성립한다.

다음으로 $a_n > 2$라고 가정하자. 그러면 $a_{n+1} - 2 = \dfrac{a_n - 2}{a_n}$의 우변에서 a_n, $a_n - 2 > 0$이므로

$a_{n+1} - 2 > 0$임을 알 수 있다. 따라서 수학적 귀납법에 의해 $a_n > 2\ (n \geq 1)$이다.

이제 $|a_{n+1} - 2| = \dfrac{|a_n - 2|}{|a_n|} < \dfrac{1}{2}|a_n - 2|$이고, $|a_n - 2| < \left(\dfrac{1}{2}\right)^{n-1} \times |a_1 - 2|$이다.

즉, $0 \leq |a_n - 2| < \left(\dfrac{1}{2}\right)^{n-2}$이고, $\displaystyle\lim_{n\to\infty}\left(\frac{1}{2}\right)^{n-2} = 0$이므로

샌드위치 정리에 의해 $\displaystyle\lim_{n\to\infty}|a_n - 2| = 0$이다.

$\therefore$ $\{a_n\}$은 수렴하고, $\displaystyle\lim_{n\to\infty}a_n = 2$이다.

2. $a_{n+1} = 3 - \dfrac{2}{a_n}$에서 양변에 1을 빼주면 $a_{n+1} - 1 = \dfrac{2}{a_n} \times (a_n - 1)$이다.

이를 정리하면 $\dfrac{a_n}{2} = \dfrac{a_n - 1}{a_{n+1} - 1}$이다. 그리고 $p_n = \displaystyle\prod_{k=1}^{n}\frac{a_k}{2}$라고 하자.

그러면 $p_n = \displaystyle\prod_{k=1}^{n}\frac{a_k}{2} = \prod_{k=1}^{n}\frac{a_k - 1}{a_{k+1} - 1} = \frac{a_1 - 1}{a_{n+1} - 1}$이다.

양변에 $n\to\infty$를 취해주면 $\displaystyle\lim_{n\to\infty}p_n = \lim_{n\to\infty}\frac{a_1 - 1}{a_{n+1} - 1} = \frac{4-1}{2-1} = 3$이다.

$\therefore$ $\displaystyle\prod_{n=1}^{\infty}\frac{a_n}{2} = 3$

example solution 212

$a_{n+1} = \dfrac{2}{a_n + 1}$에서 모두 L을 대입해주면 $L = \dfrac{2}{L+1}$이다.

이를 잘 풀어주면 $L = 1,\ -2$이다.

$a_{n+1} - 1 = \dfrac{-1}{a_n + 1}(a_n - 1)$ ·········ⓐ

$a_{n+1} + 2 = \dfrac{2}{a_n + 1}(a_n + 2)$ ·········ⓑ

ⓑ에서 ⓐ를 나누어 주면, $\dfrac{a_{n+1} + 2}{a_{n+1} - 1} = -2 \times \dfrac{a_n + 2}{a_n - 1}$이다.

그리고 $b_n = \dfrac{a_n + 2}{a_n - 1}$이라고 하면 $b_{n+1} = -2b_n$, $b_1 = 4$이다.

따라서 $b_n = (-2)^{n+1}$이고 대입해주면 $a_n = \dfrac{(-2)^{n+1} + 2}{(-2)^{n+1} - 1}$이다.

example solution 213

$a_{n+1}=\frac{1}{2}\left(a_n+\frac{1}{a_n}\right)$에서 모두 L을 대입해주면 $L=\frac{1}{2}\left(L+\frac{1}{L}\right)$이다.

이를 잘 풀어주면 $L=1,\ -1$이다.

$$a_{n+1}-1=\frac{(a_n-1)^2}{2a_n}\ \cdots\cdots\text{ⓐ}$$

$$a_{n+1}+1=\frac{(a_n+1)^2}{2a_n}\ \cdots\cdots\text{ⓑ}$$

ⓑ에서 ⓐ를 나누어 주면, $\frac{a_{n+1}+1}{a_{n+1}-1}=\left(\frac{a_n+1}{a_n-1}\right)^2$이다.

그리고 $b_n=\frac{a_n+1}{a_n-1}$이라고 하면 $b_{n+1}=(b_n)^2$, $b_1=3$이다.

따라서 $b_n=3^{2^{n-1}}$이고 대입해주면 $\underline{a_n=\frac{3^{2^{n-1}}+1}{3^{2^{n-1}}-1}}$이다.

example solution 214

1. $a_{n+1}=2-\frac{1}{a_n}$에서 양변에 1을 빼주면 $a_{n+1}-1=\frac{a_n-1}{a_n}$이다.

   그리고 $b_n=\frac{1}{a_n-1}$이라 하자. 그러면 $a_n=1+\frac{1}{b_n}$이다.

   이를 대입해주면 $\frac{1}{b_{n+1}}=\frac{\frac{1}{b_n}}{1+\frac{1}{b_n}}=\frac{1}{b_n+1}$이므로 $b_{n+1}=b_n+1$이다.

   $b_1=\frac{1}{a_1-1}$이므로 $b_n=n-1+\frac{1}{a_1-1}$이다.

   최종적으로 대입해주면 $\underline{a_n=\frac{n(a_1-1)+1}{n(a_1-1)-a_1+2}}$이다.

2. $a_1=2$라고 하자. 그러면 $a_n=1+\frac{1}{n}$이다.

   다음으로 $a_{n+1}-1=\frac{a_n-1}{a_n}$에서 $a_n=\frac{a_n-1}{a_{n+1}-1}$이다.

   그리고 양변에 $n=1\sim n$을 대입 후 모두 곱해주면,

   $a_1a_2\cdots\cdots a_n=\frac{a_1-1}{a_{n+1}-1}=\frac{1}{a_{n+1}-1}$이다.

$$\begin{aligned}p_n&=\prod_{k=1}^{n}\left(1+\frac{1}{k}\right)^{n+1-k}=\prod_{k=1}^{n}(a_k)^{n+1-k}\\&=a_1^n a_2^{n-1}\cdots\cdots a_{n-1}^2 a_n\\&=(a_1a_2\cdots\cdots a_n)\times(a_1a_2\cdots\cdots a_{n-1})\times\cdots\cdots\times(a_1a_2)\times(a_1)\\&=\left(\frac{1}{a_{n+1}-1}\right)\times\left(\frac{1}{a_n-1}\right)\times\cdots\cdots\times\left(\frac{1}{a_3-1}\right)\times\left(\frac{1}{a_2-1}\right)\\&=\left(\frac{1}{1+\frac{1}{n+1}-1}\right)\times\left(\frac{1}{1+\frac{1}{n}-1}\right)\times\cdots\cdots\times\left(\frac{1}{1+\frac{1}{3}-1}\right)\times\left(\frac{1}{1+\frac{1}{2}-1}\right)\\&=(n+1)!\end{aligned}$$

이를 통해 $p_n=(n+1)!$임을 알 수 있다.

다음으로 $n! = n\times(n-1)\times(n-1)\times\cdots\cdots\times3\times2\times1$ 이므로
$> 2\times \quad 2 \quad \times \quad 2 \quad \times\cdots\cdots\times2\times2\times1=2^{n-1}$

$p_n=(n+1)!>2^n$이다.

따라서 $\displaystyle\sum_{k=1}^{n}\frac{1}{p_k}=\sum_{k=1}^{n}\frac{1}{(k+1)!}<\sum_{k=1}^{n}\frac{1}{2^k}=1-\frac{1}{2^n}$이다.

$\displaystyle\lim_{n\to\infty}1-\frac{1}{2^n}=1$이므로 $\displaystyle\sum_{n=1}^{\infty}\frac{1}{p_n}\le 1$이다. ▨

example solution 215

1. 우선 $a_n<2$임을 보이자. 우선 $a_1=1$이므로 $n=1$일 때 성립한다.

   $a_n<2$라고 가정하면 $a_{n+1}-2=\sqrt{a_n+2}-2=\dfrac{a_n-2}{\sqrt{a_n+2}+2}$이므로

   $a_{n+1}<2$이다. 따라서 수학적 귀납법에 의해 $a_n<2$이다.

   $a_n=2\cos\theta_n$이라 하자. 그러면 $\theta_1=\dfrac{\pi}{3}$이다.

   또한 $0<a_n<2$이므로 $0<\theta_n<\dfrac{\pi}{2}$이다.

   $$2\cos\theta_{n+1}=\sqrt{2+2\cos\theta_n}=\sqrt{4\cos^2\left(\frac{\theta_n}{2}\right)}=\left|2\cos\left(\frac{\theta_n}{2}\right)\right|=2\cos\left(\frac{\theta_n}{2}\right)$$
   $$=2\cos\left(\frac{\theta_n}{2}\right)\ \left(\because\ 0<\theta_n<\frac{\pi}{2}\text{이면 }\cos\left(\frac{\theta_n}{2}\right)>0\right)$$

   따라서 $\cos\theta_{n+1}=\cos\left(\dfrac{\theta_n}{2}\right)$이고, $0<\theta_n,\ \theta_{n+1}<\dfrac{\pi}{2}$이므로 $\theta_{n+1}=\dfrac{\theta_n}{2}$이다.

   $\theta_1=\dfrac{\pi}{3}$이므로 $\theta_n=\dfrac{\pi}{3\times2^{n-1}}$이다. 따라서 $a_n=2\cos\left(\dfrac{\pi}{3\times2^{n-1}}\right)$이다.

2. $\displaystyle\lim_{n\to\infty}a_n=\lim_{n\to\infty}2\cos\left(\frac{\pi}{3\times2^{n-1}}\right)=2\cos0=2$이므로 $L=2$이다.

   $L-a_n=2-2\cos\left(\dfrac{\pi}{3\times2^{n-1}}\right)=4\sin^2\left(\dfrac{\pi}{3\times2^n}\right)$

   $f(x)=x-\sin x$라 하면 $0<x<\dfrac{\pi}{2}$일 때 $f'(x)=1-\cos x>0$이다.

   그러므로 $0<x<\dfrac{\pi}{2}$에서 $f(x)$는 증가함수이고, $f(x)>f(0)=0$이다.

   이를 통해 $0<x<\dfrac{\pi}{2}$일 때 $0<\sin x<x$임을 알 수 있고,

   결국 $0<x<\dfrac{\pi}{2}$에서 $\sin^2x<x^2$이다.

   따라서 $4\sin^2\left(\dfrac{\pi}{3\times2^n}\right)<\dfrac{\pi^2}{9\times4^{n-1}}$이다.

   다음으로 $\displaystyle\sum_{k=1}^{n}4\sin^2\left(\frac{\pi}{3\times2^k}\right)<\sum_{k=1}^{n}\frac{\pi^2}{9\times4^{k-1}}=\frac{4\pi^2}{27}\left(1-\frac{1}{4^n}\right)$이다.

   $\displaystyle\lim_{n\to\infty}\frac{4\pi^2}{27}\left(1-\frac{1}{4^n}\right)=\frac{4\pi^2}{27}$이므로 $\displaystyle\sum_{n=1}^{\infty}4\sin^2\left(\frac{\pi}{3\times2^k}\right)\le\frac{4\pi^2}{27}$이다.

   $\displaystyle\therefore\ \sum_{n=1}^{\infty}(L-a_n)\le\frac{4\pi^2}{27}$이다. ▨

example solution 216

$a_n = 2\cot\theta_n$이라 하자. (단, $0 < \theta_n < \pi$) 그러면 $\theta_1 = \frac{\pi}{6}$이다.

$$\begin{aligned}\frac{a_n}{2} - \frac{2}{a_n} &= \cot\theta_n - \frac{1}{\cot\theta_n} = \frac{1}{\tan\theta_n} - \tan\theta_n \\ &= \frac{1-\tan^2\theta_n}{2\tan\theta_n} \times 2 = \frac{2}{\tan 2\theta_n} = 2\cot 2\theta_n \\ &= a_{n+1} = 2\cot\theta_{n+1}\end{aligned}$$

따라서 $\cot\theta_{n+1} = \cot 2\theta_n$이고, $\theta_{n+1} = 2\theta_n$이다.

$\theta_n = \frac{\pi}{3} \times 2^{n-2}$이므로 $\underline{a_n = 2\cot\left(\frac{\pi}{3} \times 2^{n-2}\right)}$이다.

example solution 217

$x^2 - x - 1 = 0$의 서로 다른 두 근은 $x = \frac{1 \pm \sqrt{5}}{2}$이다.

$a_n = s\left(\frac{1-\sqrt{5}}{2}\right)^{n-1} + t\left(\frac{1+\sqrt{5}}{2}\right)^{n-1}$이다.

그리고 $a_1 = 1$, $a_2 = 2$를 대입하여 s, t를 구해주면 다음과 같다.

$s = \frac{-3+\sqrt{5}}{2\sqrt{5}} = -\frac{1}{\sqrt{5}}\left(\frac{-1+\sqrt{5}}{2}\right)^2$, $t = \frac{3+\sqrt{5}}{2\sqrt{5}} = \frac{1}{\sqrt{5}}\left(\frac{1+\sqrt{5}}{2}\right)^2$

$\underline{\therefore\ a_n = \frac{1}{\sqrt{5}}\left(\left(\frac{1+\sqrt{5}}{2}\right)^{n+1} - \left(\frac{1-\sqrt{5}}{2}\right)^{n-1}\right)}$

example solution 218

$x^3 - 2x^2 - 2x - 3 = 0$의 서로 다른 세 실근은 $x = 3, w, w^2$이다. (이때 w는 $w^3 = 1$를 만족하는 수 중 실수가 아닌 수이다.)

따라서 $a_n = s \times 3^{n-1} + t \times w^{n-1} + u \times w^{2n-2}$이다.

그리고 $a_1 = 0$, $a_2 = 2$, $a_3 = 11$임을 이용하면 $s = t = u = 1$이다.

대입해주면 $a_n = 3^{n-1} + w^{n-1} + w^{2n-2}$이다.

$$\begin{aligned}\sum_{n=1}^{10} a_n &= (1+3+3^2+\cdots\cdots+3^9) + (1+w+w^2+\cdots\cdots+w^9) + (1+w^2+w^4+\cdots\cdots+w^{18}) \\ &= (1+3+3^2+\cdots\cdots+3^9) + w^9 + w^{18} \\ &= \frac{3^{10}-1}{2} + 2 \\ &= 29526\end{aligned}$$

$\underline{\therefore\ \sum_{n=1}^{10} a_n = 29526}$

example solution 219

$(x+y+z)^2 = x^2+y^2+z^2+2(xy+yz+zx)$이므로 $xy+yz+zx=-2$이다.

따라서 x, y, z를 세 근으로 갖는 삼차방정식은 $t^3-2t^2-2t-1=0$이다.

따라서 $a_n = x^n+y^n+z^n$이라 하면 $a_{n+3} = 2a_{n+2}+2a_{n+1}+a_n$ $(n \geq 0)$이다.

$a_0 = x^0+y^0+z^0 = 3$, $a_1 = 2$, $a_2 = 8$임을 이용하자.

그러면 $\underline{a_6 = x^6+y^6+z^6 = 287}$이다.

example solution 220

$\dfrac{g(x+h)-g(x)}{h} = \dfrac{1}{h} \times \displaystyle\int_x^{x+h} f(t)dt$이다.

이때 $f(t)$는 $[x, x+h]$에서 연속이므로 최대최소정리에 의해
$f(t)$는 $[x, x+h]$에서 최댓값 M_x, 최솟값 m_x를 갖는다.

이를 통해 $m_x h = \displaystyle\int_x^{x+h} m_x dt \leq \int_x^{x+h} f(t)dt \leq \int_x^{x+h} M_x dt = M_x h$임을 알 수 있다.

따라서 $m_x \leq \dfrac{g(x+h)-g(x)}{h} \leq M_x$이다.

한편 $\displaystyle\lim_{h\to 0} m_x = \lim_{h\to 0} M_x = f(x)$이므로 샌드위치 정리에 의해 $\displaystyle\lim_{h\to 0}\frac{g(x+h)-g(x)}{h} = f(x)$이다. 따라서
$g(x)$가 (a, b)에서 미분가능하고, $g'(x) = f(x)$이다. ▨

example solution 221

이 문제를 풀 때 $f(x)$는 $a_i(i=1 \sim n)$에서 정의되지 않는다는 것을 고려해야 한다.

$$\begin{aligned}\lim_{x\to a_i+} f(x) &= (a_i-a_1)\cdots\cdots(a_i-a_{i-1})(a_i-a_{i+1})\cdots\cdots(a_i-a_n)\\ &= (a_i-a_1)\cdots\cdots(a_i-a_{i-1})(a_{i+1}-a_i)\cdots\cdots(a_n-a_i)\times(-1)^{n-i}\\ &= p\times(-1)^{n-i}\end{aligned}$$

$$\begin{aligned}\lim_{x\to a_{i+1}-} f(x) &= (a_{i+1}-a_1)\cdots\cdots(a_{i+1}-a_i)(a_{i+1}-a_{i+2})\cdots\cdots(a_{i+1}-a_n)\\ &= (a_{i+1}-a_1)\cdots\cdots(a_{i+1}-a_i)(a_{i+2}-a_{i+1})\cdots\cdots(a_n-a_{i+1})\times(-1)^{n-i-1}\\ &= q\times(-1)^{n-i-1}\end{aligned}$$

이때 $p = (a_i-a_1)\cdots\ \cdots(a_i-a_{i-1})(a_{i+1}-a_i)\cdots\cdots(a_n-a_i)$,
$q = (a_{i+1}-a_1)\cdots\cdots(a_{i+1}-a_i)(a_{i+2}-a_{i+1})\cdots\cdots(a_n-a_{i+1})$라고 했을 때 $a_1 < a_2 < \cdots\cdots < a_n$이므로
$p, q > 0$이다.

$\left(\displaystyle\lim_{x\to a_i+} f(x)\right)\times\left(\lim_{x\to a_{i+1}-} f(x)\right) = pq\times(-1)^{2n-2i-1} = -pq < 0$이다.

따라서 $\displaystyle\lim_{x\to a_i+} f(x)$, $\displaystyle\lim_{x\to a_{i+1}-} f(x)$의 부호가 다르고 (a_i, a_{i+1})에서 $f(x)$가 연속이므로
사잇값 정리에 의해 $f(b_i)=0$을 만족하는 b_i가 (a_i, a_{i+1})에 존재한다.
즉, $f(x)=0$를 만족하는 x의 개수가 적어도 $n-1$개다.
한편 $f(x)$는 정의역이 a_i가 아닌 실수인 $n-1$차 다항식이므로 최대 $n-1$개의 근을 갖는다. 따라서
$n-1 \leq n(f(x)=0$의 실근 개수$) \leq n-1$이므로 $f(x)=0$의 서로 다른 실근 개수는 $\underline{n-1\text{개}}$이다.

example solution 222

1. $f(a)=f(b)$라고 하자. 그러면 $f(f(a))=f(f(b))$이므로 $a=b$이다.
따라서 $f(x)$는 일대일함수이다. ▨
2. $a<b$일 때 $f(a)>f(b)$를 만족하는 a, b가 $[0, 1]$에 존재한다고 가정하자.
그러면 $0<f(b)<k<f(a)<1$를 만족하는 k가 존재한다.
$f(x)$가 $[0, a]$에서 연속이므로 사잇값 정리에 의해 $f(c_1)=k$를 만족하는 c_1이 $(0, a)$에 존재한다.
또한 $f(x)$가 $[a, b]$에서 연속이므로 사잇값 정리에 의해 $f(c_2)=k$를 만족하는 c_2가 (a, b)에 존재한다.
따라서 $f(c_1)=f(c_2)=k$를 만족하는 c_1, c_2가 존재한다.
이는 $f(x)$가 일대일함수라는 조건에 위배된다.
이를 통해 $a<b$일 때 $f(a)\le f(b)$임을 알 수 있다. 마지막으로 $f(x)$가 일대일함수이므로
$f(a)\ne f(b)$이다.
따라서 $a<b$일 때 $f(a)<f(b)$이므로 $f(x)$는 순증가함수이다. ▨
3. $f(x_0)\ne x_0$를 만족하는 x_0가 $[0,1]$에 존재한다고 가정하자.
I) $f(x_0)>x_0$이라면 $f(x)$가 순증가함수이므로 $f(f(x_0))>f(x_0)$이다.
그러면 $f(f(x_0))>f(x_0)>x_0$이므로 $f(f(x_0))=x_0$라는 가정에 위배된다.
II) $f(x_0)<x_0$이라면 $f(x)$가 순증가함수이므로 $f(f(x_0))<f(x_0)$이다.
그러면 $f(f(x_0))<f(x_0)<x_0$이므로 $f(f(x_0))=x_0$라는 가정에 위배된다.
따라서 $f(x_0)\ne x_0$를 만족하는 x_0가 $[0,1]$에 존재하지 않는다.
$\therefore\ f(x)=x\ \ (0\le x\le 1)$

example solution 223

1. $f(x)-g(x)>m$일 때 $f^n(x)-g^n(x)>nm$가 성립한다고 가정하자.
$f^n(x)>g^n(x)+nm$에서 $x\to f(x)$를 대입하면, $f^{n+1}(x)>g^n(f(x))+nm$이다.
또한 $g^n(f(x))=f(g^n(x))$이 성립한다. 이에 대한 증명 방법은 아래와 같다.
$$\begin{aligned}&g\circ g\circ\cdots\cdots\circ g\circ g\circ f\\&=g\circ g\circ\cdots\cdots\circ g\circ f\circ g\\&\qquad\vdots\\&=f\circ g\circ\cdots\cdots\circ g\circ g\circ g\end{aligned}$$
추가로 $f(x)>g(x)+m$임을 이용해주면,
$f^{n+1}(x)>g^n(f(x))+nm>f(g^n(x))+nm>g^{n+1}(x)+(n+1)m$이다.
따라서 수학적 귀납법에 의해 $f(x)-g(x)>m$이면 $f^n(x)-g^n(x)>nm$이다. ▨
2. $f(c)=g(c)$를 만족하는 실수 c가 $(0, 1)$에 존재하지 않는다고 가정하자.
그러면 $h(x)=f(x)-g(x)$라 했을 때 $h(x)\ne 0$이고, $h(x)$가 연속이므로 $h(x)>0$이거나
$h(x)<0$이다. 일반성을 잃지 않고 $h(x)>0$이라고 하자.
추가로 $h(x)$는 $[0, 1]$에서 연속이므로 최대최소정리에 의해 최솟값 $m(m>0)$을 가진다.
따라서 $f(x)-g(x)>m>0$임을 얻을 수 있고, $f^n(x)-g^n(x)>nm$이다.
그리고 $f(x), g(x)$의 치역이 $[0, 1]$이므로 $f^n(x)-g^n(x)\le 1$이다.
이를 통해 모든 자연수 n, 모든 양수 m에 대해 $nm<1$이 성립 해야함을 알 수 있는데, $n\to\infty$이면
모순이다. 따라서 $f(c)=g(c)$를 만족하는 실수 c가 $(0, 1)$에 존재한다. ▨

example solution 224

1. $f(x)=x^n(x-1)^n$에서 $k=0$이면 $f^0(x)=f(x)=x^n(x-1)^n$이므로 $x^n(x-1)^n$을 인수로 갖는다.
   따라서 $k=0$이면 성립한다.
   $f^k(x)$가 $x^{n-k}(x-1)^{n-k}$를 인수로 가진다고 가정하자.
   그러면 $f^k(x)=x^{n-k}(x-1)^{n-k}g(x)$이다.
   $$\begin{aligned}f^{k+1}(x)=f'(f^k(x))&=x^{n-k-1}(x-1)^{n-k-1}(2x-1)g(x)+x^{n-k}(x-1)^{n-k}g'(x)\\&=x^{n-k-1}(x-1)^{n-k-1}((2x-1)g(x)+x(x-1)g'(x))\end{aligned}$$
   이를 통해 $f^{k+1}(x)$는 $x^{n-k-1}(x-1)^{n-k-1}$를 인수로 가짐을 알 수 있다.
   따라서 수학적 귀납법에 의해 $f^k(x)$가 $x^{n-k}(x-1)^{n-k}$를 인수로 가진다. ▨
2. $f(0)=f(1)=0$이고, $f(x)$가 $[0,\,1]$에서 연속, $(0,1)$에서 미분 가능하므로
   롤의 정리에 의해 $f'(c_{1,1})=0$을 만족하는 $c_{1,1}$이 $(0,1)$에 존재한다.
   또한 $f'(x)$는 $x^{n-1}(x-1)^{n-1}$을 인수로 갖기 때문에 $f'(0)=f'(1)=0$이다.
   마찬가지로 $f'(0)=f'(c_{1,1})=f'(1)=0$, $f'(x)$가 $[0,\,c_{1,1}]$, $[c_{1,1},1]$에서 연속,
   $(0,c_{1,1})$, $(c_{1,1},1)$에서 미분 가능하므로 $f'(c_{2,1})=f'(c_{2,2})=0$을 만족하는 $c_{2,1}$, $c_{2,2}$이 $(0,1)$에 존재한다.
   이와 같은 규칙을 이용하면 (귀납적으로).....
   $f^{n-1}(c_{n-1,1})=f^{n-1}(c_{n-1,2})=\cdots\cdots=f^{n-1}(c_{n-1,n-1})=0$을 만족하는
   $c_{n-1,1}$, $c_{n-1,2}$, $\cdots\cdots$, $c_{n-1,n-1}$이 $(0,1)$에 존재한다.
   또한 $f^{n-1}(x)$는 $x(x-1)$을 인수로 갖기 때문에 $f^{n-1}(0)=f^{n-1}(1)=0$이다.
   마지막으로 $f^{n-1}(0)=f^{n-1}(c_{n-1,1})=f^{n-1}(c_{n-1,2})=\cdots\cdots=f^{n-1}(c_{n-1,n-1})=f^{n-1}(1)=0$이고,
   $f^{n-1}(x)$가 각각의 구간에서 미분가능, 연속이므로
   $f^n(c_{n,1})=f^n(c_{n,2})=\cdots\cdots=f^n(c_{n,n})=0$을 만족하는
   $c_{n,1}$, $c_{n,2}$, $\cdots\cdots$, $c_{n,n}$이 $(0,1)$에 존재한다.
   따라서 $f^n(x)=0$을 만족하는 x의 개수는 최소 n개다.
   한편 $f^n(x)$는 n차 다항식이므로 $f^n(x)=0$의 최대 실근 개수는 n개다.
   $n\le n(f^n(x)=0$의 실근 개수$)\le n$이므로
   $f^n(x)=0$의 서로 다른 실근 개수는 <u>n개</u>이다.

example solution 225

$y=\ln t$가 $[x,\,x+1]$에서 연속, $(x,\,x+1)$에서 미분 가능하므로 $\ln(x+1)-\ln(x)=\dfrac{1}{c}$인 c가
$(x,\,x+1)$에 존재한다.
$\dfrac{1}{c}>\dfrac{1}{x+1}$이므로 $\ln(x+1)-\ln(x)>\dfrac{1}{x+1}$임이 증명되었다.
$(\ln(f(x)))'=\dfrac{f'(x)}{f(x)}=\ln(x+1)-\ln(x)-\dfrac{1}{x+1}>0$이고, $f(x)>0$이므로 $f'(x)>0$이다.
따라서 $f(x)=\left(1+\dfrac{1}{x}\right)^x$는 증가함수이다. ▨

example solution 226

임의의 실수 c에 대해 c를 $(0, 1)$에서 택하자.
그러면 $f(x)$가 $[0, c]$에서 연속이고, $(0, c)$에서 미분 가능하므로
평균값 정리에 의해 $\dfrac{f(c)-f(0)}{c-0}=f'(p)$를 만족하는 p가 $(0, c)$에 존재한다.
또한 $f(x)$가 $[c, 1]$에서 연속이고, $(c, 1)$에서 미분 가능하므로
평균값 정리에 의해 $\dfrac{f(1)-f(c)}{1-c}=f'(q)$를 만족하는 q가 $(c, 1)$에 존재한다.
한편 $f'(p), f'(q) \le 1$이므로 $\dfrac{f(c)}{c} \le 1$, $\dfrac{1-f(c)}{1-c} \le 1$이다.
$0<c<1$이므로 $c \le f(c) \le c$이다.
따라서 모든 실수 $c(0<c<1)$에 대해 $f(c)=c$이다.
추가적으로 $f(0)=0$, $f(1)=1$이므로 $x \in [0, 1]$에서 $f(x)=x$이다.

example solution 227

$g(x)=\dfrac{f(x)}{x}$라고 하자.

그러면 $x>0$일 때 $f(x)$, x, $\dfrac{1}{x}$가 미분 가능하므로 $g(x)$도 미분가능하다.

$$g'(x)=\frac{f'(x)x-f(x)}{x^2}=\frac{f'(x)-\dfrac{f(x)}{x}}{x}$$

$f(x)$가 $x>0$에서 미분 가능하고, $x \ge 0$에서 연속이므로 평균값 정리에 의해
$\dfrac{f(x)-f(0)}{x-0}=\dfrac{f(x)}{x}=f'(c)$인 c가 $(0, x)$에 존재한다.
$0<c<x$이고 $f'(x)$가 증가함수이므로 $f'(c)<f'(x)$이다.
따라서 $x>0$일 때 $f'(x)-\dfrac{f(x)}{x}>0$이고, $g'(x)>0$이다.
$\therefore\ g(x)=\dfrac{f(x)}{x}$는 $(0, \infty)$에서 증가함수이다. ▨

example solution 228

$f(x)$가 $[0, 1]$에서 연속이고, $(0, 1)$에서 미분 가능하므로 평균값 정리에 의해
$\dfrac{f(x)-f(0)}{x-0}=f'(c_1)$을 만족하는 c_1이 $(0, x)$에 존재한다.
이를 통해 $|f(x)-1|=x|f'(c_1)| \le x|f(c_1)-1|$을 얻을 수 있다.
또한 $\dfrac{f(c_1)-f(0)}{c_1-0}=f'(c_2)$를 만족하는 c_2가 $(0, c_1)$에 존재한다.
이를 통해 $|f(c_1)-1|=c_1|f'(c_2)| \le x|f(c_2)-1|$을 얻을 수 있다.
따라서 $|f(x)-1| \le x^2|f(c_2)-1|$를 얻을 수 있다.
이제 반복적으로 평균값 정리를 적용해주면,
$|f(x)-1| \le x^n|f(c_n)-1|$을 만족하는 c_i를 얻을 수 있다.
이때 $0<c_n<c_{n-1}<\cdots\cdots<c_1<x<1$이다.

마지막으로 $0 \le |f(x)-1| \le x^n|f(c_n)-1|$에서 $n\to\infty$를 취해주자.

$0 < x < 1$이므로 $\lim_{n\to\infty} x^n|f(c_n)-1| = 0$이다.

그러면 샌드위치 정리에 의해 $|f(x)-1| = 0$이므로 $\underline{f(x)=1}$이다.

example solution 229

1. $g(x) = \int_a^x f(t)dt$라고 하자. 그러면 $f(x)$가 $[a,b]$에서 연속함수이므로 $g(x)$는 (a,b)에서 미분가능하고 $[a,b]$에서 연속이다.

   따라서 평균값 정리에 의해 $\dfrac{g(b)-g(a)}{b-a} = g'(c)$인 c가 (a,b)사이에 존재한다.

   이를 정리하면 $\int_a^b f(x)dx = (b-a)\times f(c)$이다. ▨

2. $g(x)=0$이면 좌변, 우변의 값이 모두 0이므로 성립한다.
   다음으로 $g(x)>0$인 경우를 보자.
   $f(x)$가 $[a,b]$에서 연속이므로 최대최소정리에 의해
   $f(x)$의 최댓값 M, 최솟값 m이 존재한다.
   즉, $m \le f(x) \le M$이다.
   또한 $g(x)>0$이므로 $mg(x) \le f(x)g(x) \le Mg(x)$이다.
   이제 양변을 $[a,b]$에서 정적분 해주자.

   $$m\int_a^b g(x)dx \le \int_a^b f(x)g(x)dx \le M\int_a^b g(x)dx$$

   그리고 $g(x)>0$이므로 $\int_a^b g(x)dx > 0$이다. 따라서 양변에 $\int_a^b g(x)dx$를 나누어주면

   $$m \le \frac{\int_a^b f(x)g(x)dx}{\int_a^b g(x)dx} \le M\text{이다.}$$

   한편 $f(x)$가 $[a,b]$에서 연속이므로 사잇값 정리에 $m \le f(c) \le M$을 만족하는 c가 $[a,b]$에 존재한다.

   이를 통해 $f(c) = \dfrac{\int_a^b f(x)g(x)dx}{\int_a^b g(x)dx}$를 만족하는 c가 $[a,b]$에 존재함을 알 수 있다.

   따라서 $\int_a^b f(x)g(x)dx = f(c)\int_a^b g(x)dx$를 만족하는 c가 $[a,b]$에 존재한다. ▨

example solution 230

1. $_{4n}C_k \times \dfrac{3^k}{16^n} = {}_{4n}C_k \times \left(\dfrac{3}{4}\right)^k \times \left(\dfrac{1}{4}\right)^{n-k}$

   X를 정사면체 주사위를 $4n$번 던져 1이 아닌 수가 나온 횟수라고 정의하자.
   이때 정사면체의 각 면에는 $1, 2, 3, 4$가 쓰여 있다고 하자.

   그러면 $X \sim B\left(4n, \dfrac{3}{4}\right)$이다.

   그리고 n이 무한히 크다면 $X \sim N\left(3n, \left(\dfrac{\sqrt{3n}}{2}\right)^2\right)$으로 근사할 수 있다.

   $\displaystyle\sum_{k=n}^{3n}\left({}_{4n}C_k \times \frac{3^k}{16^n}\right) = P(n \le X \le 3n)$에서 $Z = \dfrac{X-3n}{\dfrac{\sqrt{3n}}{2}}$라고 하면,

   $\displaystyle\sum_{k=n}^{3n}\left({}_{4n}C_k \times \frac{3^k}{16^n}\right) = P\left(-\sqrt{\frac{16n}{3}} \le Z \le 0\right) = P\left(0 \le Z \le \sqrt{\frac{16n}{3}}\right)$이다.

   한편 $P(0 \le Z \le z) = \displaystyle\int_0^z \frac{1}{\sqrt{2\pi}} e^{-\frac{t^2}{2}} dt$에서 $P(0 \le Z \le z)$가 연속임을 알 수 있다.

   따라서 $\displaystyle\lim_{n\to\infty} P\left(0 \le Z \le \sqrt{\frac{16n}{3}}\right) = P\left(0 \le Z \le \lim_{n\to\infty}\sqrt{\frac{16n}{3}}\right)$

   $= P(0 \le Z \le \infty) = \dfrac{1}{2}$이다.

   $\therefore \displaystyle\lim_{n\to\infty}\sum_{k=n}^{3n}\left({}_{4n}C_k \times \frac{3^k}{16^n}\right) = \frac{1}{2}$

2. $h(x) = e^x - 1 - x$라고 하자. $h'(x) = e^x - 1$이므로 $h(x)$는 $x = 0$에서 최소이다.
   따라서 $h(x) \ge h(0) = 0$이므로 모든 실수 x에 대해 $e^x \ge 1 + x$이 성립한다.
   다음으로 $a > 0$일 때 x대신 ax을 대입해주면 $e^{ax} \ge 1 + ax$이다.

   그리고 역수를 취해주면 $0 \le e^{-ax} \le \dfrac{1}{1+ax}$이 성립한다.

   양변에 $\sqrt{x}$를 곱해주면 $0 \le \sqrt{x}e^{-ax} \le \dfrac{\sqrt{x}}{1+ax}$가 성립한다.

   $x\to\infty$를 취해주면 $\displaystyle\lim_{x\to\infty}\frac{\sqrt{x}}{1+ax} = 0$이므로 샌드위치 정리에 의해 $\displaystyle\lim_{x\to\infty}\sqrt{x}e^{-ax} = 0$이다.

3. X를 정사면체 주사위를 $4n$번 던져 1이 아닌 수가 나온 횟수라고 정의하자.
   이때 정사면체의 각 면에는 $1, 2, 3, 4$가 쓰여 있다고 하자.

   그러면 $X \sim B\left(4n, \dfrac{3}{4}\right)$이다.

   그리고 n이 무한히 크다면 $X \sim N\left(3n, \left(\dfrac{\sqrt{3n}}{2}\right)^2\right)$으로 근사할 수 있다.

   $\displaystyle\sum_{k=n}^{2n}\left({}_{4n}C_k \times \frac{3^k}{16^n}\right) = P(n \le X \le 2n)$에서 $Z = \dfrac{X-3n}{\dfrac{\sqrt{3n}}{2}}$라고 하면,

   $\displaystyle\sum_{k=n}^{2n}\left({}_{4n}C_k \times \frac{3^k}{16^n}\right) = P\left(-\sqrt{\frac{16n}{3}} \le Z \le -\sqrt{\frac{4n}{3}}\right) = P\left(\sqrt{\frac{4n}{3}} \le Z \le \sqrt{\frac{16n}{3}}\right)$이다.

   또한 $P(0 \le Z \le z) = \displaystyle\int_0^z \frac{1}{\sqrt{2\pi}} e^{-\frac{t^2}{2}} dt$이므로

$\sum_{k=n}^{2n}\left({}_{4n}C_k \times \frac{3^k}{16^n}\right)=\int_{\sqrt{\frac{4n}{3}}}^{\sqrt{\frac{16n}{3}}}\frac{1}{\sqrt{2\pi}}e^{-\frac{t^2}{2}}dt$이 성립한다.

이제 적분의 평균값 정리를 적용해주자.

$f(x)=\frac{1}{\sqrt{2\pi}}e^{-\frac{x^2}{2}}$가 연속이므로

$\int_{\sqrt{\frac{4n}{3}}}^{\sqrt{\frac{16n}{3}}}\frac{1}{\sqrt{2\pi}}e^{-\frac{t^2}{2}}dt=\left(\sqrt{\frac{16n}{3}}-\sqrt{\frac{4n}{3}}\right)\times\frac{1}{\sqrt{2\pi}}e^{-\frac{k^2}{2}n}$를 만족하는

k가 $\left(\sqrt{\frac{4}{3}}, \sqrt{\frac{16}{3}}\right)$에 존재한다.

또한 $\lim_{x\to\infty}\sqrt{x}\,e^{-ax}=0$이 성립하므로 $\lim_{n\to\infty}\sqrt{n}\,e^{-an}=0$이 성립한다.

따라서 $\lim_{n\to\infty}\left(\sqrt{\frac{16n}{3}}-\sqrt{\frac{4n}{3}}\right)\times\frac{1}{\sqrt{2\pi}}e^{-\frac{k^2}{2}n}=\sqrt{\frac{2}{3\pi}}\times\left(\lim_{n\to\infty}\sqrt{n}\,e^{-\frac{k^2}{2}n}\right)=0$이다.

$\therefore \lim_{n\to\infty}\sum_{k=n}^{2n}\left({}_{4n}C_k\times\frac{3^k}{16^n}\right)=0$

Advanced problem

Advanced Problem Solution 01

[1] $w^5-1=(w-1)(w^4+w^3+w^2+w+1)=0$인데, w가 실수가 아니므로 $w-1\neq 0$이다.

따라서 $w^4+w^3+w^2+w+1=0$이다.

양변을 w^2으로 나누어주고 $w+\dfrac{1}{w}$로 정리하면, $\left(w+\dfrac{1}{w}\right)^2+\left(w+\dfrac{1}{w}\right)-1=0$이다.

$w+\dfrac{1}{w}>0$를 만족하는 $\underline{w+\dfrac{1}{w}=\dfrac{-1+\sqrt{5}}{2}}$이다.

[2] 우선 $(1+w^3)^{100}=(w^5+w^3)^{100}=w^{200}(1+w^2)^{100}=(1+w^2)^{100}$이고,

여기에 $1+w^2=\left(\dfrac{\sqrt{5}-1}{2}\right)w$를 대입해주면, $\underline{(1+w^3)^{100}=(1+w^2)^{100}=\left(\dfrac{\sqrt{5}-1}{2}\right)^{100}}$이다.

다음으로 $(1+w^4)^{100}=(w^5+w^4)^{100}=w^{400}(1+w)^{100}=(1+w)^{100}$이 성립한다.

그리고 $-1=w^4+w^3+w^2+w=w(1+w)(1+w^2)$이므로 $1+w=-\dfrac{1}{w(1+w^2)}$이다.

따라서 $(1+w^4)^{100}=(1+w)^{100}=\left(-\dfrac{1}{w(1+w^2)}\right)^{100}=\dfrac{1}{w^{100}}\times\dfrac{1}{(1+w^2)^{100}}=\dfrac{1}{(1+w^2)^{100}}$이 성립함을 확인할 수 있다. 마지막으로 $1+w^2=\left(\dfrac{\sqrt{5}-1}{2}\right)w$를 대입해주면,

$\underline{(1+w^4)^{100}=(1+w)^{100}=\left(\dfrac{-1-\sqrt{5}}{2}\right)^{100}}$이다.

[3] $(1+x)^{100}=\displaystyle\sum_{k=0}^{100}{}_{100}C_k x^k$에서 양변에 $1, w, w^2, w^3, w^4$을 대입한 뒤 5개의 식을 모두 더한다.

$$
\begin{array}{rl}
 & (1+w^0)^{100}={}_{100}C_0+{}_{100}C_1(w^0)+{}_{100}C_2(w^0)^2+{}_{100}C_3(w^0)^3+{}_{100}C_4(w^0)^4+\cdots\cdots+{}_{100}C_{100}(w^0)^{100}\\
 & (1+w^1)^{100}={}_{100}C_0+{}_{100}C_1(w^1)+{}_{100}C_2(w^1)^2+{}_{100}C_3(w^1)^3+{}_{100}C_4(w^1)^4+\cdots\cdots+{}_{100}C_{100}(w^1)^{100}\\
 & (1+w^2)^{100}={}_{100}C_0+{}_{100}C_1(w^2)+{}_{100}C_2(w^2)^2+{}_{100}C_3(w^2)^3+{}_{100}C_4(w^2)^4+\cdots\cdots+{}_{100}C_{100}(w^2)^{100}\\
 & (1+w^3)^{100}={}_{100}C_0+{}_{100}C_1(w^3)+{}_{100}C_2(w^3)^2+{}_{100}C_3(w^3)^3+{}_{100}C_4(w^3)^4+\cdots\cdots+{}_{100}C_{100}(w^3)^{100}\\
+ & (1+w^4)^{100}={}_{100}C_0+{}_{100}C_1(w^4)+{}_{100}C_2(w^4)^2+{}_{100}C_3(w^4)^3+{}_{100}C_4(w^4)^4+\cdots\cdots+{}_{100}C_{100}(w^4)^{100}\\
\hline
\end{array}
$$

좌변 $=2^{100}+(1+w)^{100}+(1+w^2)^{100}+(1+w^3)^{100}+(1+w^4)^{100}$

우변 $=5\times({}_{100}C_0+{}_{100}C_5+{}_{100}C_{10}+\cdots\cdots+{}_{100}C_{100})$

$$\Rightarrow {}_{100}C_0+{}_{100}C_5+{}_{100}C_{10}+\cdots\cdots+{}_{100}C_{100}=\frac{2\left(\dfrac{-1-\sqrt{5}}{2}\right)^{100}+2\left(\dfrac{-1+\sqrt{5}}{2}\right)^{100}+2^{100}}{5}$$

이제 a_n을 $a_n=\left(\dfrac{-1+\sqrt{5}}{2}\right)^n+\left(\dfrac{-1-\sqrt{5}}{2}\right)^n$이라 정의하자.

한편 $\dfrac{-1\pm\sqrt{5}}{2}$을 두 근으로 가지는 이차방정식은 $x^2+x-1=0$이다.

양변에 x^{n-2}를 곱해주면 $x^n+x^{n-1}-x^{n-2}=0$이고, x에 $\dfrac{-1\pm\sqrt{5}}{2}$를 대입후 두 식을 더해주면

$a_n=-a_{n-1}+a_{n-2}$임을 확인할 수 있다. 이때 $a_0=2, a_1=-1$이다.

그리고 $S={}_{100}C_0+{}_{100}C_5+{}_{100}C_{10}+\cdots\cdots+{}_{100}C_{100}$라고 하자.

그러면 $5S=2a_{100}+2^{100}$이다.

$$\begin{aligned} a_n &= -a_{n-1} + a_{n-2} \\ &= -(-a_{n-2} + a_{n-3}) + a_{n-2} \\ &= 2a_{n-2} - a_{n-3} \\ &= 2(-a_{n-3} + a_{n-4}) - a_{n-3} \\ &= -3a_{n-3} + 2x_{n-4} \\ &= 3(a_{n-3} - a_{n-4}) - a_{n-4} \end{aligned}$$

이므로 a_n과 $-a_{n-4}$를 3으로 나눈 나머지는 같다. 즉 $a_n \equiv -a_{n-4} \pmod 3$[21]

따라서 a_n과 a_{n-8}를 3으로 나눈 나머지는 같다. 즉 $a_n \equiv a_{n-8} \pmod 3$

$a_{100} \equiv a_4 \equiv -a_0 \equiv 1 \pmod 3$

$5S \equiv 2x_{100} + 2^{100} \equiv 2 + 1 \equiv 0 \pmod 3$

5와 3은 서로소이므로 $x \equiv 0 \pmod 3$

따라서 ${}_{100}C_0 + {}_{100}C_5 + {}_{100}C_{10} + \cdots \cdots + {}_{100}C_{100}$를 3으로 나눈 나머지는 $\underline{0}$이다.

Advanced Problem Solution 02

해당 문제를 설명하기에 앞서 기호를 다음과 같이 정의한다.

$P_1(x) \equiv P_2(x) \pmod{Q(x)}$의 표현을 다항식 $P_1(x), P_2(x)$를 다항식 $Q(x)$로 나눈 나머지가 같다고 정의한다. 그러면 $(x^2+3x+1)^n \equiv a_n x + b_n \pmod{x^2+x+1}$이다.

[1] $(x^2+3x+1) = (x^2+x+1) \times 1 + 2x$이므로 $a_1 = 2,\ b_1 = 0$이다.

$(x^2+3x+1)^2 \equiv (2x)^2 \equiv -4x-4 \pmod{x^2+x+1}$이므로 $\underline{a_2 = -4,\ b_2 - 4}$이다.

[2] $(x^2+3x+1)^{n+1} = (x^2+3x+1)^n(x^2+3x+1) \equiv (a_n x + b_n)(2x) = 2a_n x^2 + 2b_n x$

$\equiv (2b_n - 2a_n)x - 2a_n \pmod{x^2+x+1}$

이므로, $a_{n+1} = 2b_n - 2a_n,\ b_{n+1} = -2a_n$이다.

그리고 위의 식을 정리해주면, $\underline{a_{n+2} = -2a_{n+1} - 4a_n,\ b_{n+2} = -2b_{n+1} - 4b_n}$이다.

[3] $(x^2+3x+1)^{2025} \equiv a_{2025}x + b_{2025} \pmod{x^2+x+1}$이므로 $a_{2025},\ b_{2025}$를 구해준다.

한편 $a_{n+2} = -2a_{n+1} - 4a_n,\ b_{n+2} = -2b_{n+1} - 4b_n$를 통해서

$a_{n+3} = -2a_{n+2} - 4a_{n+1} = -2(-2a_{n+1} - 4a_n) - 4a_{n+1} = 8a_n$임을 확인할 수 있다. 마찬가지 방식을 이용해주면 $b_{n+3} = 8b_n$이 성립한다.

우선 [1], [2]를 통해 $a_3,\ b_3$을 구해주면, $a_3 = 0,\ b_3 = 8$이다.

그리고 $2025 = 3 \times 674 + 3$임을 이용해주면, $a_{2025} = 8^{674}a_3 = 0,\ b_{2025} = 8^{674}b_3 = 8^{675} = 2^{2025}$임을 알 수 있다. 따라서 나머지는 $\underline{2^{2025}}$이다.

21) 여기서 $a \equiv b \pmod p$라는 기호는 a, b를 p로 나눈 나머지가 같다는 뜻이다. 이는 교육과정에 포함되진 않지만, 정수론에서 널리 쓰이는 표현이다. 답안 작성 시 사용해도 무관하다고 생각된다. 그러나 이것이 불안한 학생은 말로 풀어 적어주면 된다. 아니면 기호에 대한 정의를 추가적으로 서술해주면 된다.
예) $a \equiv b \pmod p$의 표현을 a, b를 p로 나눈 나머지가 같다고 정의하자.

Advanced Problem Solution 03

[1] $ax^3+bx^2+cx+d=0$에 $x=y+k$를 대입하여 y에 대한 삼차방정식으로 변환했을 때 2차항의 계수는 $3ak+b$이다. 이를 0으로 만들어주는 $\underline{k=-\frac{b}{3a}}$이다.

이제 $x=y-\frac{b}{3a}$를 대입하고, 3차항의 계수를 1로 맞춰주면

$y^3+\left(\frac{c}{a}-\frac{b^2}{3a^2}\right)y+\left(\frac{2b^3}{27}-\frac{bc}{3a^2}+\frac{d}{a}\right)=0$이다.

따라서 $\underline{p=\frac{c}{a}-\frac{b^2}{3a^2},\ q=\frac{2b^3}{27}-\frac{bc}{3a^2}+\frac{d}{a}}$이다.

[2] $y^3+py+q=0$에 $y=u+v$를 대입 후 정리해주면 아래와 같다.

$(u^3+v^3+q)+(u+v)(3uv+p)=0$

이때 $uv=-\frac{p}{3}$이므로 $u^3+v^3=-q$이다.

이제 u^3, v^3의 합과 곱을 알기 때문에 u^3, v^3를 구해주면, $\underline{u^3, v^3=-\frac{q}{2}\pm\sqrt{\left(\frac{q}{2}\right)^2+\left(\frac{p}{3}\right)^3}}$ 이다.

[3] $w^2+w+1=0$, $w^3=1$임을 이용하여 y를 유추해주면, $y=u+v, uw+vw^2, uw^2+vw$이다. 이제 실제로 $y=u+v, uw+vw^2, uw^2+vw$가 $y^3+py+q=0$의 근이 됨을 확인하자.

$\alpha+\beta+\gamma=u+v+uw+vw^2+uw^2+vw=(u+v)(1+w+w^2)=0$

$$\begin{aligned}\alpha\beta+\beta\gamma+\gamma\alpha&=(u+v)(uw+vw^2)+(uw+vw^2)(uw^2+vw)+(uw^2+vw)(u+v)\\&=u^2(w+w^3+w^2)+v^2(w^2+w^3+w)+uv(w+w^2+w^4+w^2+w+w^2)\\&=3uv(w+w^2)=-3uv=p\end{aligned}$$

$\alpha\beta\alpha=(u+v)(uw+vw^2)(uw^2+vw)=(u+v)(u^2+v^2-uv)=u^3+v^3=-q$

따라서 근과 계수의 관계에 의해 $y=u+v, uw+vw^2, uw^2+vw$가 $y^3+py+q=0$의 근이 됨을 확인할 수 있다.

그리고 $\underline{(a_1, b_1)=(0,0),\ (a_2, b_2)=(1,2),\ (a_3, b_3)=(2,1)}$이다.

[4] $x^3-3x^2+9x-5=0$에서 $k=-\frac{b}{3a}=1$이므로 $x=y+1$을 대입해주면, $y^3+6y+2=0$이다. 그리고 $p=6$, $q=2$를 대입해주면 $u^3=2$, $v^3=-4$(혹은 반대)이다. 문제에서 $r=\sqrt[3]{2}$로 정의했기 때문에 $u=r$, $v=-r^2$이다.

최종적으로 $x^3-3x^2+9x-5=0$의 서로 다른 세 근은 아래와 같다.

$\underline{x=1+r-r^2,\ 1+rw-r^2w^2,\ 1+rw^2-r^2w}$ (단, $w^2+w+1=0$)

Advanced Problem Solution 04

[1] $b^2-d^2=w^4+\dfrac{1}{w^4}-w^{16}-\dfrac{1}{w^{16}}=w^4+\dfrac{1}{w^4}-w-\dfrac{1}{w}=c-a$ ……… 식(1)

$a^2-c^2=w^2+\dfrac{1}{w^2}-w^8-\dfrac{1}{w^8}=b-d$ ……… 식 (2)

이제 식(1), 식 (2)를 좌변, 우변끼리 곱해주고 양변을 $(a-b)(c-d)$로 나누어주면,

$(a+c)(b+d)=-1$임을 알 수 있다. 따라서 $b+d=-\dfrac{1}{e}$이다.

[2] $b^2+d^2=w^4+\dfrac{1}{w^4}+w^{16}+\dfrac{1}{w^{16}}+4=w^4+\dfrac{1}{w^4}+w+\dfrac{1}{w}+4=a+c+4=e+4$

$a^2+c^2=w^2+\dfrac{1}{w^2}+w^8+\dfrac{1}{w^8}+4=b+d+4=4-\dfrac{1}{e}$

따라서 $b^2+d^2=e+4,\ a^2+c^2=4-\dfrac{1}{e}$이다.

[3] 두 개의 항등식을 이용해주면, $(b-d)^2=2(b^2+d^2)-(b+d)^2=2e+8-\dfrac{1}{e}$,

$(a-c)^2=2(a^2+c^2)-(a+c)^2=8-\dfrac{2}{e}-e^2$임을 확인할 수 있다.

따라서 $(b-d)^2=2e+8-\dfrac{1}{e},\ (a-c)^2=8-\dfrac{2}{e}-e^2$이다.

이때 식 (2)에서 양변을 제곱해주면 $(b-d)^2=(a+c)^2(a-c)^2$이므로 각 제곱식에 e의 함수를 대입해주면,

$2e+8-\dfrac{1}{e^2}=e^2\left(8-\dfrac{2}{e}-e^2\right)$이다.

이를 정리해주면, $e^3-8e+4+\dfrac{8}{e}-\dfrac{1}{e^3}=0$이다.

한편 $e^3-\dfrac{1}{e^3}=\left(e-\dfrac{1}{e}\right)^3+3\left(e-\dfrac{1}{e}\right)=f^3+3f$임을 이용하여 위의 식을 f의 다항식으로 정리해주면,

$f^3-5f+4=0$이다. 이를 인수분해 해주면, $(f-1)(f^2+f-4)=0$이고, $f\neq 1$이므로

$f=\dfrac{-1\pm\sqrt{17}}{2}$이다.

[4] $e^2-fe-1=0$이므로 $e=\dfrac{f\pm\sqrt{f^2+4}}{2}=\dfrac{f\pm\sqrt{8-f}}{2}$이다.

f를 대입해주면, $e=\dfrac{\dfrac{-1+\sqrt{17}}{2}\pm\sqrt{\dfrac{17-\sqrt{17}}{2}}}{2},\ \dfrac{\dfrac{-1-\sqrt{17}}{2}\pm\sqrt{\dfrac{17+\sqrt{17}}{2}}}{2}$이다.

다음으로 $a+c=e,\ a^2+c^2=4-\dfrac{1}{e}$를 이용해주면 $ac=\dfrac{1}{2}\left(e^2-4+\dfrac{1}{e}\right)$이다.

근과 계수의 관계를 이용하여 a를 e로 표현해주면, $a=\dfrac{e\pm\sqrt{8-e^2-\dfrac{2}{e}}}{2}$이다. 여기서 e는 $\sqrt{\ }$를 적절히 조합할 수 있으므로 a 또한 $\sqrt{\ }$를 적절히 조합할 수 있음을 확인할 수 있다.

마지막으로 $w=\dfrac{a\pm\sqrt{a^2-4}}{2}$이므로 w는 $\sqrt{\ }$를 적절히 조합할 수 있다.

Advanced Problem Solution 05

[1] $\{g_0(x)\}^2 = 1 - \{f_0(x)\}^2 = 0$이므로 $g_0(x) = 0$이다.

그리고 $x = f_1(x)f_0(x) + g_1(x)g_0(x) = f_1(x)$이므로 $f_1(x) = x$이다.

마지막으로 $\{g_1(x)\}^2 = 1 - \{f_1(x)\}^2 = 1 - x^2$, $g_1(x) \geq 0$이므로 $g_1(x) = \sqrt{1-x^2}$ 이다.

$\underline{g_0(x) = 0,\ f_1(x) = x,\ g_1(x) = \sqrt{1-x^2}}$

[2] $x = f_{n+1}(x)f_n(x) + g_{n+1}(x)g_n(x) = f_{n+2}(x)f_{n+1}(x) + g_{n+2}(x)g_{n+1}(x)$이므로,

$(f_{n+2}(x) - f_n(x))f_{n+1}(x) = -(g_{n+2}(x) - g_n(x))g_{n+1}(x)$이다. ……… 식 (1)

또한, $1 = \{f_{n+2}(x)\}^2 + \{g_{n+2}(x)\}^2 = \{f_n(x)\}^2 + \{g_n(x)\}^2$이므로,

$(f_{n+2}(x) - f_n(x))(f_{n+2}(x) + f_n(x)) = -(g_{n+2}(x) - g_n(x))(g_{n+2}(x) + g_n(x))$이다. … 식 (2)

이제 식 (1), 식 (2)의 좌변, 우변끼리 곱하고, $(f_{n+2}(x) - f_n(x))(g_{n+2}(x) - g_n(x)) \neq 0$을 양변에 나누어주면,

$g_{n+1}(x)(f_{n+2}(x) + f_n(x)) = f_{n+1}(x)(g_{n+2}(x) + g_n(x))$을 얻는다. ……… 식 (3)

그리고 양변에 $f_{n+1}(x)g_{n+1}(x)$를 곱해주고, $\{g_{n+1}(x)\}^2 = 1 - \{f_{n+1}(x)\}^2$,

$g_{n+1}(x)g_n(x) = x - f_{n+1}(x)f_n(x)$, $g_{n+2}(x)g_{n+1}(x) = x - f_{n+2}(x)f_{n+1}(x)$을 대입해주면,

$f_{n+1}(x)(1 - (f_{n+1}(x))^2)(f_{n+2}(x) + f_n(x)) = (f_{n+1}(x))^2(2x - f_{n+1}(x)(f_{n+2}(x) + f_n(x)))$이다.

이 식을 전개하면 아래와 같다.

$$f_{n+1}(x)(f_{n+2}(x) + f_n(x)) - (f_{n+1}(x))^3(f_{n+2}(x) + f_n(x))$$
$$= 2x(f_{n+1}(x))^2 - (f_{n+1}(x))^3(f_{n+2}(x) + f_n(x))$$

따라서 $f_{n+1}(x)(f_{n+2}(x) + f_n(x)) = 2x(f_{n+1}(x))^2$이다. 한편 이는 모든 $x \in [0, 1]$에 대해 성립하고, 모든 $x \in [0, 1]$에 대해 $f_{n+1}(x) = 0$이 성립하는 것이 아니므로,

$f_{n+2}(x) + f_n(x) = 2xf_{n+1}(x)$이다.

마찬가지 방식으로 식 (3)을 $g_n(x)$에 대해 정리해주면, $g_{n+2}(x) + g_n(x) = 2xg_{n+1}(x)$를 얻을 수 있다.

따라서 $\underline{f_{n+2}(x) = 2xf_{n+1}(x) - f_n(x),\ g_{n+2}(x) = 2xg_{n+1}(x) - g_n(x)}$이다.

[3] $\theta \in \left[0, \dfrac{\pi}{2}\right]$일 때,

① $\cos 0\theta = f_0(\cos\theta) = 1$, $\cos 1\theta = f_1(\cos\theta) = \cos\theta$가 성립한다.

$$\begin{aligned} f_{n+2}(\cos\theta) &= 2\cos(n+1)\theta\cos\theta - \cos n\theta \\ &= \cos(n+1)\theta\cos\theta + \cos(n+1)\theta\cos\theta - \cos n\theta \\ &= \cos(n+2)\theta + \sin(n+1)\theta\sin\theta + \cos(n+1)\theta\cos\theta - \cos n\theta \\ &= \cos(n+2)\theta + \cos n\theta - \cos n\theta \\ &= \cos(n+2)\theta \end{aligned}$$

이므로, 수학적 귀납법에 의해 $\cos n\theta = f_n(\cos\theta)$이 성립한다.

② $\sin 0\theta = g_0(\cos\theta) = 0$, $\sin 1\theta = g_1(\cos\theta) = \sqrt{1-\cos^2\theta} = \sin\theta$가 성립한다.

$$\begin{aligned} g_{n+2}(\cos\theta) &= 2\sin(n+1)\theta\cos\theta - \sin n\theta \\ &= \sin(n+1)\theta\cos\theta + \sin(n+1)\theta\cos\theta - \sin n\theta \\ &= \sin(n+2)\theta + \sin(n+1)\theta\cos\theta - \cos(n+1)\theta\cos\theta - \sin n\theta \\ &= \sin(n+2)\theta + \sin n\theta - \sin n\theta \\ &= \sin(n+2)\theta \end{aligned}$$

이므로, 수학적 귀납법에 의해 $\sin n\theta = g_n(\cos\theta)$이 성립한다.

Advanced Problem Solution 06

[1] 배각공식에 의해 $f(2x)=\dfrac{2f(x)}{1-(f(x))^2}$이 성립한다. 이를 역수를 취한 뒤 정리해주면,

$f(x)=\dfrac{1}{f(x)}-\dfrac{2}{f(2x)}$이다. 그리고 x 대신에 $\dfrac{x}{2^n}$를 대입하고, 양변에 2^n을 나눠주면,

$\dfrac{1}{2^n}f\left(\dfrac{x}{2^n}\right)=\dfrac{\dfrac{1}{2^n}}{f\left(\dfrac{x}{2^n}\right)}-\dfrac{\dfrac{1}{2^{n-1}}}{f\left(\dfrac{x}{2^{n-1}}\right)}$이다.

$$g(x)=\lim_{n\to\infty}\sum_{k=0}^{n}\frac{1}{2^k}f\left(\frac{x}{2^k}\right)=\lim_{n\to\infty}\sum_{k=0}^{n}\left(\frac{\frac{1}{2^k}}{f\left(\frac{x}{2^k}\right)}-\frac{\frac{1}{2^{k-1}}}{f\left(\frac{x}{2^{k-1}}\right)}\right)=\left(\lim_{n\to\infty}\frac{\frac{1}{2^n}}{f\left(\frac{x}{2^n}\right)}\right)-\frac{2}{f(2x)}$$

이때 $\displaystyle\lim_{n\to\infty}\frac{\frac{1}{2^n}}{f\left(\frac{x}{2^n}\right)}=\lim_{n\to\infty}\frac{\frac{1}{2^n}}{\tan\left(\frac{x}{2^n}\right)}=\lim_{t\to0+}\frac{t}{\tan(tx)}=\frac{1}{x}$이므로, $g(x)=\dfrac{1}{x}-\dfrac{2}{\tan2x}$이다.

[2] 부분적분을 적용해주면,

$$\int_0^x\frac{1}{2}f'''(t)(x-t)^2dt=\left[\frac{1}{2}f''(t)(x-t)^2\right]_0^x+\int_0^x f''(t)(x-t)dt$$
$$=-\frac{1}{2}f''(0)x^2+\int_0^x f''(t)(x-t)dt$$

이때, $\displaystyle\int_0^x f''(t)(x-t)dt=[f'(t)(x-t)]_0^x+\int_0^x f'(t)dt=-f'(0)x+f(x)-f(0)$이므로

위의 식에 다시 대입해주면,

$\displaystyle\int_0^x\frac{1}{2}f'''(t)(x-t)^2dt=-\frac{1}{2}f''(0)x^2-f'(0)x+f(x)-f(0)$이다.

따라서 $\displaystyle f(x)=f(0)+f'(0)x+\frac{f''(0)}{2}x^2+\int_0^x\frac{1}{2}f'''(t)(x-t)^2dt$이 성립한다.

[3] $$\lim_{x\to0}\frac{g(x)}{x}=\lim_{x\to0}\frac{1}{x}\times\left(\frac{1}{x}-\frac{2}{\tan2x}\right)=\lim_{x\to0}\frac{\tan2x-2x}{x^2\tan2x}$$
$$=\lim_{x\to0}\frac{\tan2x-2x}{2x^3}\times\frac{2x}{\tan2x}$$
$$=\lim_{x\to0}\frac{\tan2x-2x}{2x^3}$$
$$=\lim_{u\to0}4\times\frac{\tan u-u}{u^3}\qquad(2x=u)$$

$f(u)=\tan u$, $f'(u)=\sec^2u$, $f''(u)=2\tan u\sec^2u$이므로 $f(0)=0$, $f'(0)=1$, $f''(0)=0$이다.

이를 $\displaystyle f(x)=f(0)+f'(0)x+\frac{f''(0)}{2}x^2+\int_0^x\frac{1}{2}f'''(t)(x-t)^2dt$에 대입해주면,

$\displaystyle\tan u-u=\int_0^u\frac{1}{2}f'''(t)(u-t)^2dt$이 성립한다.

한편 $f'''(t)$, $u-t$가 $t\in[a,b]$에서 연속, $u-t\geq0$이므로

$\displaystyle\int_0^u\frac{1}{2}f'''(t)(u-t)^2dt=f'''(c)\times\int_0^u\frac{1}{2}(u-t)^2dt=\frac{u^3}{6}\times f'''(c)$를 만족하는 c가 $[0,u]$에 존재한다.

따라서 $\dfrac{\tan u-u}{u^3}=\dfrac{f'''(c)}{6}$이다.

한편 $u \to 0$일 때 $c \to 0$이 성립하므로 $\lim_{u \to 0} 4 \times \frac{\tan u - u}{u^3} = \lim_{c \to 0} \frac{2}{3} f'''(c) = \frac{2}{3} f'''(0)$이다.

$f'''(u) = 2\sec^4 u + 4\tan^3 u \sec^2 u$이므로 $f'''(0) = 2$이다.

따라서 $\lim_{x \to 0} \frac{g(x)}{x} = \underline{\frac{4}{3}}$이다.

Advanced Problem Solution 07

[1] $\lim_{x \to 0+} f_n(x) = -1$, $\lim_{x \to \infty} f_n(x)$는 $+\infty$로 발산하므로 사잇값 정리에 의해 $f_n(x) = 0$을 만족하는 x가 $(0, \infty)$에 존재한다.

그리고 $x > 0$일 때, $f_n'(x) = n^2 x^{n-1} + (n-1)^2 x^{n-2} + \cdots \cdots + 4x + 1$이므로 $f_n'(x) > 0$이므로 $f_n(x) = 0$를 만족하는 x는 $(0, \infty)$에 유일하게 존재한다.

[2] $x > 0$일 때 $f_{n+1}(x) = f_n(x) + (n+1)x^{n+1} > f_n(x)$이다. 이를 기반으로 그림을 그려주면 fig.1.과 같다.

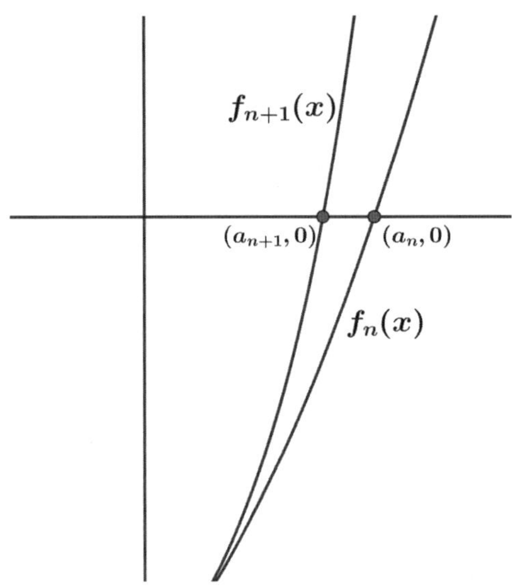

▲ fig.1. Advanced problem 7 solution의 그림

그래프를 통해 모든 n에 대해 $a_n > a_{n+1}$이 증명되었다.

[3] 모든 n에 대해 $a_n > a_{n+1}$이 성립하므로 모든 $n \geq 2$에 대해 $a_n \leq \frac{1}{2}$가 성립한다. 그리고 [1]에서 $f_n(x) = 0$를 만족하는 x는 $(0, \infty)$에 유일하게 존재함을 확인하였기 때문에 $a_n > 0$이다.

따라서 모든 $n \geq 2$에 대해 $0 < a_n \leq \frac{1}{2}$가 성립한다.

또한 모든 n에 대해 $a_n > a_{n+1}$이 성립하고, $a_n > 0$이므로 문제 조건에 의해 $\{a_n\}$은 수렴한다.

[4] $f_n(x) = nx^n + (n-1)x^{n-1} \cdots\cdots + x - 1$에서 양변에 $1 - x$를 곱한다.

$(1-x)f_n(x) = nx^n + (n-1)x^{n-1} \cdots\cdots + x - 1 - nx^{n+1} - (n-1)x^n \cdots\cdots - x^2 + x$

$\qquad = -nx^{n+1} + x^n + x^{n-1} \cdots\cdots + x + 1 + x - 2$

여기에 한번 더 양변에 $1 - x$를 곱한다.

$(1-x)^2 f_n(x) = -nx^{n+1} + nx^{n+2} + 1 - x^{n+1} + (x-2)(1-x)$

이제 양변에 $x = a_n$을 대입해주면,

$0 = -na_n^{n+1} + na_n^{n+2} + 1 - a_n^{n+1} + (a_n - 2)(1 - a_n)$이다. [3]에서 $\{a_n\}$이 수렴함을 확인하였으므로 $\lim_{n \to \infty} a_n = L$이라고 하자. 이제 양변에 극한을 취해주면,

$0 < a_n \le \frac{1}{2}$이고, $|r| < 1$이면 $\lim_{n\to\infty} r^n \times n = 0$이므로 $0 = 1 + (L-2)(1-L)$이다.

추가적으로 $0 < a_n \le \frac{1}{2}$이 성립하므로 $0 \le L \le \frac{1}{2}$이고, 위의 이차방정식을 만족하는 L을 구해주면

$L = \frac{3-\sqrt{5}}{2}$이다.

따라서 $\lim_{n\to\infty} a_n = \frac{3-\sqrt{5}}{2}$이다.

Advanced Problem Solution 08

[1] $h(x) = f(x) - g(x)$라고 하자. 그러면 $f(x)$, $g(x)$모두 n차 이하의 다항식이므로 $h(x)$ 또한 n차 이하의 다항식이다.

한편 $1 \le k \le n+1$의 정수 k에 대해 $h(x_k) = f(x_k) - g(x_k) = f(x_k) - f(x_k) = 0$이다.

따라서 $h(x) = 0$이고, $f(x) = g(x)$이다.

[2] $L_k(x) = \prod_{\substack{i=1 \\ i \ne k}}^{n+1} \frac{x - x_i}{x_k - x_i}$에서 $L_k(x_p) = \begin{cases} 1 & (p = k) \\ 0 & (p \ne k) \end{cases}$임을 알 수 있다.

그리고 $H(x) = L(x) - \sum_{k=1}^{n+1} f(x_k) L_k(x)$라고 하자.

그러면 $1 \le k \le n+1$에 대해 $L_k(x)$, $L(x)$ 모두 n차 이하의 다항식이므로 $H(x)$ 또한 n차 이하의 다항식이다.

그리고 $1 \le p \le n+1$의 정수 p에 대해,

$$\begin{aligned} H(x_p) &= L(x_p) - \sum_{k=1}^{n+1} f(x_k) L_k(x_p) = L(x_p) - f(x_p) L_k(x_p) \\ &= L(x_p) - f(x_p) = f(x_p) - f(x_p) = 0 \end{aligned}$$

이고, $H(x)$가 n차 이하의 다항식이므로 $H(x) = 0$이다. 따라서 $L(x) = \sum_{k=1}^{n+1} f(x_k) L_k(x)$이다.[22)]

[3] $f(x)$를 $f(-1)$, $f(1)$, $f(-2)$, $f(2)$로 나타내자.

그러면 이를 라그랑주 보간 다항식에 대입해주면 아래와 같다.

$$\begin{aligned} f(x) &= \frac{(x-1)(x-2)(x+2)}{(-2)(-3)(1)} f(-1) + \frac{(x+1)(x-2)(x+2)}{(2)(-1)(3)} f(1) \\ &\quad + \frac{(x-1)(x+1)(x-2)}{(-3)(-1)(-4)} f(-2) + \frac{(x-1)(x+1)(x+2)}{(1)(3)(4)} f(2) \\ &= \frac{(x-1)(x-2)(x+2)}{6} f(-1) - \frac{(x+1)(x-2)(x+2)}{6} f(1) \\ &\quad - \frac{(x-1)(x+1)(x-2)}{12} f(-2) + \frac{(x-1)(x+1)(x+2)}{12} f(2) \end{aligned}$$

이제 $x = 0$을 대입해주면, $f(0) = \frac{2}{3} f(-1) + \frac{2}{3} f(1) - \frac{1}{6} f(-2) - \frac{1}{6} f(2)$이다.

한편 나머지 정리에 의해 $\begin{cases} f(-1),\ f(1) = \pm 2 \\ f(-2),\ f(2) = \pm 1 \end{cases}$이다.

이때 $f(x)$는 3차함수이므로 3차항의 계수가 0이 되면 안된다.

즉, $2(f(-1) - f(1)) + (f(2) - f(-2)) \ne 0$이다.

따라서 $f(0)$을 최대화 시키는 $f(-1)$, $f(1)$, $f(-2)$, $f(2)$의 조합은

$\begin{cases} f(-1) = f(1) = 2 \\ f(-2) = 1,\ f(2) = -1 \end{cases}$ 이고, 그때 $f(0)_{\max} = \frac{8}{3}$이다.

22) 이를 라그랑주 보간 다항식이라고 부른다.

Advanced Problem Solution 09

[1] $I_0=\int_0^{\frac{\pi}{4}}dx=\frac{\pi}{4}$, $I_1=\int_0^{\frac{\pi}{4}}\tan x\,dx=\frac{\ln 2}{2}$

평균값 정리에 의해 $\int_0^{\frac{\pi}{4}}\tan^n x\,dx=\frac{\pi}{4}\times\tan^n c$인 c가 $\left(0,\ \frac{\pi}{4}\right)$에 존재한다.

한편 $n\to\infty$일 때 $0<\tan c<1$이므로 $\tan^n c\to 0$이다.

따라서 $\lim_{n\to\infty}I_n=0$이다.

$$\begin{aligned}I_{n+2}&=\int_0^{\frac{\pi}{4}}\tan^{n+2}x\,dx=\int_0^{\frac{\pi}{4}}\tan^n x(\sec^2x-1)\,dx=\int_0^{\frac{\pi}{4}}\tan^n x(\sec^2x-1)\,dx\\&=\int_0^{\frac{\pi}{4}}\tan^n x\sec^2x\,dx-\int_0^{\frac{\pi}{4}}\tan^n x\,dx\\&=\left[\frac{1}{n+1}\tan^{n+1}x\right]_0^{\frac{\pi}{4}}-\int_0^{\frac{\pi}{4}}\tan^n x\,dx\\&=\frac{1}{n+1}-I_n\end{aligned}$$

따라서 $I_{n+2}=\frac{1}{n+1}-I_n$이다.

[2] $I_{n+2}=\frac{1}{n+1}-I_n$에서 n대신 $2n-2$를 넣어주고 적절히 이항을 시킨 뒤 양변에

$(-1)^{n-1}$을 곱해주면 $\frac{(-1)^{n-1}}{2n-1}=-(-1)^nI_{2n}+(-1)^{n-1}I_{2n-2}$이다.

$S_n=\sum_{k=1}^{n}\frac{(-1)^{k-1}}{2k-1}=\sum_{k=1}^{n}\left\{-(-1)^kI_{2k}+(-1)^{k-1}I_{2k-2}\right\}=I_0-(-1)^nI_{2n}$이고,

$\lim_{n\to\infty}S_n=\lim_{n\to\infty}I_0-(-1)^nI_{2n}=I_0=\frac{\pi}{4}$이다.

따라서 $\sum_{n=1}^{\infty}\frac{(-1)^{n-1}}{2n-1}=\frac{\pi}{4}$이다.

[3] $\frac{1}{n}=I_{n+1}+I_{n-1}$이므로 $\frac{(-1)^{n-1}}{n}=(-1)^{n+1}I_{n+1}+(-1)^{n-1}I_{n-1}$이다.

$\sum_{n=1}^{\infty}(-1)^{n-1}I_{n-1}$의 값이 존재하므로 $S=\sum_{n=1}^{\infty}(-1)^{n-1}I_{n-1}$라고 하자.

$$\begin{aligned}S&=\int_0^{\frac{\pi}{4}}\sum_{n=1}^{\infty}(-\tan x)^{n-1}dx=\int_0^{\frac{\pi}{4}}\frac{1}{1+\tan x}dx\\&=\frac{1}{2}\times\left\{\int_0^{\frac{\pi}{4}}1+\left(\frac{1}{1+\tan x}-\frac{\tan x}{1+\tan^2x}\right)\sec^2x\,dx\right\}\\&=\frac{1}{2}\times\left[x+\ln(1+\tan x)-\frac{1}{2}\ln(1+\tan^2x)\right]_0^{\frac{\pi}{4}}\\&=\frac{\ln 2}{4}+\frac{\pi}{8}\end{aligned}$$

그리고 $\sum_{n=1}^{\infty}(-1)^{n+1}I_{n+1}=\sum_{n=1}^{\infty}(-1)^{n-1}I_{n-1}-(I_0-I_1)=S-\frac{\pi}{4}+\frac{\ln 2}{2}$

$$\sum_{n=1}^{\infty}\frac{(-1)^{n-1}}{n}=\sum_{n=1}^{\infty}(-1)^{n+1}I_{n+1}+\sum_{n=1}^{\infty}(-1)^{n-1}I_{n-1}$$
$$=S-\frac{\pi}{4}+\frac{\ln 2}{2}+S$$
$$=2S-\frac{\pi}{4}+\frac{\ln 2}{2}$$
$$=2\left(\frac{\ln 2}{4}+\frac{\pi}{8}\right)-\frac{\pi}{4}+\frac{\ln 2}{2}$$
$$=\ln 2$$

따라서 $\sum_{n=1}^{\infty}\frac{(-1)^{n-1}}{n}=\ln 2$이다.

Advanced Problem Solution 10

[1] $I_0=\int_0^1 e^{-kx}dx=\frac{1-e^{-k}}{k}$

$I_n=\int_0^1 e^{-kx}x^n\,dx=\left[-\frac{1}{k}e^{-kx}x^n\right]_0^1+\int_0^1 nx^n\frac{1}{k}e^{-kx}\,dx=-\frac{e^{-k}}{k}+\frac{n}{k}I_{n-1}$

따라서 $I_0=\frac{1-e^{-k}}{k}$, $I_n=-\frac{e^{-k}}{k}+\frac{n}{k}I_{n-1}$이다.

[2] 부등식 $\int_0^1(tf(x)-g(x))^2dx\geq 0$은 모든 t에 대해서 성립한다.

이 부등식을 전개하면 $t^2\int_0^1(f(x))^2dx-2t\int_0^1 f(x)g(x)\,dx+\int_0^1(g(x))^2dx\geq 0$이다.

우선 $\int_0^1(f(x))^2dx>0$이면 판별식이 음수이거나 0이어야 하므로

$\left(\int_0^1 f(x)g(x)\,dx\right)^2\leq\left(\int_0^1(f(x))^2dx\right)\left(\int_0^1(g(x))^2dx\right)$이 성립한다.

그리고 $\int_0^1(f(x))^2dx=0$이면 $f(x)=0$이므로 부등식 ①이 자명하게 성립한다.

따라서 연속함수 $f(x)$, $g(x)$에 대하여 부등식 ①이 성립한다.
이제 부등식 ①을 적용해주면,

$(I_n)^2\leq\left(\int_0^1 e^{-2kx}dx\right)\left(\int_0^1 x^{2n}dx\right)=\frac{1-e^{-2k}}{2k(2n+1)}$이 성립한다.

그러면 $\left(\frac{k^{n+1}}{n!}I_n\right)^2\leq\frac{k^{2n+1}(1-e^{-2k})}{2(2n+1)(n!)^2}$이다.

한편 $n\geq 2k$일 때 $n!\geq(2k)!=2k(2k-1)\cdots\cdots(k+1)k(k-1)\cdots\cdots 1$
$$>k(\ \ k\ \ )\cdots\cdots(\ \ k\ \ )k$$
$$=k^{n+1}$$

이 성립하므로 $n\geq 2k$일 때 $n!>k^{n+1}$이다.

즉, $n\geq 2k$일 때 $0\leq\left(\frac{k^{n+1}}{n!}I_n\right)^2<\frac{(1-e^{-2k})}{2k}\times\frac{1}{(2n+1)}$이다.

이제 $n\to\infty$를 취해주면, $\lim_{n\to\infty}\frac{(1-e^{-2k})}{2k}\times\frac{1}{(2n+1)}=0$이므로 $\lim_{n\to\infty}\left(\frac{k^{n+1}}{n!}I_n\right)^2=0$이다.

따라서 $\lim_{n\to\infty}\frac{k^{n+1}}{n!}I_n=0$이다.

[3] $I_n = -\dfrac{e^{-k}}{k} + \dfrac{n}{k} I_{n-1}$에서 양변에 $\dfrac{k^n}{n!}$을 곱하자.

그러면 $\dfrac{k^n}{n!} I_n = \dfrac{k^{n-1}}{(n-1)!} I_{n-1} - \dfrac{k^{n-1}}{n!} e^{-k}$이 성립한다.

이제 n에 $1 \sim n$을 대입 후 식을 모두 더해주면

$\dfrac{k^n}{n!} I_n = I_0 - e^{-k}\left(1 + \dfrac{k}{2!} + \dfrac{k^2}{3!} + \cdots \cdots + \dfrac{k^{n-1}}{n!}\right)$이다.

따라서 $\underline{I_n = \dfrac{n!}{k^{n+1}}\left\{1 - e^{-k}\left(1 + k + \dfrac{k^2}{2!} + \cdots \cdots + \dfrac{k^n}{n!}\right)\right\}}$이다.

[4] $\dfrac{k^{n+1}}{n!} I_n = 1 - e^{-k}\left(1 + k + \dfrac{k^2}{2!} + \cdots \cdots + \dfrac{k^n}{n!}\right)$이고, [2]에서 $\lim_{n\to\infty} \dfrac{k^{n+1}}{n!} I_n = 0$임을 확인하였으므로

$\lim_{n\to\infty} 1 - e^{-k}\left(1 + k + \dfrac{k^2}{2!} + \cdots \cdots + \dfrac{k^n}{n!}\right) = 0$이다.

따라서 $e^x = \sum_{n=0}^{\infty} \dfrac{x^n}{n!}$이다.

Advanced Problem Solution 11

[1] $f(x) = \dfrac{x^4+1}{x^2+1}$에서 $x^2 = t$로 치환하자. 그러면 본 문제는 $t \in [0, 1]$일 때 $h(t) = \dfrac{1+t^2}{1+t}$의 최댓값과 최솟값을 구하는 것과 동일하다.

$h'(t) = \dfrac{t^2+2t-1}{(1+t)^2}$이므로 $t \in [0, 1]$일 때 $t = -1 + \sqrt{2}$에서 극소이다.

이때 $h(\sqrt{2}-1) = 2 - \sqrt{2}$이고, $h(0) = h(1) = 1$이므로 $\underline{M = 1,\ m = 2\sqrt{2} - 2}$이다.

[2] 우선 $x \in [-1, 1]$에서 $2\sqrt{2} - 2 \le g(x) \le 1$가 되도록 $f(x)$, $g(x)$가 존재한다고 가정했을 때 그래프를 대략적으로 그려보면 fig.2.과 같다.

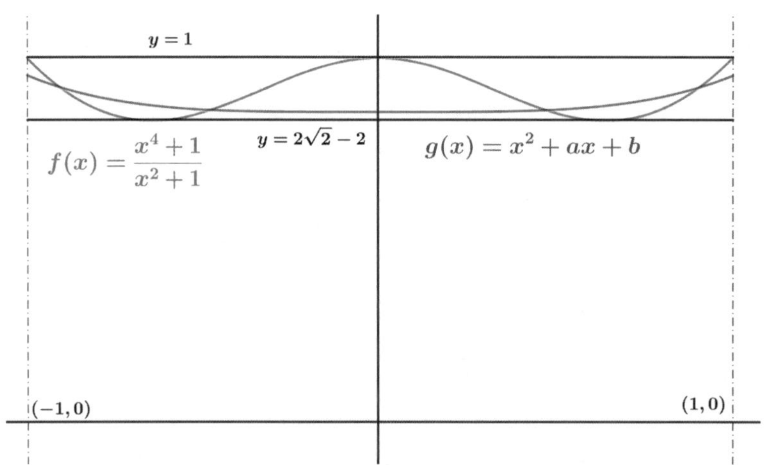

▲ fig.2. Advanced problem 11 solution의 그림

이때 $f(x)$, $g(x)$의 교점은 4개 나오는 것을 확인 할 수 있다.

이는 $(x^2+1)(g(x) - f(x)) = 0$의 서로 다른 실근 개수가 4개라는 뜻이다.

위의 식을 정리해주면 $(x^2+1)(g(x) - f(x)) = ax^3 + (b+1)x^2 + ax + b - 1 = 0$이다.

한편 $(x^2+1)(g(x) - f(x)) = 0$는 3차 이하의 방정식인 반면, 실근 개수가 4개이므로 모순이다. 따라서 (a, b)의 순서쌍이 존재하지 않는다.

Advanced Problem Solution 12

[1] $f_A(x)$, $f_B(x)$가 모두 확률밀도함수이므로 $\int_{-\infty}^{\infty} f_A(x)dx = \int_{-\infty}^{\infty} f_B(x)dx = 1$이다.

따라서 $\int_{-\infty}^{\infty} k_A e^{-\frac{(x-m)^2}{2\sigma_A^2}} dx = \int_{-\infty}^{\infty} k_A \sqrt{2\sigma_A^2}\, e^{-t^2}dt = k_A\sqrt{2\pi\sigma_A^2} = 1$이고,

마찬가지 방식을 이용하면 $\int_{-\infty}^{\infty} f_B(x)dx = k_B\sqrt{2\pi\sigma_B^2} = 1$이다.

따라서 $k_A = \frac{1}{\sqrt{2\pi\sigma_A^2}}$, $k_B = \frac{1}{\sqrt{2\pi\sigma_B^2}}$이다.

[2] 우선 $\int_{-\infty}^{\infty} xe^{-x^2}dx$, $\int_{-\infty}^{\infty} x^2e^{-x^2}dx$를 구하자.

$y = xe^{-x^2}$의 경우 기함수이므로 $\int_{-\infty}^{\infty} xe^{-x^2}dx = 0$이다.

$$\int_{-\infty}^{\infty} x^2e^{-x^2}dx = \int_{-\infty}^{\infty} x \times xe^{-x^2}dx = \left[-\frac{x}{2}e^{-x^2}\right]_{-\infty}^{\infty} + \int_{-\infty}^{\infty}\frac{1}{2}e^{-x^2}dx = \frac{\sqrt{\pi}}{2}$$

$$E[A] = \int_{-\infty}^{\infty} xk_A e^{-\frac{(x-m)^2}{2\sigma_A^2}}dx = \int_{-\infty}^{\infty}\sqrt{2\sigma_A^2}\left(m+\sqrt{2\sigma_A^2}\,t\right)k_A e^{-t^2}dt$$
$$= \int_{-\infty}^{\infty}\sqrt{2\sigma_A^2}\,mk_A e^{-t^2}dt = \sqrt{2\pi\sigma_A^2}\,mk_A = m$$

$$E[B] = \int_{-\infty}^{\infty} x\left(\frac{1}{2}k_B e^{-\frac{(x-m_1)^2}{2\sigma_B^2}} + \frac{1}{2}k_B e^{-\frac{(x-m_2)^2}{2\sigma_B^2}}\right)dx$$

$$= \int_{-\infty}^{\infty}\frac{\sqrt{2\sigma_B^2}}{2}\left(m_1+\sqrt{2\sigma_B^2}\,t\right)k_B e^{-t^2}dt + \int_{-\infty}^{\infty}\frac{\sqrt{2\sigma_B^2}}{2}\left(m_2+\sqrt{2\sigma_B^2}\,t\right)k_B e^{-t^2}dt$$
$$= \int_{-\infty}^{\infty}\frac{\sqrt{2\sigma_B^2}}{2}(m_1+m_2)k_B e^{-t^2}dt = \sqrt{2\pi\sigma_B^2}\,\frac{m_1+m_2}{2}k_B = \frac{m_1+m_2}{2}$$

$$E[A^2] = \int_{-\infty}^{\infty} x^2k_A e^{-\frac{(x-m)^2}{2\sigma_A^2}}dx = \int_{-\infty}^{\infty}\sqrt{2\sigma_A^2}\left(m+\sqrt{2\sigma_A^2}\,t\right)^2 k_A e^{-t^2}dt$$
$$= \int_{-\infty}^{\infty}\sqrt{2\sigma_A^2}\,k_A\left(m^2+2\sigma_A^2t^2\right)e^{-t^2}dt = \sqrt{2\pi\sigma_A^2}\,k_A\left(m^2+\sigma_A^2\right) = m^2+\sigma_A^2$$

$$E[B^2] = \int_{-\infty}^{\infty} x^2\left(\frac{1}{2}k_B e^{-\frac{(x-m_1)^2}{2\sigma_B^2}} + \frac{1}{2}k_B e^{-\frac{(x-m_2)^2}{2\sigma_B^2}}\right)dx$$

$$= \int_{-\infty}^{\infty}\frac{\sqrt{2\sigma_B^2}}{2}\left(m_1+\sqrt{2\sigma_B^2}\,t\right)^2 k_B e^{-t^2}dt + \int_{-\infty}^{\infty}\frac{\sqrt{2\sigma_B^2}}{2}\left(m_2+\sqrt{2\sigma_B^2}\,t\right)^2 k_B e^{-t^2}dt$$
$$= \int_{-\infty}^{\infty}\frac{\sqrt{2\sigma_B^2}}{2}\left(m_1^2+m_2^2+4\sigma_B^2t^2\right)k_B e^{-t^2}dt = \sqrt{2\pi\sigma_B^2}\,\frac{m_1^2+m_2^2+2\sigma_B^2}{2}k_B$$
$$= \frac{m_1^2+m_2^2+2\sigma_B^2}{2}$$

$Var(A) = E[A^2]-(E[A])^2$, $Var(B) = E[B^2]-(E[B])^2$이므로

$Var(A) = m^2+\sigma_A^2-m^2 = \sigma_A^2$, $Var(B) = \frac{m_1^2+m_2^2+2\sigma_B^2}{2} - \left(\frac{m_1+m_2}{2}\right)^2 = \sigma_B^2 - \left(\frac{m_1-m_2}{2}\right)^2$

따라서 $E[A] = m$, $E[B] = \frac{m_1+m_2}{2}$, $Var(A) = \sigma_A^2$, $Var(B) = \sigma_B^2 - \left(\frac{m_1-m_2}{2}\right)^2$이다.

[3] $\underline{m = \frac{m_1 + m_2}{2},\ \sigma_A^2 = \sigma_B^2 - \left(\frac{m_1 - m_2}{2}\right)^2}$

[4] $m = 0,\ m_2 = 1,\ \sigma_B = \sqrt{2}$을 이용하면 $m_1 = -1,\ \sigma_A = 1$임을 알 수 있다.

그리고 이를 $f_A(x),\ f_B(x)$에 대입해주면,

$f_A(x) = \frac{1}{\sqrt{2\pi}} e^{-\frac{x^2}{2}},\ f_B(x) = \frac{1}{4\sqrt{\pi}}\left(e^{-\frac{(x+1)^2}{4}} + e^{-\frac{(x-1)^2}{4}}\right)$이다.

우선 $x = 1, 3$에서의 함수값을 각각 구해보면,

$f_A(1) = \frac{e^{-\frac{1}{2}}}{\sqrt{2\pi}},\ f_A(3) = \frac{e^{-\frac{9}{2}}}{\sqrt{2\pi}},\ f_B(1) = \frac{e^{-1} + 1}{4\sqrt{\pi}},\ f_B(3) = \frac{e^{-4} + e^{-1}}{4\sqrt{\pi}}$이다.

$$f_A(1) - f_B(1) = \frac{1}{4\sqrt{\pi}}\left(\sqrt{\frac{8}{e}} - 1 - \frac{1}{e}\right)$$
$$> \frac{1}{4\sqrt{\pi}}\left(\sqrt{\frac{8}{2\sqrt{2}}} - 1 - \frac{1}{2}\right) = \frac{1}{4\sqrt{\pi}}\left(\sqrt{\sqrt{8}} - \sqrt{\sqrt{\frac{81}{16}}}\right) > 0$$

$$f_A(3) - f_B(3) = \frac{1}{4\sqrt{\pi}}\left(\sqrt{\frac{8}{e^9}} - \frac{1}{e^4} - \frac{1}{e}\right)$$
$$< \frac{1}{4\sqrt{\pi}}\left(\sqrt{\frac{8}{2^9}} - \frac{1}{(2\sqrt{2})^4} - \frac{1}{2\sqrt{2}}\right) = \frac{1}{4\sqrt{\pi}}\left(\frac{1}{8} - \frac{1}{64} - \frac{1}{2\sqrt{2}}\right) < 0$$

따라서 $\underline{f_A(1) > f_B(1),\ f_A(3) < f_B(3)}$이다.

마지막으로 이를 기반으로 확률밀도함수를 그려주면 fig.3.과 같다.

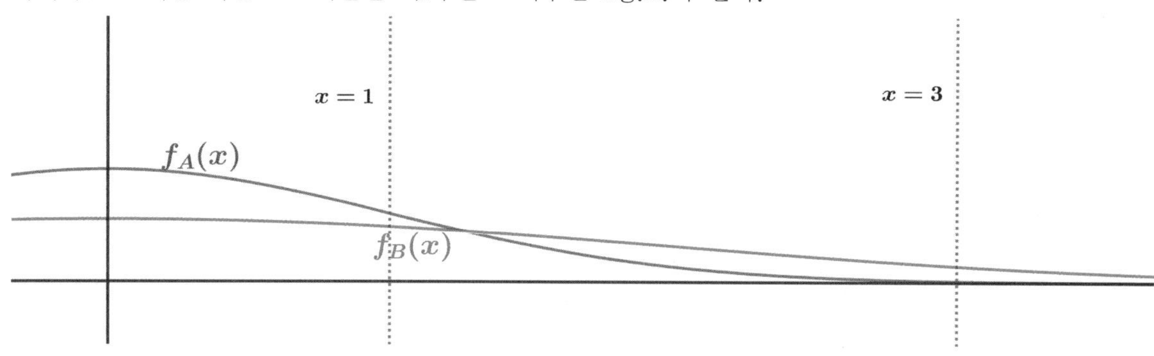

▲ fig.3. Advanced problem 12 solution의 그림

[5] fig.3.의 그림을 통해 $\underline{P(X \geq 1)}$<u>는 A학급이 높고,</u> $\underline{P(X \geq 3)}$<u>는 B학급이 높음</u>을 확인할 수 있다.
이를 통해 두 학급의 평균과 표준편차는 동일하지만 A학급은 초고득점자는 적고 중앙에 점수대가 몰려있는 대신, B학급은 초고득점자가 많고 점수대가 넓게 퍼져있는 것을 의 알 수 있다.
두 학급의 평균과 표준편차는 동일하지만, A학급은 정규분포이고 B학급은 혼합분포이다. z-score는 "정규성"을 가정한 상대척도라서 A학급에서는 백분위와 거의 일치하지만, B학급처럼 분포 모양이 다르면 같은 z-score라도 상위 비율이 크게 달라진다. 따라서 **z-score만으로 서로 다른 분포의 학급을 한 줄로 비교/추적하는 것은 타당하지 않다.** 상위권/하위권 비율 판단이 바뀌거나, 동일 z-score의 의미가 학급마다 달라질 수 있기 때문이다.

Advanced Problem Solution 13

[1] $m^n = n^m$에서 양변에 ln을 씌우고, 양변을 mn으로 나누어주면, $\dfrac{\ln m}{m} = \dfrac{\ln n}{n}$이다.

이제 $f(x) = \dfrac{\ln x}{x}$라고 하자. $f'(x) = \dfrac{1 - \ln x}{x^2}$이므로 $f(x)$는 $x = e$에서 극댓값 $\dfrac{1}{e}$를 갖는다.

$\dfrac{\ln m}{m} = \dfrac{\ln n}{n}$이 성립하기 위해선 $f(x)$와 $y = k$의 교점이 두 개 이상이어야 한다.

한편 $0 < m < 1$이면 fig.4.에서와 같이 $f(x)$와 $y = \dfrac{\ln m}{m}$과의 교점이 1개뿐이므로 $0 < m < 1$일 때 위의 식을 만족하는 (m, n)의 순서쌍이 존재하지 않는다.

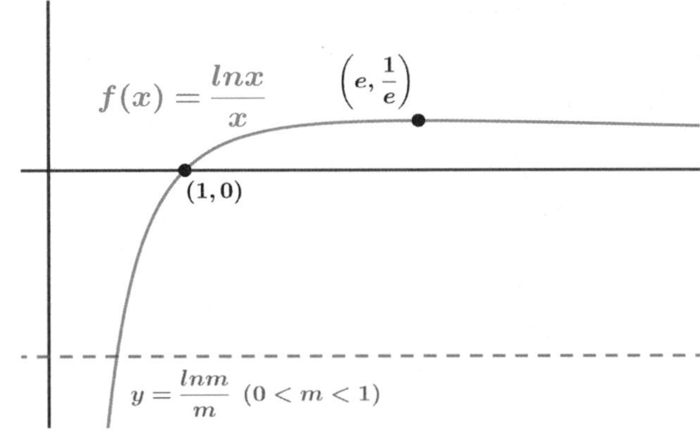

▲ fig.4. Advanced problem 13-[1] solution의 그림

[2] $f(x)$와 $y = k$의 교점이 두 개 이상이어야 하기 위해선 fig.5.에서와 같이 k의 범위가 $0 < k < \dfrac{1}{e}$이어야 한다.

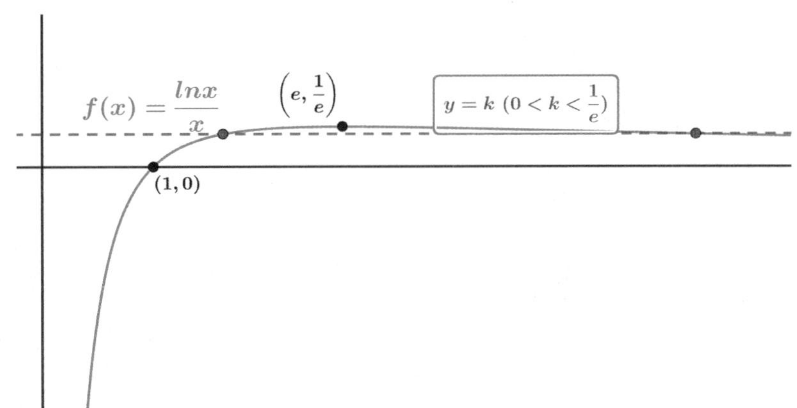

▲ fig.5. Advanced problem 13-[2] solution의 그림

이때 $e \simeq 2.718$이므로 $m < n$이라고 가정했을 때 가능한 m의 값은 $m = 2$뿐이다.

그리고 n의 값은 한 개로 대응되고, $\dfrac{\ln 2}{2} = \dfrac{\ln 4}{4}$이므로 n의 값은 $n = 4$이다.

따라서 $\underline{(m, n) = (2, 4), (4, 2)}$이다.

Advanced Problem Solution 14

[1] $x_n=(1+\sqrt{2})^n+r^n$이 모든 자연수 n에 대하여 짝수가 되어야 하므로 $n=1$일 때도 성립해야한다.

$x_1=1+\sqrt{2}+r$이 짝수이므로 $r=2k-1-\sqrt{2}$(단, k는 정수)이어야 한다. 또한 $n=2$일 때도 성립해야 한다. $x_2=4k^2-4k+6+(4-4k)\sqrt{2}$이므로 $k=1$이다. 즉, x_n이 짝수이기 위해선 r이 가능한 후보는 $r=1-\sqrt{2}$뿐이다.

이제 $r=1-\sqrt{2}$일 때 모든 자연수 n에 대하여 x_n이 짝수임을 보이자.

우선 $n=1, 2$일 때는 $x_1=2$, $x_2=6$이므로 성립한다.

다음으로 $t=1\pm\sqrt{2}$일 때 모든 자연수 n에 대해 $t^{n+2}-2t^{n+1}-t^n=0$이므로,

모든 자연수 n에 대해 $x_{n+2}=2x_{n+1}+x_n$이 성립한다.

x_n, x_{n+1}이 짝수라고 가정하면 $x_{n+2}=2x_{n+1}+x_n$이므로 x_{n+2}도 짝수이다. 수학적 귀납법에 의해 모든 자연수 n에 대해 x_n이 짝수임을 알 수 있다.

결론적으로 모든 자연수 n에 대해 $x_n=(1+\sqrt{2})^n+r^n$을 짝수로 만드는 r은 $\underline{r=1-\sqrt{2}}$로 유일하다.

[2] $(1+\sqrt{2})^n=(a_n+b_n\sqrt{2})(1+\sqrt{2})=(a_n+2b_n)+(a_n+b_n)\sqrt{2}$이므로,

$a_{n+1}=a_n+2b_n$, $b_{n+1}=a_n+b_n$이다. 그리고 두 식을 적절히 연립해주면,

$\underline{a_{n+2}=2a_{n+1}+a_n,\ b_{n+2}=2b_{n+1}+b_n}$이다.

[3] $a_{n+2}=2a_{n+1}+a_n$, $b_{n+2}=2b_{n+1}+b_n$를 만족하기 위해선 a_n, b_n은 아래의 꼴이어야 한다.

$a_n=p(1+\sqrt{2})^n+q(1-\sqrt{2})^n$, $b_n=r(1+\sqrt{2})^n+s(1-\sqrt{2})^n$

$a_1=1$, $b_1=1$, $a_2=3$, $b_2=2$임을 이용하여 p, q, r, s를 구해주면,

$p=\frac{1}{2}$, $q=\frac{1}{2}$, $r=\frac{1}{2\sqrt{2}}$, $p=-\frac{1}{2\sqrt{2}}$이다.

$\lim_{n\to\infty}\frac{b_n}{a_n}=\frac{r}{p}$이므로 $\underline{\lim_{n\to\infty}\frac{b_n}{a_n}=\frac{1}{\sqrt{2}}}$이다.

Advanced Problem Solution 15

[1] $\frac{1}{\sqrt{n}}=\frac{1}{2}\left(\frac{1}{\sqrt{n}}+\frac{1}{\sqrt{n}}\right)>\frac{1}{2}\left(\frac{1}{\sqrt{n+1}}+\frac{1}{\sqrt{n}}\right)=2(\sqrt{n+1}-\sqrt{n})$

$\frac{1}{\sqrt{n}}=\frac{1}{2}\left(\frac{1}{\sqrt{n}}+\frac{1}{\sqrt{n}}\right)<\frac{1}{2}\left(\frac{1}{\sqrt{n}}+\frac{1}{\sqrt{n-1}}\right)=2(\sqrt{n}-\sqrt{n-1})$

따라서 $n\geq 2$이면 $2(\sqrt{n+1}-\sqrt{n})<\frac{1}{\sqrt{n}}<2(\sqrt{n}-\sqrt{n-1})$이다.

[2] $2(\sqrt{n+1}-\sqrt{n})<\frac{1}{\sqrt{n}}<2(\sqrt{n}-\sqrt{n-1})$에서 $n=2\sim 2025$까지 대입 후 각 항별로 모두 더하면,

$2(\sqrt{2026}-\sqrt{2})<\sum_{n=2}^{2025}\frac{1}{\sqrt{n}}<2(\sqrt{2025}-1)=88$이다.

그리고 각 항에 1을 더해주면 $2(\sqrt{2026}-\sqrt{2})+1<\sum_{n=1}^{2025}\frac{1}{\sqrt{n}}<89$

이때 $\sqrt{2026}>45$, $\sqrt{2}<1.5$이므로 $2(\sqrt{2026}-\sqrt{2})+1>88$이다.

따라서 $88<\sum_{n=1}^{2025}\frac{1}{\sqrt{n}}<89$이므로 $\underline{\left[\sum_{k=1}^{2025}\frac{1}{\sqrt{k}}\right]=88}$이다.

[3] 1이상의 모든 자연수 k에 대하여 $k < x < k+1$이면 $\frac{1}{k+1} < \frac{1}{x} < \frac{2k+1-x}{k(k+1)}$이다.

이는 fig.6.의 그래프를 통해 알 수 있는 사실이다.

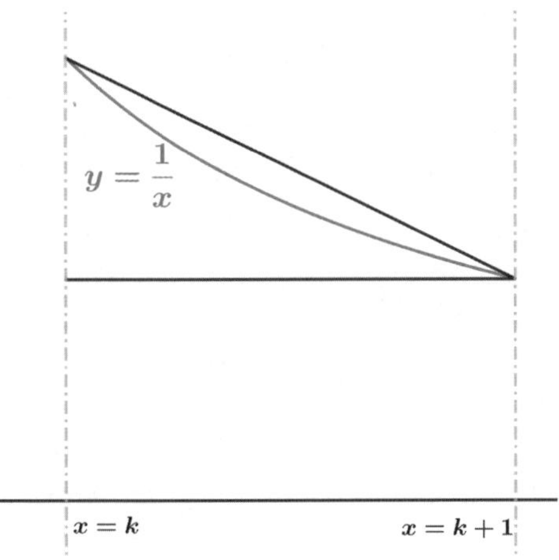

▲ fig.6. Advanced problem 15 solution의 그림

이제 각 항에 $[k, k+1]$에서 정적분 해주면 아래와 같은 부등식을 얻을 수 있다.

$\frac{1}{k+1} < \ln\left(\frac{k+1}{k}\right) < \frac{1}{2}\left(\frac{1}{k} + \frac{1}{k+1}\right)$

그리고 $S = \sum_{k=1}^{2024} \frac{1}{k}$이라 하고, 위의 부등식에 $k = 1 \sim 2024$까지 대입 후 각 항별로 더해주면,

$S - 1 + \frac{1}{2025} < \ln(2025) < \frac{1}{2}\left(2S - 1 + \frac{1}{2025}\right)$이다.

따라서 $\ln(2025) + \frac{1}{2} - \frac{1}{4050} < S < \ln(2025) + 1 - \frac{1}{2025}$이다.

$\ln 2025 = 4\ln 3 + 2\ln 5 = 7.614$이므로 $8.1138 = 7.614 + \frac{1}{2} - \frac{1}{5000} < S < 7.614 + 1 = 8.614$이다.

즉 $\left[\sum_{k=1}^{2024} \frac{1}{k}\right] = 8$이다.

Advanced Problem Solution 16

[1] $I_n = \int_0^{\frac{\pi}{2}} \cos^n x\, dx = \int_0^{\frac{\pi}{2}} \cos x \cos^{n-1} x\, dx$

$= [\sin x \cos^{n-1} x]_0^{\frac{\pi}{2}} + (n-1)\int_0^{\frac{\pi}{2}} \sin^2 x \cos^{n-2} x\, dx$

$= (n-1)\int_0^{\frac{\pi}{2}} (1 - \cos^2 x)\cos^{n-2} x\, dx]$

$= (n-1)I_{n-2} - (n-1)I_n$

그러면 $I_n = \frac{n-1}{n} I_{n-2}$이다.

$x \in \left[0, \frac{\pi}{2}\right]$일 때 $\cos^{2n} x \le cos^{2n-1} x \le cos^{2n-2} x$이므로 $I_{2n} \le I_{2n-1} \le I_{2n-2}$이다. 각 항에 I_{2n}을 나눠주면, $1 \le \frac{I_{2n-1}}{I_{2n}} \le \frac{I_{2n-2}}{I_{2n}}$이다. 한편 $\lim_{n\to\infty} \frac{I_{2n-2}}{I_{2n}} = \lim_{n\to\infty} \frac{2n}{2n-1} = 1$이므로 샌드위치 정리에 의해 $\lim_{n\to\infty} \frac{I_{2n-1}}{I_{2n}} = 1$이다.

[2] $I_0 = \frac{\pi}{2}$, $I_1 = 1$이므로 $\begin{cases} I_{2n} = \frac{2n-1}{2n} \times \frac{2n-3}{2n-2} \times \cdots \times \frac{3}{4} \times \frac{1}{2} \times \frac{\pi}{2} \\ I_{2n-1} = \frac{2n-2}{2n-1} \times \frac{2n-4}{2n-3} \times \cdots \times \frac{4}{5} \times \frac{2}{3} \end{cases}$ 이다.

따라서 $\underline{I_{2n} \times I_{2n-1} = \frac{\pi}{4n}}$ 이다.

그리고 $\sqrt{\frac{n}{4n+4}\pi} \le \sqrt{nI_{2n+2}I_{2n+1}} \le \sqrt{n}\, I_{2n} = \sqrt{nI_{2n}^2} \le \sqrt{nI_{2n}I_{2n-1}} = \frac{\sqrt{\pi}}{2}$ 이고,

$\lim_{n\to\infty} \sqrt{\frac{n}{4n+4}\pi} = \frac{\sqrt{\pi}}{2}$ 이므로 샌드위치 정리에 의해 $\underline{\lim_{n\to\infty} \sqrt{n}\, I_{2n} = \frac{\sqrt{\pi}}{2}}$ 이다.

[3] $e^x \ge 1+x$이므로 역수를 취해주면 $e^{-x} \le \frac{1}{1+x}$이다. 또한 x 대신 $-x$를 넣어주면

$e^{-x} \ge 1-x$이다. 따라서 $1-x \le e^{-x} \le \frac{1}{1+x}$이다.

이제 x 대신 $\frac{u^2}{2n}$을 넣어주면, $1-\frac{u^2}{2n} \le e^{-\frac{u^2}{2n}} \le \frac{1}{1+\frac{u^2}{2n}}$ 이 성립한다.

그리고 각 항에 n제곱을 취해주면, $\left(1-\frac{u^2}{2n}\right)^{2n} \le e^{-u^2} \le \left(\frac{1}{1+\frac{u^2}{2n}}\right)^{2n}$ 이다.

이제 각 항에 $[0, \infty)$에서 정적분을 취해주면 아래와 같다.

$$\int_0^\infty \left(1-\frac{u^2}{2n}\right)^{2n} du \le \int_0^\infty e^{-u^2} du \le \int_0^\infty \left(\frac{1}{1+\frac{u^2}{2n}}\right)^{2n} du$$

$u = \sqrt{2n}\, t$로 치환해주면 $du = \sqrt{2n}\, dt$이고 적분식에 대입해주면,

$\int_0^\infty \left(1-\frac{u^2}{2n}\right)^{2n} du = \int_0^\infty \sqrt{2n}(1-t^2)^{2n} dt$, $\int_0^\infty \left(\frac{1}{1+\frac{u^2}{2n}}\right)^{2n} du = \int_0^\infty \frac{\sqrt{2n}}{(1+t^2)^n} dt$이다.

따라서 $\int_0^\infty \sqrt{2n}(1-t^2)^{2n} dt \le \int_0^\infty e^{-t^2} dt \le \int_0^\infty \frac{\sqrt{2n}}{(1+t^2)^{2n}} dt$이다.

[4] 우선 $\int_0^\infty \sqrt{2n}(1-t^2)^{2n} dt \ge \int_0^1 \sqrt{2n}(1-t^2)^{2n} dt$이므로

$\int_0^1 \sqrt{2n}(1-t^2)^{2n} dt \le \int_0^\infty e^{-t^2} dt \le \int_0^\infty \frac{\sqrt{2n}}{(1+t^2)^{2n}} dt$이다.

그리고 $\int_0^1 \sqrt{2n}(1-t^2)^{2n} dt = \int_0^{\frac{\pi}{2}} \sqrt{2n} \cos^{4n+1}\theta\, d\theta = \sqrt{2n}\, I_{4n+1}$이고,

$\int_0^\infty \frac{\sqrt{2n}}{(1+t^2)^{2n}} dt = \int_0^{\frac{\pi}{2}} \sqrt{2n} \cos^{4n-2}\theta\, d\theta = \sqrt{2n}\, I_{4n-2}$이다.

따라서 $\sqrt{2n}\, I_{4n+1} \le \int_0^\infty e^{-t^2} dt \le \sqrt{2n}\, I_{4n-2}$이다.

한편 $\sqrt{2n}\, I_{4n+2} \le \sqrt{2n}\, I_{4n+1} \le \sqrt{2n}\, I_{4n}$에서 $\lim_{n\to\infty} \sqrt{2n}\, I_{4n} = \frac{\sqrt{\pi}}{2}$이고,

$\lim_{n\to\infty} \sqrt{2n}\, I_{4n+2} = \lim_{n\to\infty} \frac{\sqrt{2n}}{\sqrt{2n+1}} \times \sqrt{2n+1}\, I_{4n+2} = \frac{\sqrt{\pi}}{2}$ 이므로 $\lim_{n\to\infty} \sqrt{2n}\, I_{4n+1} = \frac{\sqrt{\pi}}{2}$이다.

그리고 $\lim_{n\to\infty} \sqrt{2n}\, I_{4n-2} = \lim_{n\to\infty} \frac{\sqrt{2n}}{\sqrt{2n-1}} \times \sqrt{2n-1}\, I_{4n-2} = \frac{\sqrt{\pi}}{2}$ 이다.

따라서 $\sqrt{2n}\, I_{4n+1} \le \int_0^\infty e^{-t^2}dt \le \sqrt{2n}\, I_{4n-2}$에서 $n \to \infty$를 취해주면 $\int_0^\infty e^{-t^2}dt = \frac{\sqrt{\pi}}{2}$이다.

마지막으로 $y = e^{-x^2}$은 우함수이므로 $\underline{\int_{-\infty}^\infty e^{-t^2}dt = \sqrt{\pi}}$이다.

Advanced Problem Solution 17

[1] $E[X] = \sum_{k=1}^{n} {}_nC_k k p^k (1-p)^{n-k} = \sum_{k=1}^{n} np\, {}_{n-1}C_{k-1} p^{k-1}(1-p)^{n-k} = np$

$$E[X(X-1)] = \sum_{k=2}^{n} {}_nC_k k(k-1)p^k(1-p)^{n-k}$$
$$= \sum_{k=2}^{n} n(n-1)p^2\, {}_{n-2}C_{k-2} p^{k-2}(1-p)^{n-k} = n(n-1)p^2$$

$E[X^2] = E[X(X-1)] + E[X] = n(n-1)p^2 + np = n^2p^2 + np(1-p)$

따라서 $\underline{E[X] = np,\ E[X^2] = n^2p^2 + np(1-p)}$이다.

[2] $E[X(X-1)(X-2)] = \sum_{k=3}^{n} {}_nC_k k(k-1)(k-2)p^k(1-p)^{n-k}$

$$= \sum_{k=3}^{n} n(n-1)(n-2)p^3\, {}_{n-3}C_{k-3}p^{k-3}(1-p)^{n-k}$$
$$= n(n-1)(n-2)p^3$$

$E[X^3] = E[X(X-1)(X-2)] + 3E[X(X-1)] + E[X]$

$$= n(n-1)(n-2)p^3 + 3n(n-1)p^2 + np$$

$E[X(X-1)(X-2)(X-3)] = \sum_{k=4}^{n} {}_nC_k k(k-1)(k-2)(k-3)p^k(1-p)^{n-k}$

$$= \sum_{k=4}^{n} n(n-1)(n-2)(n-3)p^4\, {}_{n-4}C_{k-4}p^{k-4}(1-p)^{n-k}$$
$$= n(n-1)(n-2)(n-3)p^4$$

$E[X^4] = E[X(X-1)(X-2)(X-3)] + 6E[X(X-1)(X-2)] + 7E[X(X-1)] + E[X]$

$$= n(n-1)(n-2)(n-3)p^4 + 6n(n-1)(n-2)p^3 + 7n(n-1)p^2 + np$$

따라서 $\underline{E[X^3] = n(n-1)(n-2)p^3 + 3n(n-1)p^2 + np,}$

$\underline{E[X^4] = n(n-1)(n-2)(n-3)p^4 + 6n(n-1)(n-2)p^3 + 7n(n-1)p^2 + np}$이다.

[3] $\gamma = E\left[\left(\frac{X-m}{\sigma}\right)^3\right] = \frac{1}{\sigma^3}\left(E[X^3] - 3npE[X^2] + 3n^2p^2E[X] - n^3p^3\right)$

$$= \frac{1}{\sigma^3}\left(n(n-1)(n-2)p^3 + 3n(n-1)p^2 + np - 3n^3p^3 - 3n^2p^2(1-p) + 3n^3p^3 - n^3p^3\right)$$

$$= \frac{1}{\sigma^3}\left(n^3p^3 - 3n^2p^3 + 2np^3 + 3n^2p^2 - 3np^2 + np - 3n^3p^3 - 3n^2p^2 + 3n^2p^3 + 3n^3p^3 - n^3p^3\right)$$

$$= \frac{1}{\sigma^3}\left(2np^3 - 3np^2 + np\right)$$

$$= \frac{np(1-p)(1-2p)}{\left(\sqrt{np(1-p)}\right)^3}$$

$$= \frac{(1-2p)}{\sqrt{np(1-p)}}$$

따라서 $\gamma = \frac{(1-2p)}{\sqrt{np(1-p)}}$이고, $\gamma = 0$이 되기 위한 조건은 $\underline{p = \frac{1}{2}}$이다.

그리고 $\gamma > 0$이면 $p < \frac{1}{2}$이고 이는 분포가 왼쪽으로 쏠려있다는 뜻이며, 오른쪽 꼬리가 길다는 것이다. 그림을 그려보면 fig.7.과 같다.

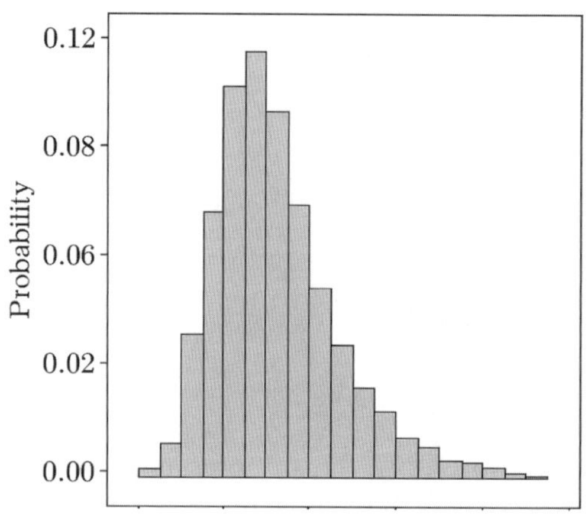

▲ fig.7. Advanced problem 17-[3] solution의 그림

마지막으로 중앙값이 최빈값보다 큼을 확인할 수 있다.

[4] $\delta = E\left[\left(\frac{X-m}{\sigma}\right)^4\right] - 3 = \frac{1}{\sigma^4}\left(E[X^4] - 4npE[X^3] + 6n^2p^2E[X^2] - 4n^3p^3[X] + n^4p^4\right) - 3$

$$= \frac{1}{\sigma^4}\begin{pmatrix} n(n-1)(n-2)(n-3)p^4 + 6n(n-1)(n-2)p^3 + 7n(n-1)p^2 + np \\ -4n^2(n-1)(n-2)p^4 - 12n^2(n-1)p^3 - 4n^2p^2 \\ +6n^4p^4 + 6n^3p^3(1-p) - 4n^4p^4 + n^4p^4 \end{pmatrix} - 3$$

$$= \frac{1}{\sigma^4}\begin{pmatrix} n^4p^4 - 6n^3p^4 + 11n^2p^4 - 6np^4 + 6n^3p^3 - 18n^2p^3 + 12np^3 + 7n^2p^2 - 7np^2 + np \\ -4n^4p^4 + 12n^3p^4 - 8n^2p^4 - 12n^3p^3 + 12n^2p^3 - 4n^2p^2 \\ +6n^4p^4 + 6n^3p^3 - 6n^3p^4 - 4n^4p^4 + n^4p^4 \end{pmatrix} - 3$$

$$= \frac{1}{\sigma^4}\left(3n^2p^4 - 6np^4 - 6n^2p^3 + 12np^3 + 3n^2p^2 - 7np^2 + np\right) - 3$$

$$= \frac{np(1-p)}{\sigma^4}\left(6p^2 - 3np^2 + 3np - 6p + 1\right) - 3$$

$$= \frac{6p^2 - 3np^2 + 3np - 6p + 1 - 3np + 3np^2}{\sigma^2}$$

$$= \frac{6p^2 - 6p + 1}{\sigma^2}$$

따라서 $\delta = \frac{6p^2 - 6p + 1}{\sigma^2}$이고, $\delta = 0$이 되기 위한 조건은 $p = \frac{1}{2} \pm \frac{\sqrt{3}}{6}$이다.

Advanced Problem Solution 18

참고(중요)
해당 문제를 풀 때 $f(x)$를 미분가능하다고 풀면 안된다. 문제에서는 연속성 조건만 주었다.

[1] $\dfrac{1\pm\sqrt{5}}{2}$는 $x^n - x^{n-1} - x^{n-2}$를 0으로 만든다.

그러면 $\alpha\left(\dfrac{1-\sqrt{5}}{2}\right)^n = \alpha\left(\dfrac{1-\sqrt{5}}{2}\right)^{n-1} + \alpha\left(\dfrac{1-\sqrt{5}}{2}\right)^{n-2}$이고,

$\beta\left(\dfrac{1+\sqrt{5}}{2}\right)^n = \beta\left(\dfrac{1+\sqrt{5}}{2}\right)^{n-1} + \beta\left(\dfrac{1+\sqrt{5}}{2}\right)^{n-2}$이다. 이제 양변을 더해주면

$$\left\{\alpha\left(\frac{1-\sqrt{5}}{2}\right)^n + \beta\left(\frac{1+\sqrt{5}}{2}\right)^n\right\} = \begin{array}{l}\left\{\alpha\left(\frac{1-\sqrt{5}}{2}\right)^{n-1} + \beta\left(\frac{1+\sqrt{5}}{2}\right)^{n-1}\right\} \\ +\left\{\alpha\left(\frac{1-\sqrt{5}}{2}\right)^{n-2} + \beta\left(\frac{1+\sqrt{5}}{2}\right)^{n-2}\right\}\end{array}$$ 이다.

그러면 $t_n = \alpha\left(\dfrac{1-\sqrt{5}}{2}\right)^n + \beta\left(\dfrac{1+\sqrt{5}}{2}\right)^n$꼴로 나타난다.

이제 $t_0 = 0,\ t_1 = 1$를 대입하여 $\alpha,\ \beta$를 구해주면 $\underline{\alpha = -\dfrac{1}{\sqrt{5}},\ \beta = \dfrac{1}{\sqrt{5}}}$이다.

[2] $f(a) = f(b) = k$라고하자. 그러면 $f(k) = f(f(a)) = f(a) + a = k + a$이다.
마찬가지로 $f(k) = f(f(b)) = f(b) + b = k + b$이다.
따라서 $a = b = f(k) - k$이므로 $f(x)$는 일대일함수이다.
이제 $f(f(x)) = f(x) + x$에서 $x = 0$을 대입하면, $f(f(0)) = f(0)$이다.
$f(0) = c$라고 하자. 그러면 $f(c) = c$이다.
또한 $c \geq 0$이므로 $f(f(x)) = f(x) + x$에 $x = c$를 대입할 수 있다.
대입하면 $f(f(c)) = f(c) + c$이고, $f(c) = c$를 넣어주면 $c = c + c$이므로 $c = 0$이다.
따라서 $\underline{f(0) = 0}$이다.

[3] 우선 $a_n = pt_n + qt_{n+1}$이라고 했을 때 $t_{n+2} = t_{n+1} + t_n$이라고 했기 때문에
$a_{n+2} = a_{n+1} + a_n$이다. 그리고 $a_0 = q,\ a_1 = p + q$이다.
그리고 $f(f(x)) = f(x) + x$에서 $x = p$를 대입하자.
그러면 $f(p) = q$이므로 $f(q) = p + q$이다. 즉 $a_1 = f(a_0)$이다.
다음으로 $n \in \{0\} \cup N$에 대해 $a_{n+1} = f(a_n)$이 성립한다고 가정하자.
$f(f(x)) = f(x) + x$에서 양변에 $x = a_n$을 대입하면, $f(a_{n+1}) = a_{n+1} + a_n$이다.
이때 $a_{n+2} = a_{n+1} + a_n$이므로 $a_{n+2} = f(a_{n+1})$이 성립한다.
그리고 d가 존재하여 $f(d) = a_n$을 만족한다고 하자.
$f(f(x)) = f(x) + x$에서 양변에 $x = d$을 대입하면, $f(a_n) = a_n + d$이다.
$d = f(a_n) - a_n = a_{n+1} - a_n = a_{n-1}$ 따라서 $a_n = f(a_{n-1})$
즉, $a_{n+1} = f(a_n)$이면 $a_{n+2} = f(a_{n+1})$, $a_n = f(a_{n-1})$이 성립한다.
따라서 수학적 귀납법에 의해 모든 정수 n에 대해 $a_{n+1} = f(a_n)$이 성립한다.

[4] $f(p) = q$라고 하자. 즉, $a_{-1} = pt_{-1} + qt_0 = p$, $a_0 = q$이므로 $a_0 = f(a_{-1})$이다.
이때 $f : [0,\ \infty) \to [0,\ \infty)$를 만족하고, $f(x)$가 일대일함수이므로 $a_{-1} \geq 0$이다.
그리고 $a_{-n} \geq 0$이라고 가정하면, $a_{-n} = f(a_{-n-1})$이고, $f : [0,\ \infty) \to [0,\ \infty)$ 이므로
$a_{-n-1} \geq 0$임을 알 수 있다.
따라서 수학적 귀납법에 의해 모든 양의 정수 n에 대해 $a_{-n} \geq 0$이다.

즉, 모든 양의 정수 n에 대해 $pt_{-n}+qt_{-n+1} \geq 0$이다.

이를 다른 말로하면, 모든 양의 정수 n에 대해 $pt_{-2n}+qt_{-2n+1} \geq 0$, $pt_{-2n-1}+qt_{-2n} \geq 0$이다.

$t_{-n}=-\frac{1}{\sqrt{5}}\left(\frac{-1-\sqrt{5}}{2}\right)^n+\frac{1}{\sqrt{5}}\left(\frac{-1+\sqrt{5}}{2}\right)^n$에서 $t_{-2n}<0$, $t_{-2n-1}>0$임을 확인할 수 있다.

따라서 $-\frac{t_{-2n}}{t_{-2n+1}} \leq \frac{q}{p} \leq -\frac{t_{-2n-1}}{t_{-2n}}$이다.

$$\lim_{n\to\infty}-\frac{t_{-2n}}{t_{-2n+1}}=\lim_{n\to\infty}-\frac{-\left(\frac{-1-\sqrt{5}}{2}\right)^{2n}+\left(\frac{-1+\sqrt{5}}{2}\right)^{2n}}{-\left(\frac{-1-\sqrt{5}}{2}\right)^{2n-1}+\left(\frac{-1+\sqrt{5}}{2}\right)^{2n-1}}=-\frac{-1-\sqrt{5}}{2}=\frac{1+\sqrt{5}}{2}$$

$$\lim_{n\to\infty}-\frac{t_{-2n-1}}{t_{-2n}}=\lim_{n\to\infty}-\frac{-\left(\frac{-1-\sqrt{5}}{2}\right)^{2n+1}+\left(\frac{-1+\sqrt{5}}{2}\right)^{2n+1}}{-\left(\frac{-1-\sqrt{5}}{2}\right)^{2n}+\left(\frac{-1+\sqrt{5}}{2}\right)^{2n}}=-\frac{-1-\sqrt{5}}{2}=\frac{1+\sqrt{5}}{2}$$

따라서 샌드위치 정리에 의해 $\frac{q}{p}=\frac{1+\sqrt{5}}{2}$이다.

즉 임의의 p에 대해 $f(p)=\frac{\sqrt{5}+1}{2}p$이므로 $\underline{f(x)=\frac{\sqrt{5}+1}{2}x}$이다.